AF411183

1708

NOUVELLE SOUSCRIPTION.
Édition de luxe, à 1 fr. 75 c. la livraison.

HISTOIRE

NATURELLE

DES INSECTES,

TRAITANT

DE LEUR ORGANISATION ET DE LEURS MŒURS
EN GÉNÉRAL;

Par M. V. AUDOUIN,

PROFESSEUR-ADMINISTRATEUR AU MUSÉUM D'HISTOIRE NATURELLE
DE PARIS, CHEVALIER DE LA LÉGION-D'HONNEUR, ETC.,

et comprenant

LEUR CLASSIFICATION ET LA DESCRIPTION
DES ESPÈCES;

Par M. A. BRULLÉ,

AIDE-NATURALISTE AU MUSÉUM, MEMBRE DE LA SOCIÉTÉ
ENTOMOLOGIQUE DE FRANCE, DE LA COMMISSION
SCIENTIFIQUE DE MORÉE, ETC.

12 VOL. IN-8.°, DE 460 PAGES ENVIRON,

Papier fin des Vosges satiné, paraissant en 24 livraisons, et accompagnés de Planches gravées sur acier, d'après des peintures exécutées pour cette édition sur les objets les plus intéressans que renferme la collection du Muséum de Paris.

Parmi les diverses branches dont se compose l'étude de la nature, aucune n'est plus propre à piquer la curiosité du public, que celle qui traite de l'histoire des animaux, et rien ne le prouve mieux que le succès

immense qu'a obtenu, et qu'obtient journellement encore, la publication des ŒUVRES DE BUFFON *. Néanmoins, on a souvent témoigné le regret que ce génie supérieur n'ait pas embrassé, dans ses écrits, l'ensemble du règne animal, et qu'il ait laissé incomplète l'histoire d'une foule d'êtres non moins intéressans, par leurs mœurs et la diversité de leurs formes, que les quadrupèdes et les oiseaux.

Les INSECTES sont de ce nombre; et il n'est pas nécessaire d'avoir fait une étude très-approfondie de cette classe d'animaux, pour savoir combien est merveilleux leur instinct, et combien sont variées leurs habitudes, soit qu'ils veuillent se procurer leur nourriture, soit qu'ils cherchent à se défendre contre leurs ennemis, ou bien encore lorsqu'ils s'appliquent à garantir de tout danger leur progéniture, et à lui assurer des moyens d'existence.

Toutefois parmi les écrits assez nombreux qui ont été publiés sur les Insectes, il n'en est aucun qui réunisse leur histoire d'une manière complète, et que l'on puisse mettre entre les mains des commençans ou des personnes étrangères à l'entomologie. Aussi avons-nous pensé qu'un ouvrage qui présenterait à la fois leur histoire générale, leur description, et les traits

---

* *OEuvres complètes de Buffon, augmentées par M. Cuvier, et suivies des OEuvres de Lacépède :* 42 *vol. in-8.°, et plus de* 400 *pl.* (F. D. PILLOT, Editeur.)

Voulant faciliter, principalement à la jeunesse, l'acquisition de ces importans ouvrages, l'éditeur a cru devoir, bien que la publication en fût terminée, laisser la faculté de pouvoir toujours se les procurer, ensemble ou séparément, ET PAR SOUSCRIPTION, au prix de 2 fr. le vol., 1 fr. 25 c. le cahier de planches noires, et 3 fr. le cahier colorié.

·s plus remarquables de leurs mœurs, ne pourrait manquer d'être accueilli avec empressement par les personnes qui s'intéressent aux sciences naturelles, par les élèves qui fréquentent les cours de Zoologie au Muséum, et par tous ceux enfin qui, ayant des collections, désirent posséder un livre à l'aide duquel ils puissent classer et nommer les espèces qu'ils ont réunies.

C'est dans ce but, et pour remplir une telle lacune, que nous avons eu recours à deux naturalistes, que leurs connaissances et leur position mettent à même de répondre dignement à l'idée que l'on doit se former d'une pareille entreprise. L'un d'eux, M. Victor Audouin, qui, après avoir suppléé pendant long-tems M. Latreille, dans son cours au Jardin-des-Plantes, a eu l'honneur, depuis la mort de ce savant, d'être appelé à occuper cette chaire importante, a bien voulu se charger de tout ce qui a rapport à l'organisation et aux mœurs en général des Insectes ; le second, M. Brullé, son aide-naturaliste, auteur de la description des Insectes de la Grèce, et particulièrement versé dans la connaissance générale des espèces de tous les ordres, traitera de leur classification, de leur description et de leurs habitudes en particulier.

L'ouvrage que nous publions, pouvant être considéré comme un *Complément* aux Œuvres de Buffon, sera lui-même suivi des autres parties de l'histoire naturelle, de manière à présenter un cours complet des trois règnes de la nature.

Quant à l'exécution typographique et à la confection des planches, nous pouvons assurer que rien ne sera négligé à cet égard : le présent Prospectus donne le spécimen du texte, et les planches, nous en sommes certains, seront dignes en tout de figurer dans un ouvrage aussi important : elles sont confiées au pinceau et aux soins minutieux de l'auteur des dessins du *Supplément-Cuvier,* qui les exécutera d'après nature sur les objets précieux que contient la collection du Muséum, et elles seront gravées sur acier avec le plus grand soin.

CONDITIONS DE LA SOUSCRIPTION.

L'Histoire naturelle des Insectes, composée de 12 volumes in-8.°, et de 240 planches au moins, sera publiée en 24 livraisons de texte, accompagnées de gravures qui, à partir du 25 juin 1834, paraîtront tous les mois ensemble ou séparément.

Prix de chaque livraison de texte. . . . . 1 f. 75 c.
— cahier de planches en noir d'environ 50 sujets. 2 f. » c.
— cahier colorié avec le plus grand soin. . . . . . . 3 f. 75 c.

La modicité de ces prix ne permettant pas de traiter autrement qu'au comptant, il ne pourra être ouvert aucun compte au crédit pour cet objet.

Lorsque dix Souscripteurs au moins se seront rassemblés dans une ville, ils jouiront de la franchise de port pour la totalité de l'ouvrage, en ayant soin toutefois de faire retirer exactement tous les 3 ou 4 mois leurs dix souscriptions, réunies dans un ballot, et d'en verser le montant chez le commissionnaire de roulage qui leur sera indiqué.

Les lettres non affranchies ne seront point reçues : *cette clause est de rigueur.*

On souscrit, sans rien payer d'avance,

A PARIS,

CHEZ F. D. PILLOT, ÉDITEUR,

RUE DE SEINE-SAINT-GERMAIN, N.° 49,

ET CHEZ LES PRINCIPAUX LIBRAIRES DES DÉPARTEMENS.

IMPRIMERIE D'... ...SSARD, RUE DE FURSTEMBERG, N.° 8.

HISTOIRE

NATURELLE

DES INSECTES.

TOME IV.

COLÉOPTÈRES.

I.

PARIS. — IMPRIMERIE D'AD. MOESSARD, RUE DE FURSTEMBERG, N.° 8 BIS.

HISTOIRE

NATURELLE

DES INSECTES,

TRAITANT

DE LEUR ORGANISATION ET DE LEURS MŒURS
EN GÉNÉRAL,

Par M. V. AUDOUIN,

PROFESSEUR-ADMINISTRATEUR AU MUSÉUM D'HISTOIRE NATURELLE
DE PARIS, CHEVALIER DE LA LÉGION-D'HONNEUR, ETC.;

et comprenant

LEUR CLASSIFICATION ET LA DESCRIPTION
DES ESPÈCES,

Par M. A. BRULLÉ,

AIDE-NATURALISTE AU MUSÉUM, MEMBRE DE LA SOCIÉTÉ
ENTOMOLOGIQUE DE FRANCE, DE LA COMMISSION
SCIENTIFIQUE DE MORÉE, ETC. :

Le tout accompagné de Planches gravées sur acier, d'après des peintures
exécutées pour cette édition sur la collection
du Muséum de Paris.

A PARIS,

CHEZ F. D. PILLOT, ÉDITEUR,

RUE DE SEINE SAINT-GERMAIN, N.º 49.

1834.

HISTOIRE

NATURELLE

DES INSECTES.

TOME IV

(BIS).

COLÉOPTÈRES.

I.

PARIS. — IMPRIMERIE D'AD. MOÉSSARD, RUE DE FURSTEMBERG, N.º 8 BIS.

AVERTISSEMENT

RELATIF

AUX TOMES IV ET SUIVANS.

L'Histoire naturelle des Insectes, dont ce volume et les suivans donneront la classification et la description, avait d'abord été conçue sur un plan différent de celui que nous avons adopté. Devant y coopérer, à peu près également, M. Audouin et moi, les détails de l'organisation de chacun des ordres, des familles et des genres d'Insectes, seraient venus se placer en tête des chapitres qui leur auraient été consacrés. Mais, la difficulté de concilier cette marche avec une prompte publication, nous a forcés de partager le travail, de manière à pouvoir y apporter séparément tout le soin que réclamait une pareille entreprise. Nous nous sommes donc arrêtés à une division qui se trouvera plus en rapport avec nos occupations habituelles. Chargé de professer l'Entomologie au Muséum d'Histoire naturelle, M. Audouin s'est livré avec un soin tout particulier aux recherches qui ont pour objet l'anatomie extérieure et intérieure des animaux articulés, et il a étudié leurs habitudes, rattachant à ses observations la connaissance si importante des dégâts qu'ils nous occasionnent, ou des avantages qu'ils peuvent nous procurer. En conséquence, pour faire plus facilement apprécier et saisir dans son ensemble l'organisation des Insectes, les trois premiers volumes de cette publication lui furent réservés.

D'un autre côté, mes fonctions d'Aide-Naturaliste de ce Professeur, qui me mettent à même de classer la riche collection du Muséum, et les relations amicales que j'ai l'avantage d'entretenir avec lui, et par suite desquelles il a mis à ma disposition sa bibliothèque et les notes que plusieurs années de recherches assidues, lui ont permis de recueillir dans une foule de publications périodiques étrangères, sont des garanties suffisantes des ressources que j'ai entre les mains, pour traiter spécialement de ce qui a rapport à la nomenclature. Aussi, la partie de ce travail qui doit présenter la série des Insectes et les particularités de leur histoire devint naturellement mon partage.

Forcé, par suite de cette division, de présenter quelques considérations générales propres à chaque ordre d'Insectes, je l'ai fait, avec peu de développement, afin de ne pas revenir sur les travaux de M. Audouin; mais aussi, paraissant quelquefois le premier, je n'ai pu toujours renvoyer au volume où elles se trouvent plus longuement développées. Ayant, d'ailleurs, à énumérer une suite prodigieuse d'Insectes, et voulant attirer particulièrement l'attention sur les groupes les plus importans, j'ai adopté, à l'exemple de Cuvier et de Latreille, et d'après les conseils de M. Audouin lui-même, des divisions désignées sous le nom de *genres*, et qui présentent les types plus remarquables d'organisation, auxquels viennent se rattacher, comme sous-genres, toutes celles qui n'en

diffèrent que par des caractères de moindre importance. Cette méthode a surtout l'avantage de satis-
faire, d'une part, les Entomologistes de profession,
en leur permettant de considérer comme genres
toutes les divisions secondaires; et, de l'autre, ceux
qui ne veulent avoir que des notions générales, en
leur évitant des détails fastidieux de classification.

J'indiquerai pour chacun des genres, non seulement les caractères qui leur sont propres, mais aussi
tout ce que l'on sait sur la manière de vivre des espèces
qui les composent; la répartition de ces espèces sur la
surface de la terre, et les rapports ou les différences
qui peuvent les rapprocher ou les éloigner des genres
environnans. Puis, des tableaux rédigés d'après la
méthode analytique donneront la série complète des
genres et des sous-genres, en offrant d'une manière
précise le point d'organisation le plus propre à faire
reconnaître chacune des divisions adoptées.

Il restait à établir une prééminence entre les ouvrages des Naturalistes qui ont souvent parlé des
mêmes objets sous des noms différens, parce qu'ils
ignoraient les travaux de leurs prédécesseurs. Dans ce
cas, la justice exigeait, selon nous, que l'on s'en rap-
portât à l'ordre chronologique, et que les noms don-
nés en premier lieu fussent adoptés de préférence,
pourvu, toutefois, qu'ils eussent été publiés. En effet,
sans la publication, il ne saurait y avoir de relations
authentiques entre les savans : elle est et restera le
moyen exclusif de constater les découvertes et les
recherches des observateurs; tandis que la corres-
pondance privée, à l'aide de laquelle ils se communiquent quelquefois le résultat de leurs travaux, ne

saurait être regardée comme une autorité suffisante, puisque ces relations sont transitoires, et qu'elles ne s'adressent en général qu'à un fort petit nombre de personnes. Aussi, par suite de cette manière de voir, ne serai-je pas forcé de tenir compte des Catalogues d'Insectes, quand ils ne renfermeront point la description des espèces indiquées sous des noms nouveaux.

N'établissant, d'ailleurs, aucun degré d'importance entre les publications où se trouvent consignées les productions si nombreuses et si variées de la nature, je cite toujours scrupuleusement le travail où elles sont mentionnées pour la première fois, persuadé qu'un mémoire qui ne traite que d'un ou de plusieurs Insectes a tout autant de valeur, dans la science, que les ouvrages généraux où les objets sont presque toujours subordonnés à l'étendue même du plan que l'on s'est tracé.

Muséum d'Histoire naturelle, Octobre 1834.

Aug. BRULLÉ,

Aide-Naturaliste, attaché à la chaire
des *animaux articulés*.

HISTOIRE

NATURELLE

DES INSECTES,

COMPRENANT

LEUR CLASSIFICATION, LEURS MOEURS,

ET LA DESCRIPTION DES ESPÈCES;

Par M. Aug. BRULLÉ.

DES INSECTES EN GÉNÉRAL,

ET

DE LEUR DIVISION EN ORDRES.

Si la classification est devenue nécessaire pour l'étude de l'histoire naturelle, c'est surtout dans celle des insectes que l'on doit en apprécier l'importance et l'utilité. Comment, en effet, se rendre compte des formes variées que présentent ces animaux, comment parvenir à les distinguer, si l'on ne commence par établir de grandes divisions propres à les grouper d'une manière générale? Aussi, lorsqu'on envisage l'ensemble de ces êtres pour ainsi dire innombrables, on découvre entre eux des différences extérieures qu'il est facile d'apprécier, et ces différences permettent de les répartir en un certain nombre de groupes. Tout le monde connaît le Hanneton, la Guêpe, le Papillon, la Demoiselle, la Mouche des appartemens, la Sauterelle, etc. ; tout le monde sait également que ces différens insectes ont très peu de rapports entre eux. Néanmoins, si l'on examine en particulier chacun des types que nous venons de nommer, on découvrira facilement les caractères communs qui les unissent, et les différences qui tendent à les éloigner. Ainsi, les parties principales dont leur corps se compose sont les mêmes dans tous. Une TÈTE, un TRONC, un ventre ou ABDOMEN ; sur la tête, des pièces extérieures et mobiles, nommées *antennes* par les naturalistes, et plus simplement, mais à tort, désignées sous le nom de cornes par les personnes étrangères à la connaissance des insectes ; sur le tronc, six *pattes* disposées en trois paires, situées à la face inférieure, et des *ailes* le plus souvent au nombre de quatre, quelquefois aussi de deux seulement, et placées sur la région supérieure ou dorsale. La présence des ailes, et surtout celle des trois paires de pattes, sont les caractères les plus saillans des animaux que l'on désigne aujourd'hui sous le nom d'Insectes ; mais quelques uns cependant sont dépourvus d'ailes.

A une époque peu éloignée de la nôtre, et qui ne date que de quelques années, on comprenait parmi les insectes, les Araignées qui ont huit pattes et ordinairement un pareil nombre d'yeux, et les Mille-pieds ou Scolopendres, chez lesquels le nombre des pattes est beaucoup plus considérable. Aujourd'hui, l'on ne considère plus comme insectes que ceux chez lesquels on trouve trois paires de pattes seulement, ainsi qu'on le peut voir avec plus de détails dans les volumes précédens.

La première partie du corps des insectes est la tête ; elle présente deux yeux placés latéralement, et une bouche composée d'un certain nombre de pièces qui sont disposées, les unes sur la ligne du milieu, les autres sur les côtés. Ces pièces n'ont pas, à beaucoup près, la même forme dans tous les insectes. Chez le Hanneton, par exemple, chez la Demoiselle, la Saute-relle, etc., elles sont courtes et conformées en sortes de dents et de lèvres destinées à retenir et à broyer la nourriture ; chez le Papillon et la Mouche, elles sont figurées en trompe, afin de pouvoir sucer le nectar des fleurs ou le sang des animaux. Aussi avait-on d'abord distingué ces animaux en broyeurs et en suceurs. Parmi ces derniers, il s'en trouve qui ne sont que trop connus, les Punaises.

La seconde partie du corps des insectes, que l'on a désignée d'abord d'une manière générale, sous le nom de tronc, a reçu depuis la dénomination de *thorax*. Elle supporte, comme nous l'avons dit, trois paires de pattes propres à la marche ou à la natation, et conformées d'une manière différente, selon qu'elles sont destinées à se mouvoir sur la terre ou dans l'eau. C'est aussi le thorax qui donne attache aux ailes, organes dont tout le monde connaît la destination. Le nombre de ces ailes, leur texture, leur disposition, sont autant de caractères propres à distinguer les différens groupes dont nous avons parlé plus haut. On les désigne sous le nom d'*ordres*. Ces ordres sont au nombre de huit principaux, et se distinguent par les caractères que nous allons énoncer. Nous ne dirons rien de la troisième partie du corps, ou de l'abdomen, qui ne nous fournit aucune donnée intéressante pour notre sujet.

Tous les insectes connus sous les noms de Hanneton, Cerf-volant, Bête à bon Dieu, Scarabés, etc., sont munis de quatre ailes dont la nature est fort différente. Les deux premières, ou les antérieures, sont conformées en gaînes ou étuis, et leur texture a l'apparence de celle de la corne; elles sont destinées à recouvrir les deux autres qui sont membraneuses, transparentes et pliées en travers, dans le repos ou même dans la marche : pendant le vol, au contraire, les étuis se relèvent et s'écartent pour laisser les ailes agir en liberté. On a donné le nom de COLÉOPTÈRES c'est-à-dire, ailes en étuis, à toutes les espèces qui présentent cette même organisation.

Les Sauterelles, les Grillons, plus connus sous le nom de *cri-cri*, ont aussi des ailes antérieures plus épaisses que les autres; mais ces ailes ne sont plus conformées comme dans les précédents. Elles sont coriaces, toujours un peu transparentes, et les ailes qui sont au dessous, au lieu d'être pliées en travers, le sont au contraire dans la longueur, à la manière d'un éventail : cela leur a valu le nom d'ORTHOPTÈRES, c'est-à-dire, ailes droites.

D'autres insectes ont encore les deux ailes antérieures plus épaisses que les deux autres, mais elles ne le sont pas également dans toute leur longueur; alors l'extrémité est membraneuse et transparente comme les ailes qu'elles recouvrent. Tels sont les insectes désignés sous le nom de *punaises des bois*, espèces bien connues par l'odeur repoussante et nauséabonde qu'elles laissent sur les doigts et qu'elles communiquent aux fruits sur lesquels elles ont passé. On a appelé ces insectes HÉMIPTÈRES, ce qui veut dire demi-ailes.

Arrêtons-nous ici pour faire remarquer que ce dernier ordre se distingue des deux précédens par un caractère bien facile à saisir et en même tems d'une grande valeur ; c'est que la bouche n'est plus destinée à broyer, mais au contraire à sucer. Les parties dont elle se compose n'ayant pas la forme de dents, ne peuvent pas diviser ; elles sont alongées en bec ou plutôt en tuyau propre quelquefois à inciser et faisant les fonctions de pompe. Cette dernière considération a fait réunir à l'ordre des hémiptères d'autres insectes dont les ailes extérieures sont membraneuses en entier, mais qui ont la bouche organisée de la même manière. Telles sont les Cigales, insectes peu connus dans le nord de la France et dans les environs de Paris, où on les confond souvent avec les vraies Sauterelles.

En poursuivant notre examen des insectes en général, nous en trouvons dont les quatre ailes sont tout-à-fait membraneuses et nues, et dont la bouche est propre à la mastication. Deux ordres sont dans ce cas. Le premier, que l'on désigne sous le nom de NÉVROPTÈRES, ou ailes à nervures, se reconnaît à la grandeur à peu près égale de ses quatre ailes, mais surtout à la réticulation serrée que forment les nervures qui les parcourent. Les *Demoiselles*, que les naturalistes connaissent sous le nom de Libellules, font partie de cet ordre. Le second se distingue par la petitesse des ailes postérieures et par le petit nombre de leurs nervures :

il renferme les Abeilles ou *mouches à miel,* les Guê-
pes, etc. On les comprend sous le nom d'HYMÉNO-
PTÈRES, c'est-à-dire, ailes membraneuses.

Les autres insectes munis de quatre ailes sont facilement reconnaissables à l'espèce de poussière qui les
recouvre et qui brille souvent des plus belles couleurs.
On les a groupés sous le nom de LÉPIDOPTÈRES, c'est-à-
dire ailes à écailles, parce que cette poussière, vue
au microscope, apparaît sous la forme d'une multitude
de petites écailles colorées qui garnissent toute la surface des ailes. Ce sont les différentes espèces de Papillons.

Il nous reste encore à faire connaître deux ordres
d'insectes ailés, qui se distinguent assez de tous les
précédens par le nombre de leurs ailes, qui est de
deux seulement. Le premier renferme quelques espèces fort rares, dont les ailes sont plissées en éventail; ce sont les STRÉSIPTÈRES (ailes contournées, tor-
dues) ou RHIPIPTÈRES (ailes en éventail). Le second se
compose d'une multitude d'espèces dont les ailes ne
sont pas plissées, telles que les Taons, les Cousins ou
Moustiques, les mouches communes, etc. On a donné
à cet ordre le nom de DIPTÈRES ou insectes à deux
ailes.

Pour résumer les caractères de ces différens ordres,
il nous suffira de présenter les considérations suivantes. Les insectes à quatre ailes ont ces ailes tout-à-fait
membraneuses et transparentes, ou bien les deux antérieures sont épaissies, ou encore les quatre sont recouvertes d'écailles colorées. Lorsque les deux ailes
antérieures sont épaisses, et les deux postérieures simplement repliées en travers, les insectes se rapportent

à l'ordre des Coléoptères ; si les ailes postérieures sont plissées dans la longueur ou en éventail, ils appartiennent à l'ordre des Orthoptères. Quand les ailes antérieures ne sont épaissies que dans une partie de leur longueur, les insectes rentrent dans l'ordre des Hémiptères, lequel comprend aussi des espèces à ailes membraneuses, mais à bouche conformée pour sucer. Parmi les insectes à quatre ailes nues, on distingue ceux dont ces quatre ailes sont finement réticulées et que l'on nomme Névroptères; et ceux dont les ailes postérieures ont peu de nervures, sont connus sous le nom d'Hymènoptères. Les premiers ont ordinairement les quatre ailes d'égale grandeur, tandis que les deux postérieures sont plus petites dans les derniers. Si les quatre ailes sont recouvertes d'écailles colorées, on reconnaît les insectes pour être des Lépidoptères. Il ne saurait y avoir de difficulté pour rapporter à l'ordre qui leur est propre les insectes à deux ailes : quand ces deux ailes sont plissées en éventail, ce sont des Strésiptères; si ces ailes sont étendues, ils font partie de l'ordre des Diptères.

Nous n'avons pas cru inutile d'entrer dans tous ces détails afin de rappeler au lecteur les données d'après lesquelles on a établi des divisions générales parmi les insectes. Il nous sera permis alors de lui présenter, à l'article de chacun de ces ordres, des caractères plus positifs et plus circonstanciés. Nous lui répéterons encore ici en peu de mots, ce qui lui a été présenté avec de plus amples détails dans les premiers volumes, c'est que l'on distingue trois états dans la vie des insectes, l'état de *larve* ou de chenille, l'état de *nymphe* ou de chrysalide, et enfin l'*état parfait,* ou le dernier état.

dans lequel seul ils sont propres à se reproduire. Pendant le premier, l'insecte vit et se meut librement : c'est celui où il mange le plus et dans lequel il prend de l'accroissement ; pendant le second, il est presque toujours immobile, et dans un état d'inertie comparable à l'engourdissement qu'éprouvent, pendant un certain tems, quelques mammifères ; durant le troisième, enfin, il prend quelquefois encore de la nourriture, mais il ne se développe plus, et sa grosseur ne varie pas dès qu'il est sorti de sa chrysalide. Ces sortes de changemens d'état constituent ce que l'on nomme les *métamorphoses* des insectes. Nous exposerons les différences qu'elles présentent dans les divers groupes ; ces différences ont amené les entomologistes à partager en plusieurs sous-ordres quelques uns des huit ordres que nous avons mentionnés. Quant à nous, nous croyons devoir adopter, comme suffisantes dans l'état actuel de la science, les divisions principales admises par M. Latreille dans le *Règne animal.*

Il resterait à énumérer ici les caractères des trois ordres d'insectes privés d'ailes ; mais comme leur histoire se trouve présentée dans le troisième volume de cet ouvrage, nous en indiquerons seulement les principaux traits dans le tableau suivant.

TABLEAU DE LA DIVISION DES INSECTES

EN ONZE ORDRES.

INSECTES	sans ailes ; abdomen	garni de fausses pattes sur les côtés………………………			THYSANOURES.
		sans fausses pattes ; la bouche formée	d'un museau court ou d'une simple fente…		PARASITES.
			d'un suçoir de trois articles……………		SUCEURS.
	ailés ; les ailes	au nombre de quatre ; leur surface	une : les antérieures	épaisses les postérieures en entier ; repliées en travers………	COLÉOPTERES.
				plissées dans leur longueur.	ORTHOPTÈRES.
				dans une partie de leur longueur………	HÉMIPTÈRES.
			membraneuses ; à réticulation	serrée…………………………	NÉVROPTÈRES.
				lâche…………………………	HYMÉNOPTÈRES.
		recouverte d'écailles colorées…………………………			LÉPIDOPTÈRES.
		au nombre de deux	plissées en éventail…………………………		STRÉSIPTÈRES.
			droites…………………………		DIPTÈRES.

QUATRIÈME ORDRE.

COLÉOPTÈRES[1].

Nous savons maintenant ce que l'on désigne sous le nom de Coléoptères. Ce sont des insectes à quatre ailes, dont les deux antérieures sont, en quelque sorte, cornées, et les deux postérieures transparentes et repliées en travers dans le repos. Tous les Coléoptères ne sont pas munis de ces deux sortes d'ailes. Elles manquent tout-à-fait dans quelques femelles, et certaines espèces ont les ailes antérieures, sans avoir en même temps les ailes membraneuses. Dans ce dernier cas, les ailes antérieures, que l'on nomme plus spécialement *élytres*, sont soudées entre elles sur la ligne médiane, et ne peuvent dès lors s'écarter du corps. On voit, par la citation de cet exemple, qu'il a fallu chercher d'autres caractères que ceux de la présence des ailes, pour distinguer, avec certitude, chacun des huit ordres d'insectes ailés.

On reconnaît un Coléoptère, lors même qu'il est

1. Etym. κολεός, gaîne ; πτερόν, aile.

privé d'ailes, à la forme d'un des organes de la bouche, que l'on appelle *mâchoire*. Cette partie est toujours libre, c'est-à-dire qu'elle n'est point engaînée par une autre, comme cela se voit dans les Orthoptères en particulier. C'est à cause de ce caractère, que Fabricius avait imposé le nom d'*éleuthérates* aux Coléoptères de Linnée, voulant désigner par là l'organisation des mâchoires (du mot grec ἐλεύθερος, *libre*). Il est nécessaire, pour rendre intelligible cette définition des Coléoptères, d'entrer dans quelques détails sur la conformation des parties de leur bouche.

Ainsi que nous l'avons dit, les insectes sont broyeurs ou suceurs, selon qu'ils ont la bouche munie de mâchoires, ou bien selon que ces pièces sont alongées et transformées en trompe ou en une sorte de bec. La bouche d'un insecte broyeur est toujours formée de six pièces principales, savoir : deux impaires, situées sur la ligne médiane, l'une au dessus, l'autre au dessous de la bouche, et, que pour cette raison, l'on a désignées sous les noms de *lèvre supérieure* et de *lèvre inférieure;* et quatre autres placées de chaque côté, qui sont deux *mandibules* et deux *mâchoires*. Les mandibules sont insérées immédiatement au dessous de la lèvre supérieure, et les mâchoires sont situées au dessus de la lèvre inférieure. Telle est la conformation de la bouche dans les Coléoptères, les Orthoptères, les Névroptères et les Hyménoptères. Mais il existe des parties accessoires, à l'aide desquelles nous allons distinguer, l'un de l'autre, chacun de ces quatre ordres d'insectes broyeurs.

La lèvre supérieure et les deux mandibules qu'elle recouvre sont toujours simples et libres, c'est-à-dire qu'elles ne supportent pas d'appendices; ce caractère est commun à tous les insectes. Les mâchoires et la lèvre inférieure supportent des organes accessoires, formés de plusieurs petites pièces ou articles, et que l'on a nommés *palpes*. Leur position sur les mâchoires et sur la lèvre, les a fait distinguer en palpes *maxillaires* (de *maxilla*, mâchoire) et en palpes *labiaux* (de *labium*, lèvre). Dans les Orthoptères et les Névroptères, les palpes maxillaires, quand il n'y en a que deux, ou bien, lorsque ces organes sont au nombre de quatre, les palpes maxillaires internes, sont conformés en sorte de gaîne, ou pièce inarticulée qui semble envelopper la mâchoire ; dans les Coléoptères, on n'observe jamais rien de semblable; que le nombre des palpes soit de deux ou de quatre, ils n'en sont pas moins libres et composés de plusieurs articles. Voilà donc un caractère à l'aide duquel on distinguera toujours un Coléoptère de chacun des deux ordres que nous venons de nommer. Il reste à le séparer nettement, sous ce rapport, des Hyménoptères, chez lesquels aucun des palpes n'a jamais la forme de gaîne, comme dans les Orthoptères et les Névroptères; la chose sera très facile, quand on saura que, dans les Hyménoptères, les mâchoires ont pris de l'alongement, et qu'elles engaînent la lèvre inférieure, avec laquelle elles forment une sorte de trompe. Aussi les Hyménoptères ne sont-ils cités ici que parce qu'ils ont la bouche armée de mandibules ; pour le reste, ils doivent être rangés avec les insectes succeurs.

Ainsi limités, les insectes Coléoptères présentent les caractères suivans : ailes au nombre de quatre, les deux antérieures en étuis ; mâchoires libres. portant des palpes articulés. On peut y ajouter un autre caractère, celui d'avoir des métamorphoses complètes. On désigne par là le plus grand nombre de transformations que peut subir un insecte, et qui consistent dans le passage par les trois états différens, de larve, de nymphe et d'insecte parfait. Dans les métamorphoses incomplètes, l'insecte ne subit que deux transformations; alors la larve et la nymphe ont la plus grande ressemblance, et cette dernière ne cesse pas de se mouvoir librement, ce qui n'a jamais lieu dans les espèces où les métamorphoses sont complètes.

La larve des Coléoptères ressemble à un ver; quelquefois elle est assez large et ovalaire, mais presque toujours elle est alongée; sa forme est fort différente de celle de l'insecte parfait. Elle provient d'un œuf, qui est le plus souvent globuleux, mais quelquefois ovale ou alongé : dans certains cas, il ressemble à un très petit œuf d'oiseau, et il n'atteint guère que deux ou trois lignes de long. Cet œuf est enveloppé d'un test assez solide, dont la couleur varie selon les espèces. Il est enduit d'une liqueur glutineuse, qui sert à le fixer sur les corps au moment où la femelle vient à le déposer. La tête de la larve porte, dans quelques espèces, de petites antennes simples ou *sétacées,* c'est-à-dire en forme de soie, et composées d'un très petit nombre d'articles. Dans l'insecte parfait, on ne compte ordinairement que onze de ces articles, et leur forme est extrêmement variée. Les yeux de la larve sont au nombre de deux, et quelquefois au-delà; mais ces yeux sont simples, tandis que, dans l'insecte parfait, ils sont composés d'une infinité de facettes. Cette larve a presque toujours six pattes, qui dans certains cas ne sont pas apparentes, ou bien elles sont trop peu développées pour servir à la locomotion. Quand elles existent, elles sont insérées sur les mêmes segmens du tronc qui les supporte dans l'insecte parfait.

C'est à l'état de larve que les Coléoptères vivent le plus long-tems, comme cela a lieu pour la plupart des insectes. La nymphe est toujours immobile : quelquefois elle est renfermée dans une coque construite par la larve, avant sa transformation ; mais assez souvent elle est à nu et fixée seulement par une partie du corps, sur une feuille ou sur tout autre objet. La grande variété que l'on a observée dans les habitudes de ces larves, nous empêche de donner ici de grands développemens ; ils trouveront leur place à mesure que nous parcourerons la série des familles et des genres.

Encore quelques détails sur les parties dont se compose le corps des Coléoptères. Nous savons déjà que la tête porte les yeux, les antennes et les organes de la bouche ; nous avons vu que ces derniers consistent en une lèvre supérieure, deux mandibules, deux mâchoires, une lèvre inférieure. Cette lèvre est ordinairement divisée en deux parties, la lèvre inférieure proprement dite (*labium*), qui porte les deux palpes labiaux, et le *menton* qui sert de support à la lèvre inférieure. Ce menton présente, dans sa forme, des différences fort utiles pour la distinction des genres ; c'est toujours la pièce la plus apparente de la face inférieure de la bouche.

Le tronc, ou thorax, est formé de trois segmens, dont chacun supporte une paire de pattes. Le premier de ces segmens a particulièrement reçu le nom de *corselet;* le second donne insertion à la première paire d'ailes, que nous désignerons désormais sous le nom d'*élytres*. On remarque entre ces deux élytres, lorsqu'elles sont fermées, une petite pièce qui est le plus souvent de forme triangulaire, et que l'on nomme *écusson*, bien que chacun des trois segmens du corselet ait aussi le sien ; mais celui du segment intermédiaire est le seul qui soit visible, sans avoir recours à la dissection. C'est lui que les entomologistes désignaient sous ce nom, long-tems avant que l'on eût étudié la composition et les différentes parties du thorax dans les insectes.

Le ventre ou abdomen présente peu de modifications importantes. Dans quelques femelles, cependant, il est prolongé en une sorte de tarrière ou d'oviducte, destiné à faciliter la ponte, et surtout à placer les œufs dans le lieu le plus convenable à leur développement. Certains mâles ont l'abdomen échancré au bord de l'avant dernier segment, ou muni, sur le dernier, d'un bourrelet ou d'une petite élévation placée dans le sens de la longueur. Ces modifications nous serviront à caractériser quelques uns des genres de cet ordre d'insectes.

Les pattes sont les parties dont la forme a été employée avec le plus d'avantage dans la classification, si l'on en excepte toutefois la bouche. On les a divisées en *cuisse*, en *jambe* et en *tarse*. A la base de la cuisse, on remarque en outre une pièce que l'on désigne sous le nom de *hanche*. Entre cette hanche et la cuisse, on trouve un petit article que l'on nomme le *trochanter;* dans certains insectes il acquiert un grand développement. Les cuisses sont quelquefois très renflées ; elles caractérisent alors des insectes sauteurs. Les jambes sont ordinairement droites, mais plusieurs mâles les ont arquées ; elles sont armées vers le bout de deux épines fortes et raides, et quelquefois d'une seule. Les tarses, ou les petits articles qui terminent les pattes, éprouvent aussi quelques changemens de forme, suivant les sexes, dans certaines familles de Coléoptères. Ainsi, dans beaucoup de mâles, plusieurs de leurs articles sont dilatés, tandis que ces mêmes articles restent simples dans les femelles.

Il est une autre modification des tarses qui a été employée avec beaucoup de succès dans la classification, c'est le nombre des articles dont ils sont composés. On a partagé les Coléoptères en plusieurs sections, selon qu'ils présentent cinq, quatre, ou même trois articles seulement à leurs tarses. D'autres, munis de cinq articles aux quatre tarses de devant, paraissent n'en avoir plus que quatre aux tarses de derrière. Quoique ces caractères ne soient pas parfaitement applicables dans tous les cas, nous nous en servirons dans cet ouvrage, parce qu'ils permettent de grouper d'une manière commode les différentes familles de Coléoptères. Le tableau suivant donnera de suite une idée de ces divisions.

TABLEAU

DE LA DIVISION DES COLÉOPTÈRES EN QUATRE SECTIONS.

1.re *Section*. Cinq articles à tous les tarses.....	PENTAMÈRES.
2.e *Section*. Cinq articles aux quatre tarses de devant, et quatre seulement à ceux de derrière.................	HÉTÉROMÈRES.
3.e *Section*. Quatre articles à tous les tarses....	TÉTRAMÈRES.
4.e *Section*. Trois articles à tous les tarses......	TRIMÈRES.

PREMIÈRE SECTION.

COLÉOPTÈRES-PENTAMÈRES[1].

Cette grande section des Coléoptères se partage en plusieurs tribus, dont les dénominations sont tirées, soit de leurs habitudes, soit de quelque particularité de leur conformation. Ces tribus sont désignées dans le tableau ci-après.

TABLEAU

DE LA DIVISION DES COLÉOPTÈRES-PENTAMÈRES,

EN SEPT TRIBUS.

PREMIÈRE TRIBU.	— Les CARNASSIERS ;
DEUXIÈME TRIBU.	— Les BRACHÉLYTRES ;
TROISIÈME TRIBU.	— Les CLAVICORNES ;
QUATRIÈME TRIBU	— Les PALPICORNES ;
CINQUIÈME TRIBU.	— Les SERRICORNES ;
SIXIÈME TRIBU.	— Les LAMELLICORNES ;
SEPTIÈME TRIBU.	— Les LONGICORNES ;

On ne comptait jusqu'à ce jour que six tribus dans les Coléoptères-Pentamères, nous en avons ajouté une septième chez laquelle des observations récentes ont

1. Étym. πέντε, cinq; μέρος, partie.

fait remarquer cinq articles à tous les tarses. Les caractères de ces divers groupes seront présentés avec quelques développemens dans les chapitres qui leur seront consacrés; néanmoins nous allons exposer ici les différences que l'on observe entre eux et à l'aide desquels on peut les distinguer.

Les Carnassiers diffèrent de tous les Coléoptères, non seulement de cette première section, mais aussi de celles qui la suivent, par la présence de deux palpes à chaque mâchoire. Dans les autres Coléoptères, le palpe extérieur est le seul qui ait acquis tout son développement; le palpe intérieur n'est plus articulé, et il ne forme qu'une division ou un lobe de la mâchoire. Ainsi les Carnassiers ont une bouche munie de six palpes, dont deux à chaque mâchoire et deux à la lèvre inférieure, au lieu que les autres Coléoptères n'en présentent que quatre en tout.

Les Brachélytres ont un caractère particulier dans le peu de longueur de leurs élytres, qui ne recouvrent jamais l'abdomen en totalité; leurs antennes sont composées d'articles en forme de grains, ce que l'on appelle *moniliformes* (de *monilis,* collier).

Les Clavicornes ressemblent sous quelques rapports aux Brachélytres. Comme eux ils ont quelquefois une partie du ventre à découvert; mais leurs antennes sont presque toujours plus grosses vers le bout, et souvent elles se terminent en une massue, soit *perfoliée,* c'est-à-dire composée de plusieurs feuillets, soit *solide,* lorsque les articles sont fort serrés les uns contre les autres.

Les Palpicornes diffèrent peu des précédens quant à la conformation des antennes; ces parties sont terminées en une massue ordinairement perfoliée. Mais le nombre de leurs articles est toujours moins considérable, et il ne s'élève jamais au-dessus de neuf. Il en résulte qu'elles sont fort courtes et qu'elles n'atteignent pas l'extrémité des palpes maxillaires. Aussi ces palpes pourraient, au premier abord, être pris pour les antennes ; c'est ce qui a fait donner à cette tribu le nom de Palpicornes (palpes en cornes).

Les Serricornes, ainsi que l'indique leur nom, ont les antennes en scie (*serra*). On appelle ainsi les antennes dont les articles sont triangulaires et représentent une dent de scie. Quelquefois elles sont pectinées, dans ce cas les articles sont plus longs, ou en éventail, alors leurs articles sont élargis et aplatis. Les élytres recouvrent le corps en entier.

Les Lamellicornes, dont la dénomination signifie antennes en lamelles, ont ces organes assez courts, composés de neuf à onze articles, et terminés en massue. Cette massue est quelquefois globuleuse, quelquefois c'est un bouton aplati ; mais elle est toujours composée des derniers articles qui sont amincis en forme de feuillets.

Les Longicornes se reconnaissent aisément à la grandeur de leurs antennes, ainsi que l'indique leur nom ; ces organes dépassent quelquefois de beaucoup le corps dont ils ont alors deux fois la longueur. Ils sont le plus souvent en forme de fil ou de soie, mais quelquefois aussi, dans les mâles, ils prennent celle de peigne ou même d'éventail. Le quatrième article des tarses est fort petit, et placé à l'origine du dernier. Le troisième est divisé en deux lobes, ce que l'on désigne par le nom de *bilobé*.

LES CARNASSIERS[1].

La voracité des insectes qui composent cette tribu, lui a valu le nom de Carnassiers, que lui a imposé Cuvier. Elle a été désignée aussi sous celui d'Adéphages, par Clairville, auteur de *l'Entomologie helvétique*. On la reconnait, comme nous l'avons dit, à la présence de deux palpes à chaque mâchoire ; mais, un caractère particulier à tous les Carnassiers, et à l'aide duquel on les distingue de suite des autres Coléoptères, c'est le développement du trochanter des cuisses postérieures, qui atteint quelquefois le tiers de la longueur de ces cuisses. Il forme à leur base un appendice arrondi, le plus souvent en ovale alongé, et qui, dans certains mâles, est plus long et terminé en pointe.

On distingue dans les Carnassiers trois groupes principaux, dont les deux premiers sont terrestres, et dont le troisième est aquatique. Les Carnassiers terrestres se partagent en *Cicindelètes* et en *Carabiques* ; les Carnassiers aquatiques sont désignés sous le nom *d'Hydrocanthares*. Chacun de ces trois groupes présente une organisation différente tant à l'état de larve qu'à l'état

---

1. Synonyme : *Adephaga*, CLAIRVILLE (ἄδην, abondamment ; φαγίς, mangeur.)

d'insecte parfait. Dans tous, les larves sont très-carnassières et se nourrissent d'autres insectes, qu'elles se procurent ou par ruse ou en les attaquant ouvertement. En général, le corps de ces larves est cylindrique, alongé; elles ont la tête munie de deux mandibules fortes, recourbées à leur pointe, de deux mâchoires portant des divisions correspondant aux palpes, et d'une lèvre qui porte aussi deux palpes. Les antennes sont courtes et terminées en s'amincissant. Les yeux sont au nombre de six au moins et quelquefois de huit. Les trois premiers anneaux du corps, après la tête, sont accompagnés chacun d'une paire de pattes qui se terminent par un onglet simple et un peu courbé.

Dans l'insecte parfait, les antennes sont composées de onze articles. Elles sont presque toujours *filiformes*, c'est-à-dire égales en grosseur d'un bout à l'autre, et à articles alongés; ou *sétacées*, à articles encore alongés, mais qui diminuent d'épaisseur vers le bout des antennes; quelquefois elles sont *moniliformes :* dans ce cas, leurs articles, au lieu d'être alongés, prennent la figure globuleuse d'un grain de collier, mais ils sont tous d'égale grosseur jusqu'au bout des antennes. Nous croyons aussi pouvoir donner comme caractère général que les premiers articles de celles-ci, jusqu'au troisième et en l'y comprenant, sont toujours lisses et brillans, tandis que les huit qui suivent sont revêtus d'un duvet court, ce qui leur donne une apparence terne et opaque. Le menton est toujours profondément échancré, et souvent il s'élève une dent du milieu de cette échancrure. La lèvre supérieure est quelquefois très avancée et découpée en plusieurs dentelures; d'autres fois elle est

divisée en deux lobes ou légèrement entaillée au milieu; elle est toujours distincte et placée au bord antérieur de la tête, au devant du chaperon ; elle couvre
plus ou moins les mandibules. Les palpes sont quelquefois très minces, d'autres fois ils se terminent par
un article élargi et triangulaire. Dans quelques-uns ,
ces palpes sont revêtus de poils longs et raides; ils
sont toujours, avons-nous dit, au nombre de six :
deux insérés à chacune des mâchoires, et les deux
postérieurs naissant de la lèvre inférieure. Les quatre
palpes maxillaires n'atteignent jamais le même développement : ainsi, les extérieurs sont toujours plus
grands et composés de quatre articles; les intérieurs,
au contraire, plus courts et surtout plus grêles que
les précédens, n'ont que deux articles; les palpes
labiaux sont formés originairement chacun de quatre
articles, dont le premier, ou celui de la base, est
plus ou moins libre. Les pattes antérieures servent
presque toujours à distinguer les sexes ; dans les femelles, les tarses de devant sont ou triangulaires, ou
presque cylindriques; dans les mâles, ces mêmes tarses
ont le plus souvent un ou plusieurs de leurs articles
élargis ou revêtus en dessous de poils qui forment une
espèce de brosse. C'est au moyen de ces tarses que
le mâle parvient à étreindre sa femelle et à la retenir
tout le temps que dure l'accouplement. Nous décrirons avec plus de détails cette organisation curieuse,
qui présente des caractères d'un emploi très avanta-
geux pour la distinction des genres.

Les pattes des Carnassiers aquatiques sont appro-
priées au milieu dans lequel ces insectes vivent.
À cet effet elles sont aplaties et garnies de longs

poils à l'un des deux côtés au moins. Les pattes des espèces terrestres sont au contraire organisées pour la course. Elles sont longues, minces et très peu garnies de poils, si ce n'est sous les tarses de la plupart des mâles. Presque tous les Carnassiers sont ailés, mais il est quelques genres qui manquent tout-à-fait d'ailes; dans ce cas les deux élytres sont quelquefois soudées comme nous le verrons dans plusieurs familles de Coléoptères. Assez ordinairement l'absence ou la présence des ailes sous les élytres peut être constatée par l'inspection de l'angle extérieur de la base des élytres. Cet angle est saillant dans les espèces ailées; il est au contraire insensible dans celles qui sont aptères.

Nous avons dit que les Carnassiers terrestres étaient partagés en deux groupes, les Cicindelètes et les Carabiques. On distinguait jusqu'ici le premier par la forme des mâchoires qui sont terminées par un onglet mobile, tandis que dans le second, les mâchoires sont simplement crochues à l'extrémité, et composées d'une pièce unique, c'est-à-dire sans onglet mobile. Aujourd'hui, ce caractère ne peut être employé d'une manière aussi absolue : en effet, M. Audouin vient de trouver dans un genre de Carabiques, les Trigonodactyles, que, sous ce rapport, la mâchoire est organisée à la manière de celle des Cicindelètes. Néanmoins, ce dernier groupe se distingue encore aisément par la généralité de ce caractère, et la grandeur des palpes labiaux, toujours hérissés de longs poils raides, dont l'usage semble être de retenir la proie et de la présenter aux mâchoires. Dans les Carabiques, le développement des palpes labiaux est à peu près le même que celui des maxillaires. Les Hydrocanthares se distinguent suffisamment du reste des Carnassiers par leurs pattes, dont les quatre dernières sont comprimées, ciliées ou en forme de lame, et de plus, par l'écartement des pattes de derrière qui sont placées à une grande distance de la seconde paire. Ces caractères peuvent se résumer dans le tableau suivant :

TABLEAU

DE LA DIVISION DES CARNASSIERS,

EN TROIS GROUPES.

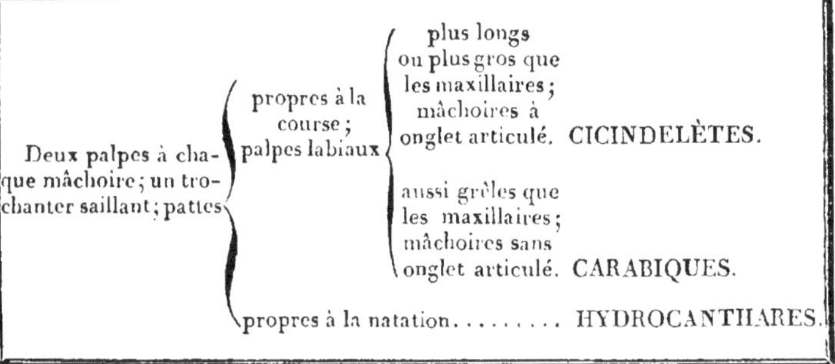

PREMIER GROUPE DES CARNASSIERS.

LES CICINDELÈTES.

Cette division correspond en grande partie au genre *Cicindela* de Linnée. Elle renferme les Carnassiers les plus agiles, les plus gracieux dans leurs formes, et en même temps les plus recherchés à cause de leur rareté. On ne trouve dans notre pays que des espèces appartenant au genre Cicindèle proprement dit; les autres genres de cette division sont propres aux parties chaudes de l'ancien et du nouveau continent.

La manière de vivre et les habitudes de ces insectes sont en partie connues. Les voyageurs, et surtout M. Lacordaire, qui a parcouru presque toute l'Amérique méridionale, nous ont donné quelques détails à ce sujet; mais c'est sur les espèces de nos contrées que l'on a fait le plus d'observations. Nous décrirons à l'article des Cicindèles les transformations de l'une des espèces, et nous indiquerons, pour chacun des genres de cette famille, ce que l'on connaît de leurs habitudes, et ce que l'on sait touchant les localités et les saisons dans lesquelles on les trouve.

Presque toutes les cicindelètes ont les mâchoires terminées par un crochet ou onglet articulé et mobile, qui disparait dans les derniers genres, tels que celui de Cténostome, etc. Leurs palpes labiaux se font remarquer par la longueur de leur troisième article et quelquefois aussi par sa grosseur, et de plus par les deux rangées de longs poils raides dont il est hérissé en dedans. Ces mêmes palpes ont pour caractère particulier leur premier article qui est libre, tandis que dans la seconde division cet article est plus ou moins soudé avec la lèvre inférieure.

La lèvre supérieure, ou le *labre*, est toujours convexe, ou au moins élevée dans son milieu et dentée au bord antérieur. Cette lèvre est ordinairement plus avancée dans les mâles, que dans les femelles. Les mandibules, grandes et arquées, sont armées de plusieurs dents fortes et aiguës; souvent aussi elles sont coudées, et toujours un peu plus longues et

plus minces chez les mâles que chez les femelles.
Les tarses antérieurs, dans ces dernières, ressemblent à ceux des autres pattes; dans les mâles, au
contraire, ces tarses ont les trois premiers articles plus
larges, faisant souvent plus de saillie au côté interne:
ils sont garnis en dessous de poils serrés qui forment
une espèce de brosse. L'avant dernier anneau ou segment du ventre, au lieu d'être entier comme ceux
qui le précèdent, présente le plus souvent une petite
échancrure dans les mâles; il est quelques genres cependant où cette échancrure ne se retrouve pas.

Sous le rapport de leurs formes et de l'ensemble
de leurs caractères, les Cicindelètes peuvent se partager en trois familles, comme l'indique le tableau suivant :

TABLEAU

DE LA DIVISION DU GROUPE DES CICINDELÈTES,

EN TROIS FAMILLES.

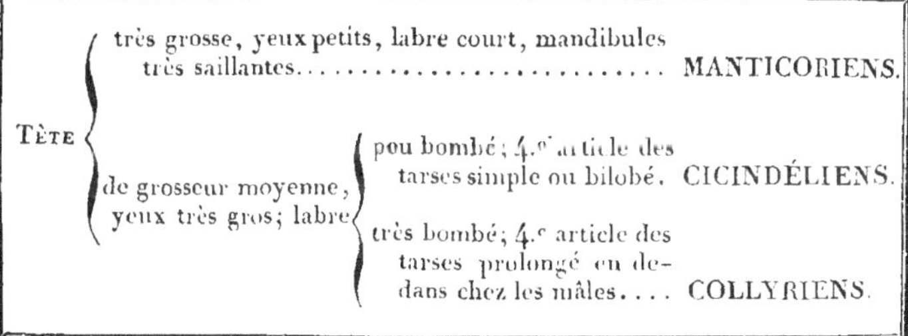

PREMIÈRE FAMILLE.

LES MANTICORIENS.

Les insectes qui composent cette famille se distinguent surtout par la grosseur de leur tête, qui porte des yeux petits et arrondis ; par leur lèvre supérieure, toujours plus large que longue, peu avancée, plus ou moins dentelée au bord antérieur ; par leurs mandibules très grandes, et qui paraissent plus saillantes à cause de la petitesse de la lèvre. Leur menton est trilobé, ainsi que cela a lieu dans presque toutes les autres Cicindelètes ; le premier article des palpes labiaux ne dépasse pas les lobes de ce menton. Tantôt les élytres sont soudés, et ne recouvrent pas d'ailes membraneuses ; tantôt elles sont libres, et il y a des ailes en dessous.

La proportion relative des palpes, la dilatation des articles des tarses antérieurs, et les dentelures de la lèvre supérieure sont les caractères auxquels on a donné la préférence, pour distinguer entre eux les genres dont se compose aujourd'hui cette famille. Elle se lie très bien avec la suivante par les Mégacéphales, comme de cette dernière on passe à la troisième par les Thérates. Ces deux genres sont organisés de manière à pouvoir être placés aussi bien dans une famille que dans l'autre. Mais pour la facilité du classement et pour rendre moins pénibles les dénominations, nous les avons disposés d'après le plus grand nombre de leurs caractères. Le tableau suivant pourra en donner une idée :

TABLEAU

DE LA DIVISION DE LA FAMILLE DES MANTICORIENS,

EN GENRES ET EN SOUS-GENRES.

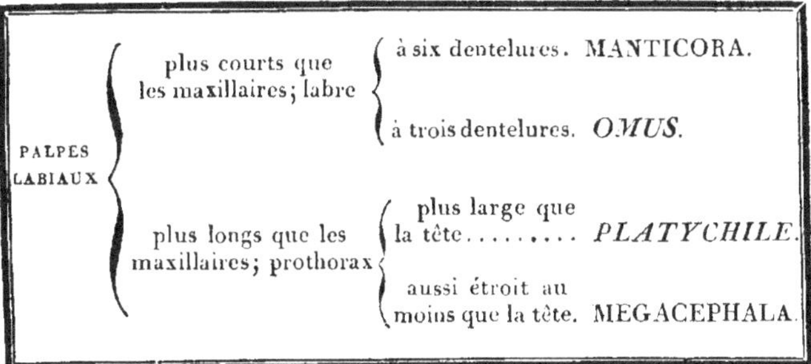

Cette famille d'insectes, dont on connaît peu les habitudes, se compose réellement de deux genres principaux qui sont les Manticores et les Mégacéphales. Tous deux faisaient autrefois partie du genre Cicindèle de Linnée. Au premier se rattachent deux sous-genres dont nous ferons connaître les caractères différentiels, pour ne pas avoir à répéter des formes et des particularités communes à ces trois petits groupes. Nous suivrons la même marche dans tout le cours de cet ouvrage : nous ferons figurer tous les sous-genres dans nos tableaux, afin qu'on puisse mieux en saisir les rapports ; mais nous les présenterons en caractères italiques.

GENRE **MANTICORE**[1].

MANTICORA. Fab.

Fabricius a établi ce genre sur une espèce du Cap de Bonne-Espérance, que de Géer avait rangée avec les Carabes, et que Thunberg, avait regardée comme une Cicindèle. Cette dernière opinion était la plus raisonnable. En effet, les Manticores ont des caractères qui les éloignent bien plus des Carabes que des Cicindèles, avec lesquelles ils se placent fort bien. Fabricius décrivit deux espèces de Manticores, toutes deux de la même contrée. La seconde a servi depuis à l'établissement d'un sous-genre dont nous ferons mention tout à l'heure.

Les Manticores sont des insectes de couleur obscure; ils atteignent une dimension plus considérable que celle de toutes les autres Cicindélètes connues.

Leur *tête* est très volumineuse, aplatie en avant ou sur le front. Leurs *antennes*, longues et grêles, atteignent par leur extrémité les deux tiers postérieurs du corps : elles ont le premier article fort gros; le second, le plus court de tous, est presque cylindrique; le troisième, plus long que tous les autres, est comprimé ainsi que le suivant; et enfin les sept derniers sont plus minces et un peu plus longs que le quatrième. Les *mandibules* sont munies de fortes dents plus aiguës dans la femelle que dans le mâle. Chez ce der-

1. Étym. Μαρτιχωρα, animal monstrueux; d'après Duméril. — Synonymes : *Carabus*, DE Géer; *Cicindela*, Thunberg.

nier, les dents, au nombre de trois, sont larges et obtuses; les mandibules, droites dans leur première moitié, se coudent après la dernière dent, et la partie
coudée est aussi longue que l'autre. Chez la femelle,
les mandibules sont arquées, plus courtes que dans
le mâle et armées, au côté interne, de trois dents
aiguës dont la dernière est plus rapprochée du bout
de la mandibule que dans ce dernier sexe. La *lèvre
supérieure,* beaucoup plus large que longue, est découpée en six dentelures au bord antérieur. Les *mâchoires* sont remarquables par la longueur du crochet
courbé qui les termine (*pl.* 1, *fig.* 1, *a*); de plus, ce
crochet ou onglet est inséré tout-à-fait au côté externe.
Les *palpes maxillaires* (*fig.* 1, *a*) sont assez grêles, et
composés d'articles presque cylindroïdes. Les *palpes
labiaux* (*fig.* 1, *b*), ont leur premier article très comprimé, large surtout à l'extrémité; le second, subglo-
buleux; le troisième, long, presque droit, et revêtu
de quelques poils raides; le dernier, un peu sécuriforme, c'est-à-dire élargi à l'extrémité. Ces palpes,
lorsqu'ils sont en place, n'atteignent pas par leur extrémité celle des maxillaires. Le *menton* (*fig.* 1, *b*, et
1, *c*), est divisé en trois lobes : le lobe du milieu
figure une dent assez longue et obtuse; ceux des côtés
sont un peu plus longs, anguleux au bout, et élargis
en dehors.

Le *corselet,* ou mieux le *prothorax* est un peu en
forme de cœur tronqué, sinueux au bord antérieur, et
divisé en deux lobes au bord opposé. L'*écusson* est
assez grand, très visible, plutôt arrondi en arrière que
pointu; il ne se prolonge pas entre les élytres proprement dites, mais il sépare seulement leur pédicule.

Les *pattes* sont longues, fortes, hérissées de poils nombreux et assez raides ; les cuisses postérieures sont plus longues que les autres, et courbées à la base ; les articles des tarses (*fig.* 1, *d*) sont presque cylindriques, et l'on ne remarque pas de différence entre les tarses antérieurs des mâles et ceux des femelles. Les *élytres* sont larges, aplaties, soudées entre elles : elles enveloppent presque en entier l'abdomen, et forment sur les côtés, avant de se replier, une carène dentelée et aiguë ; leur extrémité se prolonge un peu, et présente une légère échancrure. Leur forme est à peu près celle d'un cœur dans les mâles ; elles sont un peu moins échancrées à la base, et moins subitement rétrécies vers l'extrémité dans les femelles.

L'abdomen, vu en dessous, semble composé de cinq segmens, dont le bord postérieur est plus épais. Cette partie du corps n'offre aucune différence sensible entre les deux sexes.

On ne connaît qu'une espèce de ce genre :

LA MANTICORE A TUBERCULES. (Pl. 1, fig. 1, le *mâle ;* fig. 2, la *femelle.*)

Manticora tuberculata. DE GÉER[1].

Elle est longue au moins d'un pouce et demi, noire ; le corps est tout parsemé de petits tubercules de chacun desquels s'échappe un petit poil. Elle se trouve

---

1. *Carabus tuberculatus*, Mém. sur les Insectes, t. VII, pag. 623, pl. 46. — *Cicindela gigantea*, Thunberg, Dissert. Acad., t. III, pag. 145, pl. 7, fig. 38. — *Manticora maxillosa*, Fab., Syst. Eleuth., t. I, pag. 167, — Oliv. Ent., t. III, genre, n.º 37, pl. 1, fig. 1, avec les détails de la bouche.

au Cap de Bonne-Espérance, d'où on la rapporte assez rarement en Europe.

Obs. De Géer est le premier qui ait décrit cet insecte, sous le nom que nous lui rendons. De son côté, Thunberg, ignorant sans doute la dénomination qui lui avait été imposée, le publia sous celle de *Cicindela gigantea*. C'est donc à tort que Fabricius, étant venu le dernier, a imposé un troisième nom à une espèce déjà très bien connue.

Auprès des Manticores doivent se placer deux sous-genres :

1.° LES OMUS. — *Omus.* ESCHSCHOLTZ[1].

Ce sous-genre rare et singulier a été formé sur une espèce de Manticore découverte dans la Californie, par le naturaliste russe Eschscholtz, qui faisait partie de l'expédition autour du monde du capitaine Kozebue. Tout porte à croire que c'est le même insecte sur lequel un entomologiste américain, Thomas Say, a établi un genre qu'il nomme *Amblycheila*[2].

Dans les Omus, les mâles ont les trois premiers articles des tarses antérieurs dilatés; les *palpes labiaux* ne dépassent pas les maxillaires, le *labre* est muni de trois dentelures au bord antérieur; enfin, les *élytres* sont soudées. Les *mandibules*, arquées et saillantes, comme dans toutes les espèces de Manticoriens, présentent à la base deux ou trois dents aiguës. Le dernier

---

1. Étym. ὠμός, cruel. — Syn. *Amblycheila*, SAY.

2. Nous ne connaissons ce travail que par une portion d'un ouvrage américain, faisant partie de la bibliothèque de M. Audouin, dont nous n'avons pas pu nous procurer le titre.

article des *palpes maxillaires externes,* ainsi que celui des *labiaux,* est élargi et triangulaire, ce que l'on désigne aussi par le nom de *sécuriforme* (de *securis,* hache.) Le lobe intermédiaire du *menton* a la figure d'une dent ou d'une épine très forte.

Ici les antennes ne sont plus insérées à découvert, leur base est cachée sous une saillie des bords de la tête. Cette dernière est presque carrée et le corselet présente aussi la même forme. L'écusson n'est plus apparent comme dans les Manticores. Les pattes sont courtes et fortes, et surtout les cuisses, dont les deux de devant sont un peu renflées. Les jambes de la même paire de pattes sont un peu élargies à l'extrémité ; la dilatation des tarses donne aux trois premiers une forme élargie et transversale. De même que dans les Manticores, les élytres sont soudées; elles embrassent l'abdomen sur les côtés et présentent aussi une carène; mais elles n'ont pas la figure d'un cœur, elles sont au contraire en ovale alongé.

La seule espèce connue,

L'OMUS DE LA CALIFORNIE. (Pl. 1, fig. 3.)

Omus californicus ESCH. [1].

est entièrement noire, un peu velue, avec le corselet et les élytres parsemés de points enfoncés nombreux, disposés presque en séries longitudinales sur ces dernières. Elle a environ cinq lignes de longueur.

La patrie de cet insecte est la Californie, où il a été

[1]. Zool. [illegible] Atlas [illegible] 1, pag. [illegible] pl. [illegible]

pris une seule fois par Eschscholtz, dans le mois de novembre.

Observation. Le mémoire de M. Say, publié en Amérique, ainsi que nous l'avons dit, fait connaître un genre qui pourrait bien être le même que celui d'Eschscholtz, mais qui en diffère par quelques caractères : nous allons en donner la traduction, afin que le lecteur soit à même d'en juger.

« *Labre* transversal, beaucoup plus large que long ; *mandibules* saillantes, fortement dentées ; *palpes labiaux* alongés, le premier article court, entièrement caché par le menton : le second petit, arrondi, aussi court que l'échancrure du menton : le troisième alongé, cylindrique, muni de poils raides : le quatrième élargi à l'extrémité où il est tronqué et un peu sinué ; *menton* muni d'une dent forte, saillante, échancrée en avant, aiguë ; *antennes* à second article ayant les deux tiers de la longueur du troisième ; pas d'ailes ; *élytres* soudées ; *yeux* très petits, hémisphériques, entiers ; *chaperon* entier à l'extrémité. »

ESPÈCE : *Amblycheila cylindriformis.* SAY. [1]

« Cet insecte, que j'ai trouvé près des montagnes rocheuses, avait été d'abord rapporté par moi au genre Manticore ; mais, à en juger par l'individu mutilé que j'ai sous les yeux, je pense qu'il se rapproche davantage des Mégacéphales. Il diffère tout-à-fait des Manticores par la forme, par la tête, qui est plus pe-

[1] *Manticora cylindriformis*, Journal de l'Académie des Sciences de Philadelphie, tom. III, pag. 139.

tite, par le corselet qui n'est pas lobé, etc.; mais il s'en rapproche par la grosseur comparative des **yeux** dont le diamètre est à peine plus considérable que celui de l'article basilaire des antennes. La grosseur des yeux l'éloigne des Mégacéphales, et de plus, le premier article des palpes labiaux est entièrement caché par le menton; mais il a des rapports avec ce genre par la forme, et il est sans doute beaucoup plus exact de l'en rapprocher que des Manticores. Néanmoins, comme il ne rentre dans aucun genre connu, je crois utile d'en former un pour le recevoir. »

Nous sommes tentés de rapporter avec M. de Laporte (*Annal. soc. ent. de France, t.* 1, *pag.* 387), au genre *Omus* d'Eschscholtz, ce *Manticora cylindriformis* de Say, qui est devenu type de son genre *Amblycheila;* il nous resterait moins de doute si M. Say, en parlant du labre, nous avait fait connaître s'il est pourvu de dentelures comme dans les Omus. N'ayant vu en nature ni l'un ni l'autre de ces insectes, il est impossible de nous prononcer autrement à cet égard, d'autant plus que les descriptions des deux entomologistes ne permettent pas une comparaison exacte de tous les caractères qu'ils assignent à leurs genres.

2.° LES PLATYCHILES. — *Platychile*. MAC-LEAY[1].

Ils ont les trois premiers articles des *tarses* de devant dilatés dans les mâles, et leurs *palpes labiaux* dépassent un peu les maxillaires; le *labre* est transversal, bidenté au milieu; les *élytres* sont libres, mais il n'y a point d'ailes au dessous.

1. Étym. πλατύς, large; χεῖλος, lèvre.

Ce sous-genre a été établi par Mac-Leay (*Annulosa javanica*), sur la seconde espèce de Manticore décrite par Fabricius; il n'a pas une forme anguleuse sur les côtés comme les Manticores, et ses antennes sont plus courtes que la moitié du corps. Le corselet est plus large que long, presque carré, plus large que la tête, aplati et avancé en pointe à chacun de ses angles.

La seule espèce connue est

LE PLATYCHILE PALE.

Platychile pallida. Fab. [1].

Elle a tout le corps d'un jaune testacé pâle, avec le bout des mandibules obscur; la tête présente en long quelques rides entre les yeux, et le corselet en offre d'autres à son milieu, mais placées en travers, le long de la suture médiane; les élytres, en ovale peu alongé, sont parsemées de points enfoncés peu profonds et assez rapprochés. Cet insecte n'a guère que six lignes et demi de long; il se trouve au cap de Bonne-Espérance, mais il paraît qu'il y est fort rare. Nous ne le connaissons que par les descriptions des auteurs, qui n'ont pas publié sa figure.

Obs. M. Mac-Leay rapporte avec doute cet insecte au *Manticora pallida* de Fabricius, parce qu'il a les élytres libres, et que Fabricius donne à son Manticore les élytres soudées. Il nous semble certain que c'est la même espèce. Nous verrons plus loin, au genre

1. *Manticora pallida*, Syst. Eleuth., t. I, pag. 187.— *P. pallida*, Mac-L. Annul. jav. éd. Lequien, pag. 104. — Dejean, Species des Coléoptères, t. V, pag. 198.

Collyris, que Fabricius a donné comme aptère, une espèce qui a aussi les élytres libres.

GENRE **MÉGACÉPHALE**.

MEGACEPHALA. LAT.[1]

Les Mégacéphales semblent, comme nous l'avons dit, faire le passage de cette famille à la suivante. Elles tiennent des Manticoriens par leur tête volumineuse, qui diffère surtout de celle des Cicindéliens, en ce que son volume n'est pas dû à la saillie des yeux; en ce que leur corselet est aussi large que la tête, au moins en avant, et que la lèvre supérieure est fort courte.

Les *mandibules* sont très larges, arquées et munies de plusieurs dents aiguës, inclinées dans le sens de la courbure, si ce n'est la première, qui est plus saillante que les autres, et qui se dirige un peu en arrière. La *lèvre supérieure (pl.* 1, *fig.* 4, *a)* est beaucoup plus large que longue, un peu avancée et quelquefois un peu échancrée au bord antérieur, ce qui tient au plus ou moins de saillie de quelques dentelures de ce bord. Les *palpes labiaux (fig.* 4, *b*) dépassent par leur extrémité celle des maxillaires; leur premier article est plus long que les lobes latéraux du menton : il est à peine plus large que le troisième; le second est fort court et à peine distinct; le troisième est très long,

[1] Etym. μέγας, grand; κεφαλή, tête. — Syn. *Gnatho*, Illiger, d'après Latreille; *Cicindela*, Linnée, de Géer, Fabricius, Olivier

légèrement courbé et un peu comprimé ; le dernier ou quatrième est de la longueur du premier : son extrémité est coupée un peu obliquement, et elle s'élargit de manière à avoir la forme d'un triangle alongé.

Les pattes ont les trois premiers articles des *tarses* de devant (*fig. 4, c.*) élargis, fortement ciliés en dedans et point du tout en dehors. Les *élytres* sont ou libres ou soudées ; dans ce dernier cas, il n'y a point d'ailes en dessous.

Ce genre a généralement l'aspect et la forme élégante des Cicindèles ; aussi les auteurs qui en avaient décrit quelques espèces, les avaient-ils placées avec ces dernières. Comme les Cicindèles, ces insectes vivent sur le bord des eaux et des rivières ; mais leurs ailes étant généralement moins développées et leurs pattes plus longues, il en résulte qu'ils marchent davantage et qu'ils volent beaucoup moins. Quelques uns, de l'espèce nommée *sepulcralis*, courent avec vitesse parmi les herbes des terrains sablonneux des forêts ; ils ne se servent pas de leurs ailes. M. Lacordaire, qui les a observés, remarque qu'ils exhalent une forte odeur de rose ; mais il ajoute que cette odeur devient bientôt fétide et désagréable. D'autres, appartenant à une espèce encore inédite, se réfugient sous les bouses sèches, dans les trous que se creusent les Bousiers des genres Onthophage et Copris ; ils passent là tout le temps de la plus grande chaleur du jour et ils essaient de défendre l'entrée de leur retraite, si l'on cherche à les prendre. Mais si l'on persiste, tout moyen de défense devenant inutile, ils gagnent le fond de leur demeure. Le seul moyen qui reste alors de s'en emparer est d'introduire une longue paille au fond de leur trou ;

ils la saisissent avec leurs mâchoires et se laissent ame-
ner au dehors plutôt que de lâcher prise. Olivier, dans
son voyage en Orient, avait fait une observation au
sujet de la Mégacéphale de l'Euphrate, que M. Lacordaire a renouvelée sur d'autres espèces ; elles produisent un petit bruit semblable à celui du Grillon, appelé vulgairement *Cri-Cri,* par le frottement de leurs
cuisses contre les bords de leurs élytres. Les Graphiptères, genre du groupe des Carabiques, présentent
aussi cette particularité, dont nous parlerons à l'occasion de ces insectes ; leurs mœurs diffèrent peu
d'ailleurs de celles des Mégacéphales.

Latreille est le premier qui ait apprécié les caractères par lesquels les Cicindèles s'éloignent des Mégacéphales ; il a formé ce genre sur le *Cicindela megacephala*
d'Olivier, nom que Fabricius avait cru devoir changer
en celui de *megalocephala,* pour plus d'exactitude.
Dans le tome dixième de l'encyclopédie méthodique,
MM. Lepeletier de Saint-Fargeau et Audinet-Serville
ont partagé les Mégacéphales en deux sous-genres. Le
premier, qu'ils ont nommé Aptème, comprenait l'espèce que nous venons de mentionner : ses caractères
étaient d'avoir les élytres soudées, et d'être privé d'ailes ; le second conservait le nom de Mégacéphale. Il
eût été plus exact de garder ce nom pour le premier
sous-genre qui avait servi de type à Latreille, et de
donner une dénomination nouvelle aux autres espèces.
Les mêmes entomologistes rapportaient à leur genre
Aptème les *M. quadrisignata* et *Euphratica,* qui sont
ailés. La forme de l'angle extérieur des élytres indique
assez cette particularité pour que l'on ne puisse pas s'y
tromper, et cependant ces deux Mégacéphales n'ont

quelquefois que des rudimens d'ailes, ce qui prouve bien que les espèces de ce genre volent fort peu, et qu'elles sont, au contraire, organisées pour courir.

On peut partager ce genre en deux divisions d'après l'absence ou la présence des ailes sous les élytres. La première division comprend seulement l'espèce suivante ; toutes les autres appartiennent à la seconde division.

1. LA MÉGACÉPHALE DU SÉNÉGAL. (Pl. 1, fig. 4.)

M. Senegalensis. LAT. [1].

Cette belle espèce, la plus grande des Mégacéphales connues a, le plus ordinairement, un pouce de longueur sur quatre lignes de largeur. Elle est d'un vert obscur en dessus, plus brillant sur les côtés et en dessous, avec les bords latéraux des élytres et du corselet bleuâtres. La tête est un peu rugueuse entre les yeux et le corselet faiblement ridé en travers. Les élytres sont parsemées de points enfoncés, profonds à la base, et beaucoup plus petits et plus serrés à mesure qu'ils approchent de l'extrémité. La bouche, les pattes et les antennes sont d'un jaune sale et obscur ; le bout des mandibules et l'abdomen sont noirs. Elle se trouve au Sénégal.

1. Gener. Crust. et Insect., t. I, pag. 175 ; — Dejean, Spec. des Coléopt., t. V, pag. 199. — *Cicindela megacephala,* Oliv. Ent., t. II, n° 33, pag. 8, pl. 2, fig. 12 ; — *C. megalocephala,* Fab. Syst. Eleuth., t. I, pag. 232.

2. LA MÉGACÉPHALE DE VIRGINIE.

M. *Virginica*. Lin. [1].

Elle est longue de neuf lignes. Le dessus est d'un noir assez brillant; les côtés du corselet et des élytres, et la tête presqu'en entier sont verts; le bord des élytres se change en bleu vers l'extrémité. La lèvre, les mandibules, les palpes, la base des antennes, les pattes et le bout de l'abdomen sont d'un jaune roux obscur; le reste des antennes est brun. L'extrémité des mandibules et le dessous du corps sont noirs. Le corselet est marqué au milieu d'une impression arrondie; les élytres sont fortement ponctuées à la base, presque lisses à l'extrémité; elles présentent, à cette partie seulement, deux rangées de points enfoncés et bleus. Elle se trouve dans l'Amérique septentrionale.

3. LA MÉGACÉPHALE A QUATRE TACHES.

M. *quadrisignata*. Dej. [2].

C'est une grande et belle espèce, longue de onze à douze lignes. Elle est verte, avec le dessus des élytres noir et les bords verts; leur surface n'est point ponctuée, mais elle est couverte de petites élévations ou tubercules serrés et alongés, et elle présente, près de la

1. *Cicindela virginica*, Syst. nat., t. II, gag. 657. — Dej. Spec. des Coléopt., t. I, pag. 10.

2. Spec. des Coléopt., t. I, pag. 201; — Boisduval et Dejean, et Icon. des Coléopt. d'Europe, t. I, pl. 1, fig. 2.

suture, une série longitudinale d'impressions assez profondes, et alongées. Chaque élytre est ornée de deux
taches jaunes : la première, en carré inégal, est placée
vers la base, au côté externe ; la seconde, alongée et
un peu arquée, mais large, est située en dehors à l'extrémité. La lèvre, la base des mandibules, les palpes,
et les pattes sont jaunes ainsi que les antennes, dont les
premiers articles sont quelquefois tachés de brun en
dessus. L'abdomen est noir, avec l'extrémité jaune de
même que le bord inférieur des élytres. Elle habite le
Sénégal.

4. LA MÉGACÉPHALE DE L'EUPHRATE.

M. *Euphratica*. Dej. [1].

Elle est longue de huit lignes, d'un vert brillant, avec
les côtés du corselet et ceux de la base des élytres bleus.
Celles-ci, très fortement ponctuées à la base, et très
faiblement, au contraire, vers le bout, sont obscures
et noirâtres le long de la suture ; chacune d'elles est terminée par une grande tache ovale jaune, dont l'extrémité touche la tache opposée, lorsque les élytres sont
fermées. Le milieu de la poitrine et l'abdomen sont
noirs ; tout le reste de l'abdomen est jaune, ainsi que
les pattes, la base des mandibules, la lèvre, la moitié
antérieure des antennes et les palpes presque en entier ; l'extrémité de ceux-ci et la dernière moitié des
antennes sont noirâtres. Cette jolie espèce se trouve
en Arabie et sur les bords de l'Euphrate. M. Banon.

1. Spec. des Coléopt., t. I, pag. 7 — Lat. et Dej., Icon. des Coléop:
t. I, pl. 1. fig. 4.

pharmacien de la marine à Toulon, nous a assuré qu'il en a reçu d'Espagne cinq individus.

Une belle variété, dans laquelle tout ce qui est vert est devenu d'un beau bleu, est mentionnée sous le nom de *Armeniaca*, dans quelques collections.

5. LA MÉGACÉPHALE DE LA CAROLINE.

M. *Carolina*. LINN. [1].

Elle est longue de sept lignes et quelquefois d'un peu moins. Sa couleur est un vert brillant avec le dessus de la tête, du corselet et des élytres jusqu'aux deux tiers, rehaussé d'une teinte cuivreuse très éclatante; le reste des élytres est d'un noir luisant avec une tache jaune arquée, placée à l'extrémité, sur le bord externe : cette tache est large, arrondie en avant et rétrécie en bas; elle peut très bien se comparer à une virgule. Le corselet est marqué d'un point enfoncé à son milieu, et les élytres sont très fortement ponctuées à leur base : cette ponctuation s'affaiblit au point qu'elle est à peine sensible sur la partie noire et au bout des élytres. Le milieu du ventre est d'un beau rouge cuivreux, avec les bords jaunes. Cette dernière couleur est aussi celle des pattes, de la lèvre, des palpes, des mandibules et des antennes. Ces antennes ont un trait noir sur les articles deux, trois et quatre, et les mandibules sont noires à l'extrémité et tout le long de leur bord interne. Cette espèce est une des

---

1. *Cicindela carolina*, Cent. Ins., 20, 23. — Oliv. Ent., t. II, n.º 33, pag. 29, pl. 2, fig. 22. — *Megacephala carolina*, Dej., Spec, des Coléop., t. I, pag. 8.

plus répandues dans les collections; elle se trouve dans l'Amérique du Nord.

Une autre espèce, qui pourrait bien former une division à part, à cause de sa lèvre plus avancée (*pl.* 1, *fig.* 5) et de ses antennes plus courtes, est

6. LA MÉGACÉPHALE SÉPULCRALE.

M. sepulcralis. FAB. [1].

Elle a de cinq et demie à six lignes de longueur, et de une à deux de largeur. Sa couleur est en dessus d'un noir mat, qui se change en vert obscur sur les côtés des élytres; le dessous est d'un bleu un peu verdâtre. Le troisième article des palpes labiaux est presqu'en entier d'un jaune foncé. Les élytres sont inégales, et parsemées de points enfoncés plus profonds

1. *Cicindela sepulcralis*, Syst. Eleuth, t. I, pag. 233. — *Megacephala variolosa*, Dejean, Spec. des Coléopt., t. I, pag. 74. — Pour les autres espèces, voyez : le Species de M. le comte Dejean; — la Centurie des Carabiques de M. Gory, insérée dans le t. II des Annales de la Société entomologique de France; — la Centurie des Insectes de M. Kirby, faisant partie des transactions de la Soc. linnéenne de Londres; — la partie entomologique du voyage au Brésil de MM. Spix et Martius, rédigée par M. Perty; — l'édition anglaise du règne animal de Cuvier, publiée sous le titre de *the Animal kingdom*, et dans laquelle la partie entomologique est due à M. Gray; — la Monographie du genre Mégacéphale, publiée par M. de Laporte, dans le t. II de la Revue entomologique de M. Silbermann; — les Etudes entomologiques de M. de Laporte; — et enfin une espèce publiée en même tems sous les deux noms de *M. Adonis* et *Laportei*, par MM. de Laporte et Chevrolat, dans la Revue entomologique déjà citée. — De plus, M. Klug a décrit sous le nom de *M. occidentalis*, dans le Catalogue des doubles du Muséum de Berlin, une espèce qui pourrait bien être la même que le *M. maculicornis* de M. de Laporte. Dans ce cas, le nom de Klug étant le plus ancien, il devra être adopté de préférence.

à la base qu'à l'extrémité. On la trouve à Cayenne et dans d'autres parties de la Guiane.

DEUXIÈME FAMILLE.

LES CICINDÉLIENS.

Nous comprenons sous le nom de Cicindéliens le genre aussi nombreux que varié des Cicindèles et les sous-genres qui se groupent autour de lui. La grosseur et la saillie de leurs yeux, en donnant à leur tête une plus grande étendue en largeur, fournit un moyen facile de les distinguer au premier coup-d'œil, non moins que la longueur et la forme de leur lèvre supérieure. Cette lèvre est presque toujours assez avancée pour cacher une grande partie des mandibules, et très souvent elle est découpée sur le bord en plusieurs dentelures qui sont plus saillantes dans les mâles que dans les femelles.

Leurs *antennes* grêles et en forme de soie, sont aussi longues que les deux tiers du corps. Leurs *palpes labiaux*, dont les deux premiers articles sont très courts, se distinguent par la longueur du troisième, qui est tantôt grêle ou un peu courbé, tantôt renflé et suivi d'un article toujours beaucoup plus petit.

Les Cicindéliens ont le corps alongé, quelquefois cylindroïde, et quelquefois aplati; le corselet plus

étroit que la tête et que les élytres; les articles des tarses longs et grêles, et les trois premiers de ces articles
élargis dans les mâles aux pattes de devant, et revêtus en dessous d'une brosse de poils longs et serrés. Cette famille a des rapports avec les Mégacéphales,
dernier genre de la famille précédente ; elle se lie
avec la suivante au moyen du sous-genre des Thérates,
qui, par l'ensemble de leurs caractères, pourraient
être placés aussi bien dans l'une que dans l'autre.

Nous avons quelque connaissance des habitudes des
Cicindéliens et des manœuvres curieuses de leurs larves, que l'on a pu étudier sur des espèces de notre
pays; nous en consignerons les détails en tête des
différens articles que nous allons consacrer à l'histoire
des sous-genres dont se compose cette famille. On
verra que leur goût pour le carnage et l'on peut dire
même leur férocité, sont parfaitement en rapport avec
l'organisation de leur bouche, si bien appropriée à
leurs habitudes carnassières.

Nous présenterons d'abord le tableau analytique
des caractères que l'on a reconnus, dans les différens
groupes établis pour classer plus facilement les espèces.

TABLEAU DE LA DIVISION DE LA FAMILLE DES CICINDÉLIENS

EN GENRES ET EN SOUS-GENRES.

Palpes maxillaires internes
- de deux articles, aussi longs que les mâchoires; — le 3.e article des labiaux
  - aussi mince que le dernier; labre
    - très avancé et en pointe ... OXYCHEILA.
    - peu avancé et denté ..... CICINDELA.
  - beaucoup plus gros que le dernier; celui-ci
    - alongé .... IRESIA.
    - court; dent du menton *
      - fort petite. DROMICA.
      - fort longue. EUPROSOPUS.
- d'un seul article fort court .... THERATES.

* On appelle ainsi le lobe intermédiaire du menton.

GENRE CICINDÈLE.

CICINDELA. LAT.

Les jolis insectes connus sous le nom de Cicindèles peuvent être rangés parmi les Coléoptères les plus élégans et les plus gracieux. Leur corps élancé, leurs formes étroites, l'éclat de leurs couleurs, la disposition si variée des taches dont la plupart sont ornés, la légèreté et la vitesse de tous leurs mouvemens, sont les principaux traits auxquels on peut les reconnaître. Leur *lèvre supérieure* (*pl.* 2, *fig.* 4, *c. d.*) est ordinairement découpée en plusieurs dentelures; quelquefois aussi elle est entière, mais alors on remarque une légère saillie (*fig.* 5. *a.*) qui disparaît seulement dans quelques mâles. Les *tarses* de devant s'élargissent (*fig.* 4, *f.*) et sont garnis en dessous d'une brosse de poils épais dans les mâles; cette brosse est plus visible en dedans qu'en dehors. Les *palpes labiaux* (*fig.* 4, *b.*) sont alongés, pendans, comme dans tous les sous-genres de cette tribu; le troisième article de ces palpes est plus grand que les autres, hérissé de poils longs et raides, et presque aussi mince que le dernier ou quatrième; c'est à ce caractère surtout que l'on peut reconnaître ce genre.

Bien que les Cicindèles soient les insectes les plus agréables à la vue, elles sont peut-être aussi les plus voraces et les plus carnassiers; ce qui les a fait regarder comme les tigres de cette classe d'animaux. Elles constituent un genre extrèmement nombreux. En effet, les ouvrages des auteurs renferment la description de plus de deux cents de ces espèces, toutes remarquables par la grande variété des couleurs et la diversité des dessins que présentent leurs élytres. La longueur de leurs pattes, quelquefois très considérable, les rend essentiellement propres à la course; mais leur vol n'est pas moins agile que leur course n'est rapide; c'est avec peine que l'on parvient à les attraper, et rarement y réussirait-on si l'on n'était armé d'un filet à papillons. Toujours en mouvement et toujours sur leurs gardes, elles s'échappent dès qu'on les approche, pour aller se poser à quelques pas de là; persiste-t-on, elles s'envolent encore, se posent, s'enlèvent et reviennent sur leurs pas, de manière à lasser la patience la mieux éprouvée. C'est surtout dans les lieux arides, sur le bord des eaux douces ou salées, partout où il y a du sable, et quelquefois aussi dans les allées sèches de nos bois, qu'on les rencontre dès le premier printems.

Dans les parties les plus chaudes du Nouveau-Monde, elles changent leurs habitudes; c'est sur les feuilles des arbres qu'on les retrouve alors. Là, comme ailleurs, elles font aux autres insectes une guerre cruelle, car la chasse est le but de tous leurs mouvemens. Agiles presqu'autant que nos mouches, elles volent de feuille en feuille, et se jettent sur leur proie avec une rapidité qui les en rend maîtresses; au lieu que, dans le premier état de leur vie, alors qu'elles ne sont que de simples larves, c'est à la ruse qu'elles ont recours pour s'emparer de leurs victimes. Quelques unes, cependant, se servent moins de leurs ailes; elles courent plus qu'elles ne volent, et choisissent de préférence les terres les moins arides. Mais toutes, malgré les modifications de formes, malgré les différences d'habitudes, ont une manière d'être, un aspect particulier que l'on reconnait toujours, et qui les fait aisément distinguer au premier coup d'œil.

Plusieurs naturalistes ont étudié les Cicindèles à toutes les époques de leur vie, et nous ont fait connaître leurs transformations. Tels sont Geoffroy, Latreille, M. Desmarest, parmi les Français; M. Westwood, parmi les Anglais. D'autres ont remarqué leurs allures, les lieux qu'elles affectionnent, les différences qu'elles présentent dans leur manière de vivre; ce sont en Amérique, un de nos entomologistes voyageurs les plus intrépides, M. Lacordaire, et dans l'Inde, au Cap de Bonne-Espérance, M. Westermann.

On n'a pas toujours désigné les mêmes espèces sous le nom de Cicindèles; Geoffroy appelait ainsi des insectes, qui font partie de genres dont nous nous occuperons plus tard : les Téléphores, les Malachies. Les anciens désignaient, par le mot *Cicindela*, des insectes qui brillent pendant la nuit, des Lampyres sans doute, ou Vers-Luisans, auxquels ils attribuaient des propriétés malfaisantes. Linnée a séparé des Carabes, ou des Buprestes de Geoffroy, les espèces que, d'après lui, on est convenu d'appeler Cicindèles.

Leurs larves vivent dans la terre, et, par cette raison, elles nous ont long-tems échappé. Geoffroy, qui les a remarquées le premier, a décrit leurs manœuvres curieuses. Rien n'est plus amusant, dit-il, que de les observer et de voir comment elles parviennent, sans sortir de leur retraite, à s'emparer des insectes dont elles font leur proie. Blotties à l'entrée d'une ouverture qu'elles ont pratiquée dans la terre, laissant seulement au dehors leur tête armée de deux fortes mâchoires, elles attendent patiemment qu'un insecte vienne à passer; elles cherchent alors à le saisir, et, si elles peuvent l'atteindre, elles se laissent glisser au fond de leur demeure avec leur victime, qui devient pour elles une proie facile et assurée. A la moindre alarme, à l'approche d'un danger, elles disparaissent de la même manière, et il serait difficile de les atteindre, si l'on n'avait soin d'introduire dans leur trou une paille ou une petite branche d'arbre, au moyen de laquelle on retrouve le sentier tortueux qu'elles ont pratiqué, et dont la longueur est souvent de plus de dix-huit pouces. En déblayant avec soin la terre qui les recouvre, on les trouve repliées sur elles-mêmes, à peu près en forme de z.

Leur corps (*pl.* 2, *fig.* 4, g.) est alongé, presque cylindrique et légèrement velu; il est formé, sans y comprendre la tête, de douze anneaux ou segmens. dont les trois premiers portent chacun deux pattes; la tête et le premier segment sont beaucoup plus larges que les autres, plus durs, et presque noirs; les deux autres segmens munis de pattes sont encore assez durs; tous les autres sont mous et blancs. La tête est déprimée ou creusée d'une manière remarquable; elle porte deux antennes courtes, de quatre articles seulement; deux tubercules, placés sur les côtés, supportent les yeux qui sont petits et au nombre de huit, comme dans les araignées; les mandibules sont aiguës. longues. courbées et dirigées en avant. munies d'une dent au côté interne; leur bout n'est point percé; les mâchoires. la lèvre et les palpes n'ont pas la forme qu'ils auront par la suite, et ce n'est que par analogie que l'on peut les reconnaître. Après le premier segment thoracique, ou celui qui porte les premières pattes, c'est le huitième qui est le plus gros. Il est surmonté de deux tubercules charnus, qui sont revêtus de poils roux, excepté au milieu, d'où part un crochet courbé et très pointu, dirigé en avant, et que l'insecte peut, à son gré, faire rentrer ou sortir. Des quatre anneaux qui suivent, le dernier parait double; mais cet effet n'est dû qu'à la saillie du canal intestinal, qui se prolonge en forme de cône tronqué.

Cette larve est celle d'une espèce très commune dans notre pays, la Cicindèle champêtre, qui se rencontre aussi dans presque toute l'Europe. MM. Desmarest et Westwood en ont donné la description et la figure avec beaucoup de détails; le premier, dans le *Bulletin de la Société philomatique* [1]; le second, dans les *Annales des Sciences naturelles* [2]. Nous avons emprunté au Mémoire de M. Westwood, la figure de notre planche 2; nous lui prendrons encore quelques détails sur les travaux de cette larve, qu'il a observée avec plus de soin qu'aucun autre entomologiste.

« Dans les premiers jours d'avril, en chassant dans les sablonnières de Wienblenden, près de Londres, j'aperçus, au pied d'un des bancs de sable exposés au soleil, plusieurs ouvertures circulaires placées les unes à côté des autres. Ayant suivi le conduit qui faisait suite à ces ouvertures, je trouvai au fond une larve que je reconnus aussitôt pour être celle de la Cicindèle champêtre.

» Ayant emporté chez moi plusieurs larves et un peu

1. 1801 — 1805.
2. Tom. XXII, pag. 299 et suivantes

de sable de l'endroit où je les avais prises, je mouillai celui-ci pour le rendre adhérent, et je vis bientôt après mes larves au travail.

» Après avoir labouré une portion de terrain avec leurs pattes de devant, elles le saisissent avec leurs mâchoires et le placent sur leur tête ; puis, emportant cette charge, elles la déposent à quelque distance du trou qu'elles ont commencé.

» En continuant à opérer de cette manière, le trou, au bout de très peu de temps, se trouve assez profond pour cacher le corps entier de la larve, et ses opérations deviennent plus intéressantes. Descendant la tête en avant, et recourbant son segment anal à l'ouverture du trou, de manière à ce qu'il serve de soutien à son corps, l'insecte continue son travail ; il emporte de temps en temps, sur sa tête, le sable qu'il a détaché avec ses pattes et ses mâchoires, et il soutient ce sable au moyen de ces dernières ; pour cela, il les relève et rejette sa tête en arrière, de sorte qu'elle forme un angle droit avec le corps. Il emporte ainsi des grains de sable et de petites pierres plus grosses que sa tête, et si un de ces morceaux tombe, par suite de l'accumulation du sable placé à l'ouverture du trou, il le rapproche de nouveau de sa bouche, et là, par un mouvement rapide, il le jette par dessus sa tête à une distance considérable.

» Le trou est alors suffisamment large pour que l'insecte puisse s'y retourner. A mesure qu'il devient plus profond, les travaux de l'architecte s'accroissent tellement, qu'il est souvent forcé de se reposer pour regagner le sommet ; à cet effet, il se fixe aux parois du trou, au moyen des crochets qu'il a sur le dos. La force et l'activité de ces larves est telle que, lorsqu'on les touche, elles jettent rapidement en avant et en arrière leur tête et leur corps, de la même manière qu'une chenille piquée par un Ichneumon.

» Après avoir terminé son trou, qui varie en profondeur de six à dix-huit pouces, selon la grosseur de la larve (ouvrage immense en proportion de sa taille, et qui est achevé beaucoup plus vite qu'on ne pourrait s'y attendre), l'insecte va s'établir à l'entrée de sa tanière pour y guetter sa proie. Cette ouverture se trouve complètement bouchée et mise de niveau avec la terre environnante, par sa tête et le premier segment de son corps. Il peut garder cette position à l'aide des deux tubercules de son dos, et des crochets dont ils sont armés; dans ce but, elle les dilate et les pousse en avant. »

Placées dans une situation presque semblable à celle des larves de fourmilions, dont nous aurons plus tard l'occasion de présenter l'histoire également intéressante et curieuse, les larves de Cicindèles sont tout aussi indifférentes sur le choix de leur proie. Le plus souvent cette proie consiste en petits insectes de la tribu des Carabiques; mais elles mangent aussi des araignées et même leur propre espèce. M. Westwood a trouvé dans leurs trous des débris de Cicindèles champêtres. De même, le fourmilion se nourrit d'autres fourmilions. Les restes du repas, qui se composent de l'enveloppe dure de l'insecte, sont ordinairement rejetés en dehors du trou.

Les larves de Cicindèles sont fort abondantes au printemps, dans les endroits sablonneux; mais on en voit aussi durant tout l'été et même au commencement de l'automne. Selon M. Westwood, dont nous nous plaisons à citer les curieuses observations, quand on trouve l'insecte parfait dans un endroit sablonneux, on est à peu près sûr de rencontrer, à peu de distance, les habitations de leurs larves. Il faut, si l'on veut se procurer le plaisir d'étudier leurs mouvemens, les mettre dans un pot à fleurs plein de sable et l'enfoncer dans la terre. Il est inutile d'ajouter qu'il est nécessaire de pourvoir à la nourriture de ces hôtes, si l'on tient à les conserver long-temps. On ignore la durée de la vie de ces larves, et l'on ne connait pas la forme de la chrysalide. C'est, dit avec quelque raison l'entomologiste historien de cette espèce, un point peu important; la nymphe des Coléoptères n'est réellement que l'insecte parfait, enveloppé d'une peau mince, sous laquelle sont cachés les membres. Latreille suppose qu'avant de se transformer, les larves bouchent le trou de leur cellule, et qu'elles restent dedans jusqu'au temps de leur dernière métamorphose.

Parmi les différentes espèces dont se compose le genre des Cicindèles, quelques unes exotiques, vivent toujours sur les feuilles; elles ont la lèvre supérieure plus avancée et fortement dentée (*pl.* 2, *fig.* 4, *c. d.*): les autres, beaucoup plus nombreuses, se trouvent toujours à terre, dans le voisinage des eaux, soit douces, soit salées; leur corps est plus large, leur lèvre moins avancée (*fig.* 3, *a.*). Se fondant sur ces différences, quelques naturalistes ont pensé qu'il seroit bon d'en former deux genres. M. Lacordaire lui-même, qui a fait de si bonnes observations sur leurs mœurs, semble partager cette opinion. Aussi, dans ces derniers temps, M. de Laporte, entomolo-

giste instruit, dont nous citerons souvent les travaux,
a-t-il séparé les premières, sous le nom d'*Odontocheiles* [1]. M. Westwood les avait auparavant nommées
Cylindères, ainsi qu'il le dit dans son mémoire sur
les larves des Cicindèles. Séduits nous-mêmes par ces
différences, nous avons étudié avec soin les divers
groupes que forment, dans une série complète, toutes
les Cicindèles des auteurs. Nous avons remarqué dans
les tarses une organisation tout-à-fait curieuse et propre aux espèces qui vivent sur les feuilles; c'est que
ces tarses sont sillonnés en dessus comme le représente la figure 4, *f*, de notre planche 2. De son côté,
M. Audouin a reconnu que dans quelques unes de ces
mêmes espèces, les palpes maxillaires internes portent
au bout de leur dernier article un petit poil (même
planche, fig. 4, *a*), ayant quelque ressemblance avec
celui qu'on voit dans les Thérates, genre dont nous
parlerons plus bas. Ces caractères, joints à ceux que
l'on connaissait, nous firent pencher d'abord vers l'o-
pinion des autres entomologistes. Mais, comme il arrive
très souvent dans l'étude de l'histoire naturelle, l'examen de toutes les espèces nous fit bientôt changer
d'avis. En effet, quelques Cicindèles du nombre de
celles qui vivent sur les feuilles n'ont pas les tarses
sillonnés; d'autres à tarses sillonnés sont privés du poil
que l'on devrait trouver au bout de leurs palpes. Plusieurs espèces des parties chaudes de l'Afrique et de
l'Asie, participent des caractères de l'un et de l'autre
groupe, mais on n'a pas de notions sur leur manière
de vivre, et dès lors il serait impossible de leur assigner une place; plusieurs même font le passage de l'un

1. Revue Entom. de M. Silbermann, t. II, pag. 34.

de ces groupes à l'autre. Ces raisons nous engagent donc à laisser réunis, sous le nom de Cicindèles, tous les insectes que l'on avait essayé de séparer; nous établirons seulement parmi elles deux divisions principales, entre lesquelles se placeront les espèces intermédiaires de l'ancien et celles du nouveau continent, qui n'ont pas tous les caractères des Odontocheiles de M. de Laporte.

La première division renferme toutes les Cicindèles à corps étroit, dont les tarses sont alongés, sillonnés, dont la lèvre supérieure avancée présente de fortes dentelures, et qui ont au bout de leurs palpes internes un petit poil terminal.

Dans la seconde division, nous placerons les espèces qui n'ont pas ce poil terminal des palpes internes (*pl. 2. fig, 3, b.*), et dont les tarses sont sans sillons. Quelques espèces de ce groupe, faute de ces deux caractères, ne peuvent être placées dans le précédent, bien que leur forme générale invite à les y rapporter, ainsi que la saillie et les dentelures de leur lèvre. Mais, à part ce petit nombre, toutes les autres Cicindèles ont le corps large et aplati, la lèvre peu avancée et généralement peu dentelée. Elles forment la plus grande partie de ce genre, dont la première division n'est qu'une section fort petite.

α. **ESPÈCES DE LA PREMIÈRE DIVISION.**

1. LA CICINDÈLE A COU CYLINDRIQUE.

Cicindela cylindricollis. **DEJ.** [1]

Elle est longue de six lignes et d'un vert obscur, plus brillant sur le chaperon et sous le corps; il se

1. Spec. des Coléopt. t. 1, pag. 26.

change en cuivreux rougeâtre sur les côtés du corselet, et en cuivreux doré sur les côtés de la tête et de la poitrine. La lèvre est obscure, et les mandibules sont noires, ainsi que le bout des palpes : le reste de ceux-ci est jaune. Les antennes sont brunes, avec la base d'un vert foncé ; le corselet est étroit, cylindrique, très finement strié en travers : il a ses angles postérieurs d'un cuivreux doré. Les pattes sont d'un vert bleuâtre ; la base des cuisses est roussâtre. Les élytres sont couvertes de points enfoncés très nombreux, dont les intervalles sont relevés et forment des rides en travers ; sur le bord extérieur, un peu au delà du milieu, est une petite tache transversale blanche, et vers l'extrémité on en voit une autre appliquée sur le bord même.

Cette jolie espèce se trouve au Brésil.

2. LA CICINDÈLE DE CAYENNE.

Cicindela cayennensis. FAB. [1].

Elle est longue de sept lignes ; d'un vert bronzé très obscur en dessus, d'un noir à reflets d'un violet foncé en dessous. Le bord antérieur de la lèvre est ferrugineux. Le corselet est cylindrique, finement et irrégulièrement strié en travers. Les élytres sont couvertes d'une ponctuation serrée, et marquées sur le bord extérieur, au delà du milieu, d'une petite tache alongée et blanchâtre. Les jambes et les tarses postérieurs, et presque tout le ventre, sont d'un jaune roux ; la

---

1. Ent. Syst., t. I, pag. 177. — Oliv. Ent. t. II. n.° 33, pag. 23, pl. 1.
fig. 2. — *C. bipunctata*, Dej. Spec. t. I, pag. 22.

base des quatre jambes de devant est ferrugineuse.
Elle se trouve à Cayenne.

3. LA CICINDÈLE A DEUX POINTS.

Cicindela bipunctata. Fab. [1]

Cette espèce est de la taille de la précédente à laquelle elle ressemble beaucoup. Elle en diffère par l'abdomen qui est en entier d'un noir violet; par les pattes dont les cuisses et les jambes de derrière, sont seules jaunes, et par la tache blanche des élytres qui est triangulaire.

Elle se trouve dans les mêmes contrées.

4. LA CICINDÈLE APICALE.

Cicindela apicalis. Br.

Elle est en dessus d'un vert obscur, un peu bronzé sur le dos, un peu bleu sur les côtés, et en dessous d'un bleu brillant, avec le ventre d'un brun roussâtre. Les pattes sont jaunâtres, et les tarses d'un roux foncé. La première moitié des palpes est jaunâtre, et l'autre moitié d'un brun roussâtre. La lèvre est verte, avec les côtés jaunâtres. Les antennes sont d'un roux foncé. La tête est finement striée; le corselet paraît presque lisse; les élytres sont finement ponctuées et

---

2. Ent. Syst., t. I, pag. 174; et Syst. Eleuth. t. I, pag. 238, (en retirant le synonyme d'Olivier). — *C. cayennensis*, Dej. Spec., t. I, pag. 21. (M. Dejean a transposé les descriptions de ces deux espèces, parce qu'il n'a pas eu égard à la couleur du ventre.)

presque chagrinées ; chacune d'elles porte trois petites taches blanchâtres, dont l'une est à l'angle de la base, la seconde un peu au delà du milieu, et la troisième près du bout ; l'extrémité des élytres, à partir de cette dernière tache, est plus pâle que le reste.

Cette espèce se trouve à Cayenne ; elle a cinq lignes de long sur une et demie de large.

β. ESPÈCES DE LA DEUXIÈME DIVISION.

5. LA CICINDÈLE A QUATRE POINTS.

Cicindela quadripunctata. FAB. [1]

Elle est longue de cinq lignes ; d'un bleu violet brillant, plus obscur dans la femelle, qui est verte en dessus avec les bords des élytres bleus. Le corselet est couvert au milieu de quelques rides légères. Les élytres sont fortement ponctuées à la base, plus faiblement à l'extrémité. Chacune d'elles est ornée de deux taches de couleur d'ivoire, dont la première, très petite, est placée un peu au delà du milieu des élytres, et la seconde est située au dessus de la première, près du bord : elle est aussi deux fois plus grande. Les palpes sont noirâtres ainsi que la lèvre ; une ligne blanche se remarque sur cette dernière, dans le mâle ; les mandibules sont noires, avec la base d'un bleu violet. L'origine des antennes est de cette couleur, et le reste brun.

Elle se trouve aux Indes orientales.

1. Syst. Eleuth., t. I, pag. 239, n.° 36, mâle ; — Dej. Spec., t. I, pag. 36, mâle et femelle ; — *C.* 4. *guttata.* Schonherr. Syn. Ins., t. I, pag. 244, n.° 38, femelle.

6. LA CICINDÈLE A VENTRE ROUX.

Cicindela ventralis. DEJ. [1].

Elle est longue de quatre lignes et demie et d'un noir un peu bronzé en dessus, d'un bleu d'acier sur les côtés, avec la poitrine verte; le ventre presque tout entier est d'un roux obscur. Les pattes sont vertes avec quelques poils blancs, les jambes sont pâles à la base; la lèvre, la base des palpes et des mandibules sont d'un jaune roux; la première est très avancée, plus fortement dentée dans le mâle que dans la femelle. Les yeux sont échancrés, peu saillans; la tête et le corselet sont très finement striés; les élytres sont couvertes de points enfoncés très serrés, et leur milieu est élevé le long de la suture.

Elle habite la Guiane.

7. LA CICINDÈLE BLEUE.

Cicindela chalybea. DEJ.[2].

Longue de cinq et demie à six lignes, entièrement bleue, un peu violette en dessous, quelquefois d'un bleu un peu verdâtre en dessus. Lèvre très avancée et dentée, surtout dans les femelles; mandibules et palpes noires, antennes bleues dans leur première moitié. Tête et corselet finement striés, élytres ponctuées, cuisses violettes, jambes vertes ainsi que les tarses.

Cette belle espèce se trouve au Brésil.

1. Spec., t. I, pag. 32.
1. *Ibid.*, pag. 38.

8. LA CICINDÈLE A ANUS ROUX.

Cicindela analis. FAB.[1]

Est longue de cinq ou six lignes, très étroite, d'un vert brillant en dessous, un peu bleuâtre sur les côtés du ventre mais nuancée en dessus, d'un reflet bronzé qui change avec la lumière et qui est en quelque sorte soyeux. Les palpes et les mandibules sont jaunes, avec le bout noir; la lèvre est entièrement jaune, moins longue que large, surtout dans le mâle; la tête et le corselet sont finement striés, et les élytres légèrement rugueuses. Les deux derniers segmens de l'abdomen sont d'un jaune roux, ainsi que les cuisses; le bout de celles-ci, les jambes et les tarses sont noirs.

Elle se trouve dans l'île de Java.

9. LA CICINDÈLE NUANCÉE D'OR.

Cicindela aurulenta. FAB.[2]

Elle est longue de six lignes; bleue en dessous avec des poils blancs sur les côtés, et la poitrine nuancée d'or. Les pattes sont bleues, et les cuisses d'un cuivreux doré; le dessus de la tête est orné d'une teinte d'or peu brillante; le corselet est marqué de deux taches d'un rouge doré très vif; la suture présente aussi cette belle couleur. Le bord extérieur des élytres est vert ainsi que le bout; tout le reste de leur surface.

1 Syst. Eleuth., t. I, pag. 236, n° 24. — Dej. Spec., t. I, pag. 35
2. *Ibid.*, t. I, pag. 239. — Dej. Spec., t. I, p. 46.

d'un bleu obscur et comme velouté, est orné de quatre taches, dont la première, qui est la plus petite, est située à l'angle de la base : les trois autres sont rapprochées du bord extérieur et leur forme est arrondie, excepté celle du milieu, qui est plus large et en forme de rein. La lèvre est jaune ainsi que le côté extérieur des mandibules.

Elle se trouve aux Indes orientales.

10. LA CICINDÈLE A TACHE DIVISÉE.

Cicindela didyma. DEJ.[1]

Longue de sept à huit lignes, très voisine de la précédente, dont elle diffère par la lèvre moins avancée, par la tête, qui n'est plus ornée d'une grande tache dorée, par le corselet, dont les deux lobes sont d'un vert brillant, mais sans aucune nuance cuivreuse; enfin par les élytres, dont la troisième tache est divisée en deux plus petites, qui sont réunies par un petit trait. Les côtés de la poitrine sont verts, sans aucun reflet doré, et la suture est beaucoup moins cuivreuse.

Elle se trouve également aux Indes orientales.

11. LA CICINDÈLE CHAMPÊTRE.

Cicindela campestris. LINN.[2]

Cette espèce que nous trouvons dans notre pays, est une des plus belles de ce genre. Elle est longue de

1. Dej. Spec., t. I, pag. 48. — *C. 6. punctata var.* Fab. Ent. Syst., t. I, pag. 175, n.º 25.
2. Faun. succ., n.º 746. — Dej. Spec., t. I, pag. 59. — Lat. et Dej. Icon., t. I, pl. 3, fig. 1; et Dej. Icon., t. I, pl. 2, fig. 3.

six lignes, verte, avec le ventre bleu et les côtés de la tête, du corselet et de la poitrine d'un rouge cuivreux très brillant; l'origine des antennes est cuivreuse et le reste obscur; la lèvre et une partie des mandibules sont jaunes. La tête est finement striée, et le corselet légèrement rugueux; les élytres sont granulées, et ornées de six taches jaunes, dont cinq sur le bord extérieur, et la sixième un peu plus bas que le milieu, près de la suture. Dans la femelle on remarque un point noir un peu au dessus de cette dernière tache.

Une variété fort rare ne présente plus que la tache jaune du centre et celle de l'extrémité, toutes les autres sont effacées [1].

Cette espèce se trouve dans toute l'Europe; elle est commune autour de Paris, dans les terrains sablonneux de nos bois, et dans le voisinage des eaux. On la rencontre surtout au mois de mai.

12. LA CICINDÈLE HYBRIDE.

Cicindela hybrida. LINN. [2].

Longue de six à sept lignes, d'un vert obscur à reflets cuivreux, principalement sur la tête et le corselet; les sillons transversaux de celui-ci sont d'un bleu foncé; le labre est jaune ainsi que les trois premiers articles des palpes labiaux et la base des mandibules; les palpes maxillaires sont violets, nuancés de

---

1. Fisch. Ent. Russ. Gener, pag. 101, pl. 1, f. 5.
2. Linn. Faun. suec., n.° 747; — Panzer, Faun. Germ. Fasc. 85, n.° 4; — Stephens, Illustr. of British Entom. t. I, pag. 8. — *C. maritima*, Dej Spec. t. I, pag. 67; et Icon. t. I, pl. 3, fig. 1.

vert ; le dessous du corps est bleu ; les côtés du corselet et de la poitrine sont d'un beau rouge cuivreux et hérissés de poils blancs ; les pattes sont vertes, avec le milieu des cuisses d'un rouge cuivreux. Les élytres sont granuleuses, ornées à la base et à l'extrémité d'une tache en croissant, ou autrement d'une lunule blanchâtre, et, au milieu, d'une bande transversale de la même couleur ; cette bande est d'abord presque droite, puis elle se recourbe tout à coup après s'être amincie, descend jusqu'aux deux tiers de la longueur des élytres, et se relève pour se terminer tout près de la suture.

Cette espèce se trouve dans le nord de la France, en Angleterre et dans les parties septentrionales de l'Europe, mais toujours dans le voisinage de la mer. On ne la rencontre pas dans les environs de Paris.

Observation. Nous n'entendons pas sous le nom d'*hybrida* la même espèce que les auteurs français, mais bien celle qui a été décrite par M. Dejean, sous le nom de *maritima.* C'est faute d'avoir eu égard à la différence de pays que l'on a appliqué le nom de Linnée à une espèce qu'il n'a pas connue, comme l'a très bien démontré M. Stephens dans ses *Illustrations of British Entomology.* Nous ne reproduirons pas toutes les raisons que donne ce savant au sujet du changement de nom que nous adoptons avec lui ; nous nous contenterons de remarquer que l'espèce des environs de Paris ne semble pas se trouver en Suède, où Linnée écrivait ; que la collection de Linnée est aujourd'hui en Angleterre, ce qui a mis les Anglais à même de connaître le véritable *hybrida ;* et enfin, que Panzer de son côté a figuré sous ce nom la même espèce que

Linnée avait décrite. Nous allons maintenant faire connaître l'espèce qui se trouve aux environs de Paris et dans le midi de la France, et nous tâcherons de distinguer quelques espèces qui en sont très voisines et qu'il est assez difficile de reconnaître.

15. LA CICINDÈLE DES LIEUX CHAUDS.

Cicindela aprica. STEPHENS. [1]

Cette espèce est un peu moins répandue que la *C. champêtre;* elle habite les bois de préférence, et elle se trouve dans la même saison. Elle est longue de six à six lignes et demie; d'un vert obscur embelli par un reflet rougeâtre et brillant. Le dessous du corps est d'un bleu verdâtre avec les côtés de la poitrine et du corselet d'un beau rouge cuivreux; ils sont hérissés de poils blanchâtres. Les pattes sont vertes, avec les cuisses et les jambes presqu'entièrement cuivreuses. Les palpes sont verts aussi, et les labiaux obscurs à la base dans les femelles, et jaunes dans les mâles; leur dernier article est vert dans les deux sexes. Les élytres sont granuleuses; à la base et à l'extrémité, elles sont ornées d'une lunule blanchâtre, et, au milieu, d'une bande de même couleur, transversale, sinuée au-delà du milieu. mais non recourbée comme dans l'espèce précédente, et s'approchant moins de la suture. Cette bande varie dans presque tous les individus; chez quelques-uns, les sinuosités qu'elle forme sont placées sur la même ligne, c'est-à-dire qu'elles ne se dépassent ni

1. Illustr. of. Brit. Ent., t. I, pag. 18. — *C. hybrida*, Dej. Spec., t. I, p. 64;—Oliv. Ent., t. II, n.° 33, pl. 1, fig. 7;—Dej. Icon., t. I, pl. 2, fig. 6.

d'un côté ni de l'autre. Mais dans le plus grand nombre, le bout de cette bande qui s'approche de la suture est placé plus bas que son origine ; et dans ces derniers individus on remarque encore quelques variétés dans le plus ou moins de saillie de cette sinuosité.

Une autre sorte de différence que présentent les insectes dont nous parlons, consiste dans la couleur du corselet, qui est plus verte dans les uns, plus cuivreuse dans les autres. Ceux qui sont plus verts sont aussi plus larges dans toutes leurs parties ; ils ont les élytres plus fortement ponctuées ; la bande du milieu est plus large à la base et plus amincie à l'endroit où elle se recourbe. Cette variété, intermédiaire entre le *sylvicola* et l'*aprica* est connue des Allemands sous le nom de *C. integra*. Elle est propre à la France orientale.

Le *C. aprica* se trouve dans toute la France, et même en Angleterre, comme nous l'apprend l'ouvrage déjà cité de M. Stephens.

Observations. C'est auprès de l'insecte que nous venons de décrire que doivent se placer deux ou trois espèces qui en sont fort voisines. Nous commencerons par citer ici celle décrite par M. Charpentier (*Horæ Entomologicæ,* page 182), sous le nom de *C. montana* et qui nous parait être une simple variété de l'*aprica,* propre aux Pyrénées et aux régions voisines. Elle est un peu plus obscure, les sillons du corselet sont d'un bleu plus foncé, et le ventre est constamment plus bleu ; la bande du milieu des élytres est peu sinueuse.

Immédiatement après cette variété, vient se placer le *C. riparia* (Dej. Spec. I, pag. 66, beaucoup mieux décrit par Stephens. Brit. ent. , pag. 9, pl. 1.re fig. 1,

et figuré aussi par Dejean, Icon. I, pl. 2. fig. 7.)
Cette espèce est plus obscure, presque noire ; la bande
du milieu des élytres est peu sinueuse, comme dans le
montana et quelques individus de l'*aprica*. Elle ne se
distingue de la variété dont nous avons parlé sous le
nom de *montana* que par sa couleur qui est plus foncée, et il serait difficile de n'y pas rapporter la variété de l'*aprica*, décrite par Stephens, dans l'ouvrage
cité, pag. 19. Il paraîtrait qu'alors elle se trouve en
Angleterre; jusque là on la considérait comme propre
à la France orientale et à l'Allemagne.

Une autre espèce encore peu distincte est le *C.*
transversalis (Dej. Spec. I, pag. 66, et Icon. 1, pl. 4,
fig. 8), plus noire que le *C. aprica*, plus petite que les
riparia et *montana*, et dont la bande est peu sinueuse
comme dans quelques variétés de l'*aprica*. La lunule
de la base est interrompue, mais cela se voit aussi
quelquefois dans l'*aprica*. En général le corps est plus
plat, la tête et le corselet sont plus étroits. Cette
espèce ou variété se trouve dans la partie orientale de
la France et en Allemagne.

Nous terminerons ces observations par une remarque, c'est que M. Stephens avait d'abord caractérisé ces
espèces par la couleur des palpes labiaux, puis ensuite
il a renoncé à ce caractère, en disant qu'il était de peu
de valeur ou même tout à fait nul. Nous avons trouvé
que, dans les femelles, ces palpes sont toujours obscurs, tandis que dans les mâles leurs trois premiers
articles sont jaunes (au moins pour les *C. hybrida*,
aprica, et les espèces ou variétés qui en dépendent).
Ce même entomologiste avait d'abord avancé aussi
que dans le *C. sylvicola*, espèce que nous allons dé-

crire, les palpes étaient d'un noir bleuâtre; puis il dit quelques pages plus loin qu'ils ont une teinte ferrugineuse, en faisant observer que dans le seul individu de cette espèce, pris hors de l'Angleterre, et qu'il ait eu entre les mains, ces palpes sont d'un bleu noirâtre. Dans tous les individus que nous avons vus, les palpes labiaux étaient jaunes, à l'exception du dernier article; seulement dans les femelles, cette couleur était plus obscure. Ce n'est donc pas de l'âge de l'insecte que peut dépendre la couleur des palpes comme l'auteur anglais semble le présumer.

14. LA CICINDÈLE DES BOIS.

Cicindela sylvicola. LAT. [1]

Cette espèce est longue de sept lignes et un peu plus grosse que l'*aprica ;* l'ensemble de ses couleurs est le même, seulement la tête et le corselet sont plus verts, plus larges, et ce dernier est plus étroit en arrière; la tête est plus fortement striée et le corselet plus rugueux. La lèvre et la base des mandibules sont jaunes; les palpes sont d'un vert plus ou moins cuivreux, avec les trois premiers articles des labiaux roussâtres dans les femelles et jaunes dans le mâle. Les élytres sont en général plus larges que dans l'*aprica ;* la lunule humérale est interrompue et ne présente plus alors que deux taches placées sur le bord, l'une au dessous de l'autre; la bande du milieu est plus large, moins sinueuse : elle a presque la forme d'un

1. Et Dej. Icon., t. I, pag. 5, pl. 4, fig. 4. — Dej. et Boisd. Icon. t. I, pl. 3, fig. 2. — Curtis, Brit. Ent., t. 1, pl. 1.

chevron, et son extrémité se relève un peu vers la suture; la lunule de l'extrémité est à peu près comme dans l'*aprica*.

Cet insecte se trouve dans les parties orientales de la France, et en Angleterre.

15. LA CICINDÈLE FRANÇAISE.

Cicindela Gallica. Br. [1]. (Pl. 2, fig. 5.)

Longue de sept lignes et demie. Cette jolie espèce ressemble à la précédente par la forme, mais elle est entièrement verte en dessus et un peu cuivreuse en dessous; les pattes sont de cette dernière couleur. La tête est un peu plus striée que dans l'*aprica*, mais moins que dans le *sylvicola*, et le corselet est moins rugueux que dans ce dernier. La base des mandibules et la lèvre sont jaunes; les palpes sont d'un vert bronzé dans les deux sexes. La lunule de la base des élytres est interrompue comme dans le *sylvicola*; la bande du milieu est plus étroite, droite jusqu'à sa moitié, où elle se recourbe et forme une petite sinuosité; la lunule de l'extrémité est interrompue, et l'on voit un gros point rond à la place de la dent qui la termine dans les espèces précédentes.

Ce joli insecte se trouve dans la France orientale, et dans le département des Basses-Alpes.

1. Revue Entom. de Silbermann, t. II, pag. 91.—*Chloris*, Dej. Spec., t. V, pag. 227.

16. LA CICINDÈLE DES FORÊTS.

Cicindela sylvatica. LINN. [1]

Cette espèce, longue de sept à huit lignes, est remarquable par la saillie de sa lèvre supérieure, qui est avancée et pointue, presqu'à la manière des Oxycheiles, mais qui cependant ne cache pas les mandibules comme dans ce sous-genre. Cette lèvre est noire dans les deux sexes; la base des mandibules est jaune; les palpes sont d'un vert foncé. Tout le dessus du corps est obscur avec des reflets d'un bronzé cuivreux, comme soyeux ou veloutés; la tête et le corselet sont plus rougeâtres. En dessous, les côtés du corselet sont d'un rouge vif; ceux de la poitrine et du ventre sont d'un rouge violet, le milieu de celui-ci est noir et bleu; les pattes sont cuivreuses, ainsi que la base des antennes, mais les cuisses sont d'un violet obscur. La tête est finement striée et le corselet assez fortement chagriné; les élytres sont inégales, chagrinées et marquées de chaque côté de la suture d'une large bande de gros points enfoncés placés irrégulièrement : elles présentent à la base une lunule humérale interrompue, au milieu une bande étroite, transversale et sinueuse, dont la partie voisine de la suture est la plus basse, et vers l'extrémité un gros point, qui serait l'origine de la lunule, si elle existait : ces bandes et ces lunules sont d'un blanc sale ou jaunâtre.

Cette espèce se trouve dans toute l'Europe, excepté

1. Faun. suec., n.º 748; — Fab. Syst. Eleuth. t. 1, pag. 234, n.º 14; — Dej. Spec., t. 1, pag. 71; et Icon., t. 1, pl. 3, fig. 8

peut-être en Espagne et en Italie; elle recherche surtout les endroits sablonneux, secs, et exposés au grand soleil. Les forêts de Montmorency et de Fontainebleau sont les parties des environs de Paris où elle est le plus répandue, pendant le mois de mai.

17. LA CICINDÈLE DES RIVAGES.

Cicindela littoralis. Fab. [1]

Elle est longue de six lignes, et d'un brun un peu cuivreux, quelquefois rougeâtre et quelquefois verdâtre en dessus; la tête et le corselet sont plus cuivreux; les côtés du corselet et de la poitrine sont d'un rouge cuivreux brillant; le milieu de la poitrine et l'abdomen sont verts; les cuisses et les jambes cuivreuses. La lèvre est jaunâtre ainsi que la base des mandibules et les trois premiers articles des palpes labiaux. qui sont roux dans les femelles; les antennes sont cuivreuses à la base seulement. Les côtés du corps et les pattes sont revêtus de poils blancs; la tête est striée assez finement, et le corselet très légèrement rugueux. Les élytres sont granuleuses et ornées à la base d'une lunule blanchâtre assez étroite; au milieu, de deux points placés sur une ligne transversale qui sont presque réunis par un trait fort mince : au-dessous de ces deux points, on en voit deux autres dont l'intérieur est plus près de la suture que celui qui est en-dessus; enfin, à l'extrémité se trouve une lunule quelquefois interrompue.

1. Mant. Ins., pag. 185, n.° 8. — Dej. Spec., t. I, pag. 104. — *Id.* Icon., t. I, pl. 5, fig. 4. C'est le même que le *C. nemoralis.* Oliv. Ent t. II, n.° 33, pag. 13, pl. 3, fig. 36

Cette espèce se trouve dans le midi de la France, en Italie, en Grèce, en Barbarie et dans tout l'Orient. Elle fréquente les plages sablonneuses de la Méditerranée; on l'y rencontre par troupes considérables pendant les mois d'avril et de mai. Dans les individus de Grèce, les points blancs sont un peu plus gros, et les deux du milieu sont plus souvent réunis. On trouve dans le midi de la France et en Barbarie une variété qui est noire, avec ces deux points réunis, de manière à former une bande large. M. Fischer a décrit une variété qui se rencontre dans la Russie méridionale, et qu'il a rapportée à tort au *C. lunulata* d'Olivier, espèce du Cap de Bonne-Espérance.

18. LA CICINDÈLE A BANDE SINUEUSE.

Cicindela flexuosa. Fab. [1].

Elle est longue de cinq et demie à six lignes. Le dessous du corps est d'un vert brillant, et les côtés sont d'un rouge cuivreux et garnis de poils blancs, ainsi que tout le ventre. En dessus, le corps est d'un vert nuancé de rougeâtre, avec des reflets soyeux. Les pattes sont vertes, et les cuisses d'un rouge cuivreux; la base des antennes est verte. La lèvre et la base des mandibules sont jaunes, ainsi que les trois premiers articles des palpes labiaux; la base des maxillaires est d'un jaune roux. La tête est finement striée, et le corselet légèrement rugueux; les élytres sont ponctuées ou granulées, ornées d'une lunule blanche à la base.

1. Mant. Ins., t. I, pag. 186, n.º 12.—Dej. Spec., t. I, pag. 3, et Icon t. I, pl. 5, fig. 5.

d'une bande sinueuse au milieu et d'une lunule à l'extrémité, dont la partie supérieure est détachée et forme un gros point arrondi le long du bord; la base de chaque élytre présente deux petites taches blanches, dont la première semble être l'extrémité détachée de la lunule, et la seconde plus petite avoisine la suture; plus bas, le long de la suture, entre la lunule supérieure et la bande sinueuse, on voit une autre tache petite et un peu oblique.

Cette espèce se trouve dans le midi de la France, en Barbarie et même dans l'Amérique du Nord. Quelquefois les bandes et les lunules sont très étroites, et la bande du milieu ne touche pas le bord latéral; telle est la variété que M. Dejean a décrite sous le nom de *C. sardea* (spec. v, p. 252), qui se trouve, non pas seulement en Sardaigne, mais aussi dans le midi de la France et en Barbarie. Une autre variété propre à la Sicile, est le *C. circumflexa* (Dej. spec. v, p. 253). dans laquelle la bande du milieu se trouve réunie à la lunule de l'extrémité, ce qui forme une bordure blanche dans la dernière partie de l'élytre.

Les individus de cette espèce que l'on trouve en Barbarie sont un peu plus étroits, et les bandes et taches blanches sont bordées de bleu foncé, plus apparent que dans le type de l'espèce.

Dans quelques individus, soit de France soit de Barbarie, les deux points de la base des élytres qui avoisinent la suture manquent tout-à-fait.

Observation. Une série d'espèces étrangères à l'Europe vient se grouper à la suite du *C. flexuosa;* le bord des élytres devient de plus en plus blanc, les bandes se rapprochent. la suture elle-même est bordée de blanc, et l'on arrive à des espèces dont les élytres sont tout-à-fait blanches.

19. LA CICINDÈLE ENTOURÉE.

Cicindela circumdata. DEJ. [1]

Elle est d'un vert un peu bronzé en dessus, plus brillant en dessous et sur les pattes. Les côtés du corps sont revêtus de poils blancs très serrés ; la lèvre est jaune ainsi que la bouche, excepté le bout des mandibules et des palpes, qui est noir. Les élytres sont ornées de deux lunules blanches, une à la base, l'autre à l'extrémité, et d'une bande sinueuse au milieu, qui descend le long de la suture, jusque près de la lunule inférieure : cette bande est légèrement ondulée, surtout dans la partie qui longe la suture. En outre, le bord extérieur des élytres est bordé de blanc dans toute sa longueur.

On la trouve dans le midi de la France, où elle n'est pas rare. Sa longueur varie entre cinq et six lignes.

20. LA CICINDÈLE A TROIS SIGNES.

Cicindela trisignata. DEJ. [2]

Cette jolie espèce ressemble à la précédente, si ce n'est qu'elle est plus petite. Elle a, comme elle, sur chaque élytre, deux lunules et une bande, qui sont

---

1. Spec., t. 1, pag. 82 ; et Icon. des Coléopt. d'Europe, t. I, pl. 5 fig. 1.

2. Spec., t. 1, pag. 77 ; et Icon. t. I, pl. 4, fig. 2

étroites et très peu ondulées. La lunule inférieure remonte à peine le long de la suture, et s'élève davantage à l'autre extrémité. Les élytres ont aussi une bordure blanche, qui ne s'étend pas jusqu'aux lunules, soit en haut, soit en bas.

On la trouve aussi dans le midi de la France. Elle a de trois à cinq lignes de long.

21. LA CICINDÈLE LYONNAISE.

Cicindela Lugdunensis. DEJ. [1]

C'est la plus petite des Cicindèles de France, et c'est en même temps l'une des plus jolies. Elle est d'un vert obscur, et quelquefois brun, mais plus rarement. Les côtés du corps sont garnis de poils blancs, comme dans les deux espèces qui précèdent; comme elles aussi, elle présente sur chaque élytre deux lunules et une bande sinueuse, qui sont plus étroites. Ce qui la distingue surtout, c'est la bande du milieu qui remonte vers la lunule supérieure au lieu de se recourber presqu'à angle droit; puis elle redescend vers la suture, de manière à former plutôt deux lunules accolées l'une à l'autre. Le bord des élytres est orné d'une ligne blanche qui n'atteint ni l'une ni l'autre des deux lunules. Sa longueur varie entre trois lignes et demie et quatre et demie.

On la trouve très communément dans les environs de Lyon et en Italie.

1. Spec., t. I, pag. 77; et Icon. des Coléopt. d'Europe, t. I, pl. 4, fig. 3.

22. LA CICINDÈLE DES MARAIS.

Cicindela paludosa. DUFOUR [1].

Elle est longue de quatre et demie à cinq lignes. La tête et le corselet sont d'un vert bronzé, et quelquefois d'un vert brillant; les côtés du corselet et de la poitrine sont un peu rougeâtres; le ventre est d'un bleu violet, et les pattes sont d'un vert bronzé obscur, avec les jambes un peu rougeâtres. Les antennes sont bronzées à la base seulement, et noires dans le reste de leur longueur. Les élytres sont noires, avec trois lunules ou trois bandes presque droites, éloignées du bord latéral et se touchant le plus souvent entr'elles, de manière à former une bande longitudinale qui serait sinueuse et dentée au milieu; le bout de cette bande ou de la lunule de l'extrémité est appliqué sur le bord de l'élytre, jusqu'à la suture.

Cette espèce se trouve dans le midi de la France et en Espagne, sur le bord des marais.

23. LA CICINDÈLE GERMANIQUE.

Cicindela germanica. LINN. [2].

Cette jolie espèce est une des plus petites; sa longueur est de quatre à cinq lignes. Sa couleur, en-dessus, est un vert à reflets soyeux, avec le corselet légèrement

1. Ann. Sc. phys. t. VI, pag. 318. — *C. scalaris*, Latr. et Dej. Icon. t. I, pl. 5, fig. 4, 5.

2. Syst. Nat., t. II, pag. 657, n.º 4. — Oliv. Ent., t. II, n.º 33, pl. 1, fig. 9, a, b. — Dej. Spec., t. I, pag. 138; et Icon., t. I, pl. 6, fig. 2.

bronzé. En dessous, les côtés du corselet et de la tête sont un peu rougeâtres, et le reste de ces parties est vert, avec le ventre d'un bleu violet. Les cuisses sont vertes, les jambes et les tarses d'un roux obscur, nuancé de cuivreux. Les antennes sont noires avec la base cuivreuse. Les élytres, sont très légèrement granulées ; et ornées d'un point jaunâtre à l'angle de la base, d'une tache alongée, de même couleur, placée au milieu, près du bord extérieur, et enfin d'une lunule étroite, plus ou moins complète, à l'extrémité.

Cette espèce se trouve dans toute la France ; elle vole moins que les autres, et se rencontre dans les prairies qui ont été inondées pendant l'hiver. On en connait des variétés bleues et même des variétés noires ; ces dernières sont les plus rares.

24. LA CICINDÈLE COUSINE.

Cicindela sobrina. GORY [1].

Cette espèce ne diffère de la précédente que par une ligne de points enfoncés verts, qui se trouvent sur chaque élytre le long de la suture, et par la tache du bord des élytres qui est plus large, en triangle alongé, et qui projette à son extrémité inférieure un petit rameau très court dirigé vers la suture.

Elle se trouve en Italie.

1. Annales de la Société Entomologique de France, t. II, pag. 176. — Pour les autres espèces, voyez les ouvrages suivans : le Spec. de M. le comte Dejean ; — l'Entomographie de la Russie, par M. Fischer, t. I, II et III ; — la Monographie des Cicindèles de l'Amérique du Nord, par M. Say, insérée dans le t. I.er de la nouvelle série des Transact. de la Soc. philosoph. de Philadelphie ; — la description de quelques Cicindèles nou-

Nous présentons ici la description d'une Cicindèle qui appartient à la première division, mais que nous avons isolée, afin de faire mieux ressortir le caractère qui la distingue de toutes les autres.

25. LA CICINDÈLE A ANTENNES NOUEUSES. (Pl. 2, fig. 4.)

Cicindela nodicornis. Dej. [1].

Elle ressemble à la plupart des autres Cicindèles de la même division par sa forme générale. Sa couleur est un bronzé cuivreux en dessus. Les côtés et le dessous du corps sont d'un bleu violet. Les pattes sont aussi de cette même couleur, mais elles présentent sur les cuisses une teinte verte assez brillante. La base des palpes et l'extrémité de la lèvre sont jaunes. Trois petites taches de cette couleur se remarquent sur le bord

velles, par le même, dans le t. I.er du Journal de l'Acad. des Sc. de Philadelphie, et dans l'Entomologie américaine du même auteur; — le *Musæum Upsaliense* de Thunberg, qui renferme la description (pag. 51 et 52) de treize espèces du Cap de Bonne-Espérance, qui ne se trouvent citées dans aucun ouvrage plus récent; — le Zoological Journal, rédigé par M. Wigors; — le Voyage de Forskall en Egypte, etc.; — les *Symbolæ physicæ* de MM. Klug et Ehremberg; — le Magasin d'Entomologie de M. Wiedemann; — celui de M. Germar; — celui de M. Guérin; — un Mémoire de M. Ljunch, inséré dans les Ann. de l'Acad. des Sc. de Stockholm, ann. 1799, pl. 147 : il contient la description et la figure d'une espèce exotique; — le Zoological miscellany, par M. Edw. Gray, n.º 1, — la Centurie de Carabiques, publiée par M. Gory, dans le t. II des Ann. de la Soc. Entom. de France; — le Deutlanchs Fauna de M. Sturm; — le Zoologischer atlas d'Eschscholtz; — la Revue Entomologique de M. Silbermann; — les Coléoptères du Mexique, publiés par M. Chevrolat; — la partie entomologique du Voyage autour du Monde du cap. Duperrey; — celle de l'expédition scientifique de Morée; — les Etudes Entomologiques de M. de Laporte; — et enfin, les ouvrages de Fabricius et d'Olivier, dont toutes les espèces n'ont pas encore été retrouvées.

1. Spec., t. I, pag. 26.

des élytres ; la première tout-à-fait à l'angle de la base ,
la seconde au delà du milieu et la troisième un peu
avant l'extrémité. Les antennes sont bleues à la base
et brunes dans le reste de leur longueur. Dans la femelle, ces organes ne présentent rien de particulier ;
dans le mâle, au contraire, le premier article est
élargi au bout ainsi que le représente la figure 4 de
notre planche 2.

On trouve cette belle espèce au Brésil. Elle a près
de six lignes de long, sur une et demie de large.

Les sous-genres que l'on a établis aux dépens des
Cicindèles, sont au nombre de quatre. Chacun d'eux
se compose de fort peu d'espèces et quelquefois même
d'une seule. Nous allons présenter les caractères à
l'aide desquels on pourra les distinguer.

1°. LES OXYCHEILES. — *Oxycheila.* DEJ.[1].

Ce sont de grandes Cicindèles bien reconnaissables
à la forme de leur *lèvre supérieure,* qui est assez avancée
pour recouvrir toutes les mandibules, et qui se termine
en pointe. La figure de cette lèvre est celle d'un triangle
alongé ; elle présente sur les bords quelques petites
dentelures. Un autre caractère, presque uniquement
propre à ces insectes, c'est que les *tarses* de devant,
dans les mâles, sont élargis et également velus des deux
côtés ; ils se trouvent ainsi disposés d'une manière sy-
métrique. Dans les Cicindèles, au contraire, la dilatation des tarses est plus forte en dedans qu'en dehors,
et les poils qui les garnissent ne se remarquent bien
qu'en dedans.

1. Étym. ὀξύς, pointu ; χεῖλος lèvre.

Toutes les Oxycheiles connues jusqu'ici, au nombre de cinq seulement, sont ornées d'une tache rouge sur le milieu des élytres. Elles ont des antennes presqu'aussi longues que le corps, et dont la grosseur diminue insensiblement vers le bout; le premier article de ces antennes est beaucoup plus gros que les autres, et renflé de la base à l'extrémité. Leurs élytres sont deux fois aussi larges que le corselet, et elles s'élargissent un peu vers le bout; cette dernière partie est ordinairement tronquée ou légèrement échancrée dans les femelles, et arrondie au contraire dans les mâles.

La seule espèce d'Oxycheile anciennement connue avait été placée avec les Cicindèles; c'est M. le comte Dejean qui l'a séparée de ces dernières dans le Spécies des Coléoptères de sa collection; il en décrivit une seconde espèce dans le supplément au même ouvrage. Enfin M. de Laporte en a porté le nombre à cinq, dans une note monographique qu'il a publiée sur ce sous-genre [1].

Les Oxycheiles ont aussi les mêmes habitudes que les Cicindèles; seulement leur vol est plus lourd et leur course moins rapide. M. Lacordaire a observé qu'elles se tiennent sous les pierres pendant la grande chaleur du jour. Il ajoute qu'elles produisent, lorsqu'on les saisit, un bruit aigu causé par le frottement des cuisses postérieures contre le bord des élytres.

1. Dans la Revue Entom. de M. Silbermann, t. I, pag. 126 et suiv.

1. L'OXYCHEILE TRISTE. (Pl. 2, fig. 1.)

Oxycheila tristis. FAB. [1]

Elle est d'un noir assez obscur, avec un reflet légèrement bronzé, et l'extrémité de chaque article des palpes un peu roussâtre. Les antennes sont noires à la base, et d'un gris foncé dans le reste de leur longueur; les élytres, parsemées de points assez gros à la base, sont presque lisses à l'extrémité, et portent chacune sur le milieu une tache jaune assez grande : leur extrémité est arrondie dans le mâle et tronquée dans la femelle.

Cette espèce a de neuf à dix lignes de long, sur trois ou trois et demie de large; elle se trouve au Brésil.

2. L'OXYCHEILE A CUISSES MARQUÉES DE NOIR.

Oxycheila femoralis. LAP. [2]

Plus courte que la précédente, n'ayant que huit lignes de long sur trois de large; elle est noire avec les élytres très élargies au milieu et marquées en travers d'une tache jaune; les antennes sont jaunes avec le bout du second et du troisième articles noir; les pattes sont de la couleur des antennes, mais l'extrémité de toutes les cuisses est noire.

Cette espèce se trouve au Brésil.

1. *Cicindela tristis*, Syst. Eleuth., t. 1, pag. 235; — Olivier, Entom., t. II, n.º 33, pag. 15, pl. 3, fig. 25. — *Oxycheila tristis*, Dejean, Spec., t. I, pag. 16, n.º 1.
2. Revue Entom. de M. Silbermann, t. J, pag. 128.

3. L'OXYCHEILE BIPUSTULÉE.

Oxycheila bipustulata. LAT. [1].

Elle n'a que six lignes et demi ou sept lignes de long, sur deux et quart ou deux et demi de large ; sa couleur en dessus est un bleu obscur, comme velouté et quelquefois aussi un vert bronzé ; la bouche est noire ainsi que les antennes et les pattes ; les élytres, arrondies au bout dans les deux sexes, ont quelques points enfoncés à la base et présentent dans leur milieu une grande tache oblongue d'un noir velouté, au centre de laquelle se trouve une autre tache presque ronde et d'un jaune orangé. Le dessous du corps est d'un bleu violet.

Cette belle espèce est commune sur les bords de la rivière des Amazones, et se trouve aussi dans la Colombie.

4. L'OXYCHEILE A DEUX STIGMATES.

Oxycheila distigmata. GORY [2].

Elle est longue de sept lignes et large de deux et demie. Sa couleur est un violet obscur, avec les jambes, les tarses et les palpes, d'un jaune fauve. Les mandibules sont noires avec le bout roussâtre. Les

---

1. *Cicindela bipustulata*, Voy. de Humboldt, pag. 153, pl. 16, fig. 1. 2. — *Oxycheila bipustulata*, Dej. Spec., t. V, pag 205 ; et Iconogr. des Coléopt. d'Europe, t. I, pag. 8, pl. 1, fig. 3.

2. Magasin de Zoologie de M. Guérin, t. 1, n.° 17.

antennes sont d'un ferrugineux obscur à la base, et d'une couleur testacée dans le reste de leur longueur. Les élytres sont ornées d'une tache fauve à leur milieu, et terminées par une petite échancrure.

Cette espèce se trouve au Brésil.

5. L'OXYCHEILE A DEUX TACHES.

Oxycheila binotata. GRAY [1].

Elle est d'un bleu ardoisé un peu verdâtre, tant en dessus qu'en dessous. La bouche, les antennes et les tarses sont noirs. Les élytres, sont assez fortement ponctuées à la base, presque lisses dans le reste de leur longueur, et marquées un peu après leur milieu, d'une tache brune placée en travers et un peu obliquement.

Cet insecte est long de sept lignes et large de plus de deux; il se trouve au Brésil et dans la Colombie.

2.° LES IRÉSIES. — *Iresia*. DEJEAN. [2].

Ces insectes élégans sont plus alongés que les Oxycheiles et que la plupart des Cicindèles; ils ressemblent à quelques-unes de ces dernières par leur forme cylindrique. Un caractère qui leur est particulier, c'est d'avoir le quatrième article de leurs *palpes labiaux* très long, au lieu que dans tous les autres

---

1. The Animal Kingdom, Insect., t. I, pag. 264, pl. 29, fig. 2; — Laporte, ouvrage déjà cité.

2. Étym. Ἱέραξ, épervier (à cause de la rapidité de son vol.)

insectes de cette famille, il est ordinairement fort court. Une conformité dans les *tarses* les rapproche des Oxycheiles; comme dans ces dernières, en effet, les trois premiers articles de ceux de devant sont également velus des deux côtés dans les mâles. On ne saurait néanmoins les confondre avec elles, à cause de leur *lèvre supérieure* qui est plus petite et arrondie. Cette lèvre présente aussi des dentelures à son bord antérieur. Les élytres ont un peu plus de largeur que le corselet, et leur extrémité, tronquée un peu obliquement, se termine par une petite épine, dans les mâles du moins, car on ne connaît pas encore les femelles.

On trouve les Irésies sur les arbres, où elles volent de feuille en feuille avec la plus grande rapidité. Selon M. Lacordaire, le seul voyageur qui les ait encore rapportées, elles prennent leur vol avec autant de promptitude que la mouche des appartemens.

La seule espèce connue est

L'IRÉSIE DE LACORDAIRE. (Pl. 2 , fig. 6.)

Iresia Lacordairei. Dej. [1]

Ce joli insecte a quatre lignes de longueur sur une seule de largeur. Il est noir sur la tête et le corselet, un peu moins foncé en dessous; ses élytres, ridées en travers surtout au milieu, et ponctuées à la base au moins, sont d'un vert assez brillant, qui se change en bleu sur les côtés et au milieu de la suture. La lèvre

1. Spec., t. V, pag. 207; et Iconogr. des Coléopt. d'Europe, t. I, pl. 1, fig. 4.

supérieure, les palpes, le dedans du premier article des antennes, sont jaunâtres, avec la base de la lèvre et le bout des palpes, obscurs. L'écusson, le milieu de la poitrine et l'abdomen, sont roux, ainsi que les cuisses, dont le bout est noir comme le reste des pattes.

Cette espèce a été prise à Rio-Janeiro, par l'entomologiste dont elle porte le nom.

3.° LES DROMIQUES. — *Dromica.* DEJ. [1]

La forme étroite et ovalaire de ces insectes, la saillie que forment leurs élytres en se terminant en pointe; enfin, la dépression même de ces élytres, leur donnent une physionomie toute particulière. On les distingue en outre par la petitesse de la dent ou du lobe intermédiaire de leur *menton*, par la grosseur du troisième article de leurs *palpes labiaux*, qui est suivi d'un autre article fort mince et beaucoup plus petit. Les *tarses* de devant dans les mâles (*pl.* 2, *fig.* 5, *a.*), ne présentent qu'une dilatation très faible, comme cela a lieu dans les espèces de Cicindèles les plus étroites, et que nous avons placées au commencement du genre. Leur *lèvre supérieure* est un peu avancée et découpée en plusieurs dentelures. Leur corselet a une forme plus alongée et plus étroite que dans aucune espèce de Cicindèles. On ne trouve pas d'ailes sous les élytres.

Les Dromiques sont peu nombreux en espèces; ils paraissent confinés dans la partie la plus méridionale de l'Afrique, aux environs du cap de Bonne-Espérance.

---

1. Étym. δρομικός, coureur.

1. LE DROMIQUE ÉTRANGLÉ. (Pl. 2, fig. 5.)

Dromica coarctata. LAT. [1].

Il est long de cinq ou six lignes et large de une ou deux. Sa couleur générale est un vert bronzé obscur. relevée par quelques reflets cuivreux sur la tête et le corselet. Les élytres sont ornées au côté extérieur, d'une bande jaunâtre et assez pâle qui se courbe vers la suture, aux deux tiers de sa longueur : cette bande est quelquefois interrompue à l'endroit de la courbure. La base des antennes et les pattes, sont d'un rouge cuivreux. La lèvre supérieure est blanche en arrière et obscure en avant. Les mandibules et les palpes sont blanchâtres, avec l'extrémité noire, ainsi que la plus grande partie des antennes. La surface des élytres est entièrement chagrinée.

2. LE DROMIQUE A BANDES.

Dromica vittata. DEJ. [2].

Il ne diffère du précédent que par la bande des élytres qui est plus large, continue, et seulement un peu sinueuse aux deux tiers de sa longueur. Ne l'ayant pas vu en nature, nous ne pouvons assurer si c'est réellement une espèce différente.

1. *Cicindela coarctata*, Lat. et Dej. Icon. des Coléopt. d'Eur., t. I, pl. 1, fig. 5. — *Dromica coarctata*, Dej. Spec., t. V, pag. 286; et Icon. des Coléopt. d'Eur., t. I, pl. 1, fig. 5.

2. Spec., t. V, pag. 269.

5. LE DROMIQUE TUBERCULEUX.

Dromica tuberculata. Dej. [1]

Il est d'un vert bronzé obscur, un peu cuivreux, avec la lèvre, les mandibules et les palpes blanchâtres à la base et noirs à l'extrémité. Un tubercule alongé, plus obscur, se remarque de chaque côté du corselet. Les élytres sont couvertes de points enfoncés très rapprochés, et surmontées d'une ligne élevée plus obscure, oblique de dehors en dedans, un peu ondulée et presqu'interrompue; entre cette ligne et la suture on en voit quelques autres, et près du bord extérieur on aperçoit un petit point jaunâtre placé au milieu, ainsi qu'une tache très alongée de la même couleur, vers l'extrémité. Cette espèce est longue de six lignes et demie et large de deux.

Observation. M. Dejean rapporte à ce genre le *Cicindela grossa* de Fabricius.

4.° LES EUPROSOPES. — *Euprosopus.* Lat. [2]

Ce sous-genre avoisine beaucoup les Cicindèles, par l'ensemble de ses formes; mais il est plus étroit, plus alongé et plus aplati qu'elles. Il a comme les Dromiques, le troisième article des *palpes labiaux* (*pl.* 2, *fig.* 2, *a.*) renflé, et le dernier beaucoup plus mince que lui; mais il s'en distingue très bien par la saillie de la dent ou du

1. Dejean, t. V, pag. 270. — Le *D. tuberculata*, Gray, the anim. Kingd. t. I, pag. 265, pl 29, fig. 6, nous paraît être une autre espèce.

2. Etym. εὖ, bien (pour *beau*); πρόσωπον, figure.

lobe intermédiaire du *menton* (*fig. 2, a.*), qui est grêle et en forme d'épine, ainsi que par la forme des *tarses* dans les mâles. Ces tarses ont en effet les trois premiers articles très larges, aplatis, ciliés également des deux côtés, et le troisième est un peu en forme de cœur : ils présentent de plus un caractère que nous avons observé dans les espèces de Cicindèles les plus étroites, c'est d'avoir à leur face supérieure plusieurs sillons longitudinaux. De même que les Irésies et les Dromiques, les Euprosopes se distinguent des Cicindèles et des Oxycheiles par la grosseur du troisième article de leurs palpes labiaux ; dans les Irésies, le quatrième article de ces palpes est très long, dans les Dromiques il est court comme dans les Euprosopes, mais la dent du menton est à peine sensible, au lieu qu'elle est très saillante dans ces derniers.

Ces insectes ont les mêmes habitudes que les Irésies ; ils ont aussi quelques rapports avec les Oxycheiles, par le bruit aigu que produit le frottement de leurs cuisses postérieures, contre le bord des élytres.

La seule espèce connue de ce sous-genre est

L'EUPROSOPE A QUATRE TACHES. (Pl. 2, fig. 2.)

Euprosopus quadrinotatus. LAT. [1].

Il est d'un vert brillant. Les élytres, d'un bronzé obscur, ont la suture, une bande oblique à la base et une tache à l'extrémité, du même vert que le reste du

---

1. *Cicindela quadrinotata*, Lat. et Dej., Icon. des Coléopt. d'Europe, t. 1, pag. 38, pl. 1, fig. 6. — *Euprosopus quadrinotatus*, Dej. Spec., t. I, pag. 151 ; et Iconogr. des Coléopt. d'Eur., t. 1, pl. 6, fig. 4.

corps, et sont ornées de deux taches blanches placées l'une au milieu, l'autre vers le bout, et toutes deux le long du bord externe. La bouche, le dessus des antennes à la base, et les cuisses, sont jaunâtres; le bout des mandibules et des palpes est noirâtre. Les jambes et les tarses sont obscurs, ainsi que les antennes et l'extrémité des cuisses.

Cet insecte, rare dans les collections, a de sept à huit lignes de long; sa largeur est d'une et demie à deux et demie. Il se trouve au Brésil.

GENRE **THÉRATE.**

THÉRATES. Lat.[1]

On a pendant longtems confondu sous un même nom générique les Thérates et les Cicindèles, et cependant les premiers ont des caractères suffisans pour en être séparés. En effet, dans les Cicindèles ainsi que dans toutes les Cicindelètes en général, les *palpes maxillaires internes,* plus petits et plus grêles que les externes, sont composés de deux articles; dans les Thérates, ils n'en ont qu'un seul. Le second article semble remplacé par un petit poil qui termine le premier, ou le seul que l'on connaisse. Les *tarses,* presque toujours dilatés et élargis dans les mâles, sont ici semblables dans les deux sexes; leur quatrième ou avant dernier article est un peu plus large que les autres et légèrement échancré. Le *menton* n'a plus que deux lobes.

1. Etym. θηρατής, chasseur. — Syn. *Eurychile* Bonelli.; *Cicindela* Fabricius, Olivier.

ou du moins celui du milieu est à peine sensible. La lèvre est grande, convexe, avancée et dentelée ; en cela, elle ressemble plus à celle des genres des Collyriens, qu'à celle des Cicindéliens. En un mot les Thérates semblent former, dans cette tribu des Cicindelètes, un petit groupe isolé, qu'il est à peu près indifférent de rapporter à l'une ou à l'autre des deux dernières familles.

L'aspect général des Thérates est à peu de chose près celui des Cicindèles ; néanmoins le corps est plus large et plus court, les antennes sont moins longues, le corselet est plus globuleux, les étranglemens de ses bords sont beaucoup plus marqués. Les palpes labiaux donnent aux Thérates quelque analogie avec les premiers genres de Cicindéliens ; leur premier article gros, court et renflé vers le bout, est suivi d'un second article beaucoup plus petit ; le troisième est long, il présente une courbure légère, comme dans les Oxycheiles et les Irésies, et il est très velu ; le quatrième est plus court et plus mince que le précédent. Les yeux sont beaucoup plus saillans que dans aucune espèce de Cicindèles. Les pattes sont peut-être plus grêles encore que dans ces dernières. Les élytres sont souvent échancrées au bout et quelquefois terminées en pointe ; à leur base on remarque une élévation qui ne se retrouve pas dans les Cicindéliens ; de même que chez ces derniers, l'avant dernier segment de l'abdomen est échancré dans les mâles.

Frappé des différences que présentent sous plusieurs rapports les espèces du genre Thérate, Latreille a le premier séparé ce genre ; et presqu'en même temps Bonelli, dans les Mémoires de l'Académie de

Turin[1], l'établissait aussi sous le nom d'*Eurychile* (lèvre large), qu'il a depuis abandonné pour prendre celui de l'entomologiste français. Voici ce qu'il dit au sujet des habitudes des Thérates.

« Elles paraissent, par analogie, être à peu près les mêmes que celles des Cicindèles. Cependant, s'il était permis de généraliser une observation que j'ai faite sur la forme des tarses, et sur leur destination dans les différens cas, je serais assez porté à croire que les Eurychiles, ainsi que les Colliures [2], tous éminemment carnassiers, ne vont pas chercher leur proie sur le sable, comme le font les Cicindèles et les Mégacéphales, mais sur des plantes ou sous des écorces d'arbres. En effet, dans presque toutes les familles des Coléoptères et même des Orthoptères, où il y a des genres qui vivent constamment à terre, et d'autres qui vivent dans les herbes, ou sous les écorces des arbres, on observe que les premiers ont leurs tarses minces et entiers, tandis que les seconds les ont au contraire larges et avec l'avant dernier article en cœur, c'est-à-dire fendu en deux lobes, dont chacun remplace la palette que l'on voit sous les tarses des Mouches, et qui donne à celles-ci tant de facilité pour grimper sur les plans lisses et verticaux, ou même renversés. »

Ces idées sur la forme des tarses et sur les habitudes qu'elles indiquent, ne sont peut-être pas très exactes. parce que, comme le dit M. Westwood, le genre Tricondyle, qui est aptère, et qui par conséquent a des habitudes terrestres, a les articles basilaires des tarses

---

1. Tom. XXIII, pag. 245.

2. Ou les Collyres de Fabricius, qui ne sont pas les mêmes que les Colliures de de Géer.

et particulièrement le quatrième article, excessive-
ment dilatés.

On ne connait pas de Thérates dans toute l'Amérique ; ces insectes sont tout-à-fait propres aux îles de
l'Océanie et de l'archipel Indien. Les espèces n'en
sont pas fort nombreuses.

1. LE THÉRATE A LÈVRE JAUNE. (Pl. 2, fig. 6.)

Therates labiata. Fab. [1]

Il est long de neuf lignes et un peu plus. Sa couleur
est d'un bleu foncé à reflets violets. L'abdomen, les
pattes, la lèvre, la base des mandibules et les palpes
sont d'un jaune roux ; la base de la lèvre est noire ; les
tarses sont d'un bleu noirâtre. Les élytres sont parsemées de points enfoncés, à peine sensibles, si ce n'est
à la base.

Cet insecte habite la Nouvelle-Guinée et les îles
voisines.

2. LE THÉRATE BLEU.

Therates cyanea. Lat. [2]

Il est long de cinq lignes. Sa couleur est un bleu
verdâtre, nuancé de violet. L'abdomen, la lèvre, la

1. *Cicindela labiata*, Syst. Eleuth., t. I, pag. 232, — *Eurychile labiata*, Bonelli, Mém. de l'Acad. de Turin, t. XXIII, pag. 248 (avec une
planche.) C'est la seule figure que nous en connaissions. — Dej. Spec.,
t. I, pag. 158.

2. Dej. Icon. t. I, pl. 1, fig. 2, sans description. — *Therates javanica*
Gory, Magasin de Zoologie de M. Guérin, t. 1, n.º 39.

base des mandibules et les palpes sont d'un jaune roux. Les cuisses sont d'un jaune pâle, avec l'extrémité d'un roux brun; les jambes et les tarses sont d'un jaune roux : ces derniers ont l'extrémité noirâtre. Les antennes sont d'un bleu violet à la base, avec le premier article jaune en dedans. Les élytres sont fortement ponctuées à la base, et plus faiblement dans le reste de leur longueur.

Il se trouve à Java.

5. LE THÉRATE A AILES ÉPINEUSES.

Therates spinipennis. Lat. [1].

Cette espèce ne nous est connue que par la figure citée. Elle est longue de cinq lignes. Sa couleur est un bleu violet, avec le corselet d'un vert obscur. Sa lèvre est jaune. Ses élytres sont terminées par une forte épine près de la suture. Ses pattes sont d'un roux foncé ou peut-être brunes.

Elle habite le même pays que la précédente.

4. LE THÉRATE A AILES POINTUES.

Therates acutipennis. Vander Linden. [2].

Il est long de six lignes. La tête et le corselet sont d'un bleu violet à reflets verts, et les élytres d'un bleu

1. Dej. Icon. des Coléopt. d'Europe, t. I, pl. 1, fig. 3, sans description. — Vander Linden, Essai sur les Cicindèles de Java, pag. 20, n.º 6.

2. Cicind. de Java, pag. 18; — Dej. Spec., t. V, pag. 273. — Voyez pour les autres espèces : le Species de M. le comte Dejean; — les *Annu-*

violet très foncé, et marquées à l'angle extérieur de la base d'une tache bilobée, d'un jaune roux. Le ventre est noir en avant, et d'un jaune testacé en arrière. Les pattes sont noires avec les cuisses blanchâtres à la base et en dessous; celles de derrière sont noirâtres vers le bout, à la partie inférieure. La lèvre est ferrugineuse. Les mandibules sont jaunâtres à la base. Le premier article des antennes est roux. Les palpes maxillaires sont roux à la base des deux premiers articles et au bout du dernier.

Il se trouve à Java.

TROISIÈME FAMILLE.

LES COLLYRIENS.

Cette famille renferme les insectes les plus élégans et les plus rares de toute la tribu des Carabiques; elle se compose du genre *Collyris* de Fabricius. Les trois espèces que cet auteur mentionne dans le *Systema Eleutheratorum*, appartiennent aujourd'hui aux trois sous-genres *Tricondyle*, *Collyre*, et *Cténostome*, auxquels nous en ajoutons deux nouveaux, établis sur des espèces inconnues à Fabricius.

losa javanica de M. Mac-Leay; — les Observ. sur les Cicind. de Java, par Vanderlinden; — l'Iconographie du règne animal, par M. Guérin, et la partie Entom. du voyage autour du monde du capitaine Duperrey, par le même.

On reconnait les Collyriens à leur corps long et étroit, à leur corselet globuleux, à leur lèvre supérieure grande et dentée, et quelquefois aussi à leurs palpes labiaux pendans. Un caractère surtout leur est propre, c'est que le quatrième article de leurs tarses est plus développé d'un côté que de l'autre, dans les mâles en particulier. Les premiers genres de cette famille se rattachent aux derniers de la précédente par la grosseur du troisième article de leurs palpes labiaux.

Les mœurs des Collyriens sont à peine connues; on ne possède même sur ce sujet que des observations relatives aux époques et aux lieux dans lesquels on les trouve.

Le tableau suivant fera connaître les différences que présentent entre eux les cinq genres ou sous-genres dont nous allons parler.

TABLEAU

DE LA DIVISION DE LA FAMILLE DES COLLYRIENS,

EN GENRES ET EN SOUS-GENRES.

PALPES LABIAUX

courts, dépassant à peine la tête; antennes
- grossissant vers le bout. COLLYRIS.
- sétacées. . . . . *TRICONDYLA.*

trèslongs, pendans; menton
- denté; mâchoires
  - à onglet. . . *PROCEPHALUS.*
  - sans onglet. *CTENOSTOMA.*
- sans dent. . . . . *STENOCERA.*

GENRE **COLLYRE**.

COLLYRIS. Fab. [1].

Les Collyres, que Latreille et, après lui, M. Dejean ont nommés mal à propos Colliures[2], en rejetant, sans aucune raison, le nom de Fabricius, sont des insectes de forme élégante, dont les couleurs sont ordinairement bleues ou vertes. Leur forme étroite et cylindrique, leur *corselet* étranglé, sont des caractères qui les distinguent au premier coup d'œil des deux familles précédentes. Leurs *palpes* sont courts et ils dépassent la tête seulement de moitié ; leurs *antennes*, de longueur au moins médiocre, vont un peu en grossissant vers le bout ; leurs *tarses* se font remarquer par la forme du quatrième article, qui est prolongé d'un côté en un lobe ovalaire et oblique ; ce prolongement a lieu en dedans, aux deux pattes de devant, et en dehors, aux quatre de derrière ; du reste ils sont semblables dans les deux sexes. Leur *lèvre supérieure* est grande, plus large que longue, dentelée au bord an-

1. Étym. inconnue. — Syn. *Cicindela*, Lund., Olivier, etc.; *Colliuris*, Lat., Dej. etc.

2. L'application du nom de Colliures aux Collyris de Fabricius, pouvait se justifier dans l'origine. Les insectes que de Géer avait nommés Colliures, se trouvèrent réunis par Latreille à ceux du genre Agra, et lorsqu'il les sépara dans la suite, ne voulant pas revenir sur l'application qu'il avait faite de ce nom à d'autres insectes, il créa le nom de Casnonie pour les distinguer. Toujours est-il que le nom de Collyris donné par Fabricius, n'aurait pas dû être négligé.

térieur. Le troisième article de leurs *palpes labiaux* est court, renflé et un peu arqué. Le *menton* est échancré profondément et il présente une petite dent au milieu de cette échancrure. La tête est grosse, peu alongée; les *antennes* atteignent à peine le bord postérieur du corselet. Celui-ci est à peu près cylindrique et rétréci de chaque côté, après le bord antérieur. Les élytres sont plus larges vers l'extrémité qu'à la base; elles sont un peu échancrées au bout.

Les Collyres sont des insectes très agiles, propres aux îles et au continent des Indes orientales; on ignore quelles sont leurs habitudes. Tout porte à croire qu'ils vivent sur les tiges et les feuilles des arbres. On en connaît près de vingt espèces.

1. LE COLLYRE APTÈRE. (Pl. 5, fig. 1.)

Collyris aptera. LUND.[1]

Il est long de onze lignes. Tout son corps est noir. Il a les élytres ponctuées et fortement rugueuses en travers, à leur milieu. Les cuisses sont rouges, avec le bout noir, ainsi que les jambes et les tarses; le premier article des tarses postérieurs est d'un roux foncé.

Cette belle espèce paraît fort rare. Elle est la seule de ce genre dont la couleur soit noire; on la trouve à Java.

---

1. *Cicindela aptera*, Act. Hist. nat. Hofn, t. I, pag. 71, pl. 6, A. a-d. — *Collyris aptera*. Fab. Syst. Eleuth., t. I, pag. 226 — *Collyris major*, Lat. et Dej. Icon. des Coléopt. d'Europe, t. I, pl. 2, fig. 4, 5. Ce n'est pas le *Cicindela aptera* d'Olivier, et c'est par erreur qu'on l'a ainsi nommé; il est ailé comme toutes les espèces de ce genre.

2. LE COLLYRE D'HORSFIELD.

Collyris Horsfieldi. MAC-LEAY. [1]

Il est long de sept à neuf lignes. Sa couleur est un bleu foncé, un peu violet; ses élytres sont quelquefois vertes et quelquefois bleues. Leur surface est très fortement ponctuée, surtout au milieu : les points sont plus serrés et plus alongés vers l'extrémité. Sur le milieu de chaque élytre on voit une bande transversale, d'un roux obscur. Le corselet est strié en travers, dans toute sa longueur. Les antennes ont du roux à la base des troisième et quatrième articles. Les cuisses sont rousses, avec le bout noir; les jambes et les tarses bleus; le bout des jambes de derrière et le tarse de ces jambes presque en entier, sont jaunes.

Cette espèce se trouve à Java. On la reconnait surtout à son corselet strié en travers.

3. LE COLLYRE D'AUDOUIN.

Collyris Audouini. LAPORTE [2].

Il est long de six à sept lignes. Sa couleur est un bleu foncé, un peu violet, qui se change quelquefois

1. Annul. javan. (Ed. Lequien), pag. 105. — Vander Linden, Cicindel. de Java, pag. 25.

2. Revue Entomologique de M. Silbermann, t. II, pag. 37. — *C. longicollis*, Dej. Spec., t. I, pag. 163. — Latr. et Dej. Icon. des Coléopt. d'Europe, t. I, pag. 67, pl. 2, fig. 3. — Vanderlinden, Cicind. de Java, pag. 20. Il a été considéré comme le *C. longicollis* de Fabricius et d'Olivier, qui a les jambes et les tarses de derrière d'un bleu noir.

en vert obscur sur les élytres. Les antennes sont tachées de roux au bout des troisième et quatrième articles. Le corselet est très étranglé en avant, et la partie postérieure a une forme carrée. Les élytres sont fortement ponctuées; ces points sont plus gros dans le milieu, et ils se confondent de manière à former plusieurs rides transversales très fortes. Les cuisses sont d'un jaune roux; les jambes et les tarses sont bleus : seulement le bout des deux jambes de derrière et les trois premiers articles de leurs tarses, sont jaunes.

On le trouve à l'île de Java.

4. LE COLLYRE DE DIARD.

Collyris Diardi. LAT. [1]

C'est un des plus jolis insectes de ce genre. Il est d'un bronzé violet sur la tête, sur le corselet et sur les côtés des élytres, tandis que le milieu de celles-ci est un peu vert, et leur bout légèrement bleuâtre. Tout le dessous du corps est de cette dernière couleur, ainsi que les jambes et les tarses. Les cuisses sont jaunes, de même que le bout des jambes et la première moitié des tarses de la dernière paire de pattes. Les antennes ont un anneau rougeâtre à tous leurs articles, depuis le troisième jusqu'au septième; leur dernière moitié est d'un brun pâle. Le corselet est tout-à-fait lisse ou à peu près. Les élytres sont parsemées de points enfoncés, profonds, qui forment vers leur milieu des rugosités transversales.

— On le trouve au Bengale. Il a six lignes de long et un peu moins d'une ligne de large.

[1] Latr. et Dej. Icon. des Coléopt. d'Europe, t. 1, pag. 67.

5. LE COLLYRE DE MAC-LEAY.

Collyris Mac-Leayi. Br. [1]

Cet insecte, que nous connaissons seulement par la description de l'auteur anglais à qui nous le dédions, est entièrement bleu; ses antennes ont les six derniers articles plus gros, formant une espèce de petite massue, d'une couleur cendrée obscure. Le corselet ne présente pas un étranglement brusque, comme cela a lieu dans le plus grand nombre des espèces de ce genre; il n'est pas strié. Ainsi sa forme le rapproche du Collyre d'Horsfield, mais l'absence de stries l'en éloigne. La lèvre a des dentelures disposées sur la même ligne; dans quelques autres, et en particulier dans le précédent, les dentelures latérales sont placées plus en arrière. Les élytres sont presque lisses.

On le trouve à Java.

Plusieurs sous-genres doivent se placer à la suite des Collyres. Nous allons en présenter les principaux caractères.

1. Revue Entom. de M. Silbermann, t. II, p. 111.—*C. Diardi*, Mac-Leay, Annulos. javan. (Ed. Lequien), pag. 104. (M. Mac-Leay avait pris cet insecte pour le *Diardi* de Latreille.) — Voyez, pour les autres espèces : le Species de M. le comte Dejean; — les Annulos. Javan. de M. Mac-Leay; — les Observations de M. Vander-Linden sur les Cicindelètes de Java; — l'Iconographie du règne animal, par M. Guérin; — la partie entomologique du voyage de M. Bellanger aux Indes orientales, rédigée par le même entomologiste; et enfin la note sur les espèces de Collyres connues, par M. de Laporte, dans la Revue Entomologique de M. Silbermann, t. II, pag. 37.

1°. LES TRICONDYLES. — *Tricondyla*. LATREILLE[1].

Ces insectes se distinguent des Collyres par leurs *antennes* assez longues, sétacées, c'est-à-dire, un peu plus minces au bout qu'à la base; par leurs *palpes* courts, dépassant à peine la tête; par le quatrième article de leurs *tarses*, qui est un peu échancré, prolongé obliquement au côté interne, et par la dilatation des trois premiers, qui sont élargis, dans les mâles, aux deux pattes antérieures seulement. Le *corselet* est globuleux; les *élytres* sont étroites à la base, renflées avant l'extrémité et réunies entre elles : il n'y a pas d'ailes en dessous.

Les Tricondyles sont des insectes de l'archipel indien et des îles de l'Océanie. On ne connait point leurs habitudes; seulement leurs élytres soudées, et l'absence d'ailes membraneuses, prouvent qu'ils vivent essentiellement à terre. Ils sont, comme les Collyres, organisés pour la course, et ils ont une très grande agilité. Plus d'une fois les voyageurs les ont pris pour des fourmis; en effet, ils en ont assez la physionomie, et l'on conçoit cette méprise, si l'on considère que la vitesse de leur course, et la rapidité de leurs mouvemens, sont des motifs de plus pour y donner lieu.

1. Étym. τριχόνδυλος, qui a trois articulations aux doigts. — Syn. *Colly-ris*, Fabricius; *Cicindela*, Olivier.

1. LE TRICONDYLE APTÈRE.

Tricondyla aptera. Oliv. [1]

Il est long de onze à douze lignes, et d'un noir brillant avec des reflets d'un bleu violet très obscur ou quelquefois verdâtres, comme par exemple sur le bord du chaperon. Le corselet est marqué de chaque côté, dans toute sa longueur, d'une ligne arquée simulant un bourrelet. Les élytres sont très bombées au milieu, et couvertes, sur les deux tiers de leur surface, de rugosités transversales qui s'affaiblissent en approchant de l'extrémité. Cette dernière partie est lisse et présente seulement quelques points enfoncés. Les cuisses sont d'un ferrugineux très obscur; les jambes et les tarses sont d'un bleu violet; ces derniers sont garnis en dessous de poils d'un roux doré.

Il habite la Nouvelle-Guinée et les îles voisines. Olivier lui donne l'île de Java pour patrie.

2. LE TRICONDYLE DE CHEVROLAT. (Pl. 3, fig. 2.)

Tricondyla Chevrolatii. Laporte. [2]

Sa longueur est de dix lignes et sa largeur de deux. Il est noir, presque semblable au précédent, dont il diffère surtout par la couleur des cuisses qui est d'un

1. *Cicindela aptera,* Entom., t. II, n.° 33, pag. 7, pl. 1, fig. 1. — *Tricondyla aptera,* Lat. et Dej. Icon., pl. 2. fig. 6. — Dej. Spec., t. II, pag. 438. — Guér. Icon. du Règne anim. Ins., pl. 3, fig. 3. (C'est la seule bonne figure qu'on en ait donnée jusqu'ici.)

2. Revue Entom. de M. Silbermann, t. II, page 38.

rouge obscur. La tête, les côtés et le dessous du corps, sont légèrement bronzés.

Il vient de Java, tandis que le précédent ne se trouve que dans les îles de l'Océanie, et en particulier à la Nouvelle-Guinée.

3. LE TRICONDYLE A PIEDS BLEUS.

Tricondyla cyanipes. ESCHSCHOLTZ[1].

Il est long de six lignes. Sa couleur est d'un noir violet. Le corselet est un peu rétréci après le bord antérieur, et un peu renflé en arrière, sans ligne ou bourrelet arqué, comme dans le précédent. Les élytres sont très renflées en arrière, ponctuées jusqu'aux deux tiers de leur longueur, un peu rugueuses à la base, et lisses à l'extrémité. La couleur des cuisses est un rouge ferrugineux ; les jambes et les tarses sont bleus.

Il habite les îles Philippines.

4. LE TRYCONDYLE BLEU.

Tricondyla cyanea. DEJ.[2].

Il est long de huit lignes et demie. Sa forme étroite lui donne un peu l'aspect d'un Collyre. Sa couleur est en dessus d'un bleu un peu violet. Le corselet est fort long, beaucoup plus étroit que la tête, et mar-

1. Zool. atl. fasc. 1, pag. 6, pl. 4, fig. 2. — Dej. Spec., t. V, pag. 274 et Icon. des Coléopt. d'Europe, t. I. pl. 6, fig. 7.

2. Spec., t. I, pag. 161.

qué, sur les côtés, d'un bourrelet en demi-cercle. Les élytres sont très alongées, renflées en arrière ; leur surface est très fortement ponctuée, et, dans leur première partie, elles sont ridées en travers. Le dessous du corps est plus clair. Les cuisses sont d'un rouge ferrugineux ; les jambes et les tarses d'un bleu noirâtre.

Il se trouve à Java.

5. LE TRICONDYLE NOIRCI.

Tricondyla atrata. Br.[1]

Nous croyons devoir regarder comme une espèce distincte ce Tricondyle, que Vander-Linden présente comme une simple variété du précédent. Voici ce qu'il en dit :

« Son corps est noir en dessus, d'un noir bleuâtre sur les côtés et en dessous ; ses cuisses ont une teinte bleuâtre ; sa tête parait être un peu plus large proportionnellement et son abdomen un peu plus épais ; ses élytres paraissent presque lisses postérieurement, parce que les points enfoncés y sont plus rares et plus petits que chez les individus ordinaires. »

Il se trouve aussi à Java.

2.° LES PROCÉPHALES. — *Procephalus.* LAP.[2]

Ils s'éloignent du sous-genre précédent par leurs *antennes* longues et grêles, par leur *lèvre supérieure*

---

1. Syn. *T. cyanea*, var. Vander Linden, Cicindel. de Java, pag. 27.
1. Etym. πρὸ, au devant ; κεφαλή, tête. — Syn. *Caris*, Fischer ; *Ctenostoma*, Klug, Dejean, Westwood.

plus courte, par leurs *élytres* parallèles et qui n'ont plus de renflement à la partie postérieure. Leurs *palpes*, et surtout les labiaux, longs et pendans, les font distinguer au premier coup-d'œil, et ce caractère les rapproche aussi beaucoup des deux sous-genres qui suivent. Cependant ils ne peuvent être confondus avec eux par plusieurs raisons : 1.° leurs *mâchoires* sont munies d'un onglet comme dans toutes les Cicindelètes que nous avons vues jusqu'ici ; 2.° leur *menton*, muni d'une dent, les sépare des Sténocères, et leurs *élytres*, parallèles et cylindriques, empêchent de les confondre avec les Cténostomes.

M. Fischer avait établi ce genre sous le nom de *Caris*, dans le premier volume de son *Entomographie de la Russie*. De son côté, M. Klug publia le genre Cténostome dans le dixième volume des *Actes des Curieux de la Nature* de Berlin. Latreille, et à son exemple les autres entomologistes, regardèrent ces deux genres comme identiques, et l'on adopta le nom imposé par M. Klug, bien qu'il fût postérieur, pour éviter un double emploi. En effet, le nom de *Caris* avait été donné long-temps auparavant à un genre d'Arachnides. M. Audouin, ayant étudié la bouche des Cténostomes, qui n'ont pas les mâchoires munies d'un onglet, fut surpris de voir cet onglet dans la figure de l'ouvrage de M. Fischer. Cette remarque nous engagea à faire de nouvelles recherches, dont le résultat nous apprit que les Caris de M. Fischer, sont les Procéphales de M. de Laporte, et non point les Cténostomes de M. Klug, comme tout le monde l'avait pensé jusqu'à ce jour.

1. LE PROCÉPHALE DE JACQUIER.

Procephalus Jacquieri. DEJ.[1]

Il est long de sept lignes et au-delà. Sa couleur est un noir bronzé, et sa tête rugueuse ou inégale entre les yeux. Ses élytres sont alongées, presque cylindriques, sans renflement en arrière, ponctuées et même ridées en travers, excepté à l'extrémité : un peu au-delà de leur milieu on voit une bande transversale jaune, ondulée, qui n'atteint pas la suture, et qui forme un angle à son milieu.

Cette espèce se trouve à Cayenne.

2. LE PROCÉPHALE A TROIS NOTES.

Procephalus trinotatus. FISCHER[2].

Nous ne connaissons cet insecte que par la figure de l'ouvrage de M. Fischer. Il a sept lignes de long. Sa couleur paraît être un bronzé obscur. Chaque élytre est ornée d'une bande transversale jaune qui est placée tout-à-fait à la base, et d'une autre bande de même couleur, qui se trouve un peu arquée au-delà du milieu : puis enfin, d'une tache jaune située tout-à-fait à l'extrémité. M. Fischer l'avait d'abord nommé Caris à fascies, *Caris fasciata ;* il a depuis changé ce nom, pour y substituer celui de *Caris trinotata.*

On le trouve au Brésil.

1. *Ctenostoma Jacquieri*, Spec., t. V, pag. 271.
2. *Caris trinotata*. Entomographie de la Russie, t. I. Genera, pag. 93 et 99, pl. 4, fig. 4.

3. LE PROCÉPHALE MÉTALLIQUE.

Procephalus metallicus. LAP. [1]

Ce bel insecte est d'un cuivreux verdâtre. Il a les élytres parsemées de très gros points enfoncés. Sa bouche, ses antennes et ses pattes sont d'un bleu foncé. Sa longueur est de neuf lignes et sa largeur de deux.

On le trouve à Cayenne.

4. LE PROCÉPHALE A CEINTURE.

Procephalus succinctus. LAP. [2]

Il est plus petit que le Procéphale de Jacquier, auquel il ressemble beaucoup. Sa couleur est plus obscure. Ses élytres sont beaucoup moins rugueuses et ornées d'une tache jaune transversale, un peu arquée et sinueuse, placée avant le milieu. Ses pattes sont noirâtres. Sa longueur est de cinq lignes et demie, et sa largeur d'une ligne et quart.

Il se trouve à Cayenne.

5.° LES STÉNOCÈRES. — *Stenocera.* BR. [3]

Les Sténocères ont beaucoup de rapports avec les Procéphales, mais leurs *antennes* sont plus longues; elles atteignent à peu près l'extrémité des élytres. Un

1. Revue Entom. de M. Silbermann, t. II, pag. 36.
2. *Ibid.*, t. II, pag. 36.
3. Étym. στενός, étroit; κέρας, corne.

caractère encore plus important peut les en séparer, c'est que les *mâchoires* n'ont plus cet onglet corné, qui n'a manqué jusqu'ici dans aucun genre de Cicindelètes. De plus, le *menton* (*pl.* 3, *fig.* 3, *a.*) ne présente pas de dent au milieu de son échancrure. La *lèvre supérieure* est dentelée ; elle est plus avancée dans le mâle que dans la femelle. Les *tarses antérieures* des mâles (*fig.* 3, *b.*) ont les trois premiers articles dilatés, et plus velus en dedans qu'en dehors ; le dernier de ces articles est un peu plus long au côté interne qu'à l'opposé. Si l'on en excepte quelques espèces de Cicindèles, les pattes sont plus longues que dans aucun des genres de cette tribu.

Ces insectes sont ailés, ils vivent sur les feuilles des arbres comme les Cicindèles de la première division.

Nous ne connaissons jusqu'ici qu'une seule espèce de Sténocère, qui est originaire de Madagascar.

1. LE STÉNOCÈRE ÉLÉGANT. (Pl. 3, fig. 3.)

Stenocera elegans. Br.

Ce joli insecte est bleu, avec une teinte verdâtre en dessus. La base des antennes parait aussi de cette couleur, le reste est revêtu de poils cendrés. La tête est très rugueuse, mais la lèvre est tout-à-fait lisse. Le corselet est plus rugueux encore que la tête, et il parait chagriné en travers. Les élytres sont entièrement couvertes de points enfoncés profonds. Sa longueur est de cinq lignes, et sa largeur d'un peu moins d'une ligne et demie.

4.° LES CTÉNOSTOMES. — *Ctenostoma*. KLUG. [1].

Ces insectes partagent avec les précédens le caractère d'avoir les *mâchoires* sans onglet (*pl.* 3, *fig.* 4, *a*.). mais ils en diffèrent par la présence d'une dent au milieu de l'échancrure du *menton* (*fig.* 4, *b*.) Les *palpes*. et surtout les labiaux, sont fort longs et pendans, ainsi que dans les deux sous-genres qui précèdent. Les *antennes* sont plus courtes que celles des Sténocères. Les *élytres* sont amincies à la base et renflées vers le bout, comme dans les Trycondyles ; elles couvrent des rudimens d'ailes membraneuses, qui suffisent pour leur permettre de courir sur les feuilles ; car c'est ainsi qu'on les trouve dans les parties chaudes de l'Amérique méridionale.

Les Cténostomes et les Procéphales semblent remplacer, dans cette partie du monde, les Collyres et les Tricondyles de l'ancien continent. De même que dans les Sténocères, les tarses antérieurs des mâles ont les trois premiers articles dilatés dans les Cténostomes, et le troisième est prolongé au côté interne. Le corselet est globuleux comme celui des Tricondyles. La tête est aplatie sur le front d'une manière remarquable.

1. LE CTÉNOSTOME FOURMI.

Ctenostoma formicarium. FAB. [2].

Il est long de cinq lignes et demie. Sa couleur est un noir bronzé. Sa tête est marquée en arrière d'un

1. Étym. κτείς, κτὲς, peigne ; ϛόμα, bouche. — Syn. *Collyris* Fabricius.
2. *Collyris formicaria*, Fab. Syst. Eleuth. t. I, pag. 226, n.° 3 — Klug.

sillon en demi-cercle et de deux lignes longitudinales
entre les yeux. Les antennes sont d'un brun un peu
roussâtre. Les élytres sont fortement ponctuées, surtout à la base, mais non ridées ; elles présentent, un
peu au delà de leur milieu, une tache transversale, un
peu arquée et oblique, qui ne touche pas tout-à-fait
au bord extérieur, et qui ne s'étend pas jusqu'à la suture, vers laquelle se trouve la partie la plus élevée de
cette tache ; l'extrémité des élytres est lisse, sur les
côtés au moins. Les pattes sont d'un brun noir, et la
base des cuisses postérieures est pâle.

On le trouve au Brésil.

2. LE CTÉNOSTOME A UNE BANDE. (Pl. 3, fig. 4.)

Ctenostoma unifasciatum. Dej. [1].

Il est long de cinq et demie à six lignes. Sa couleur est un noir bronzé. Il a la tête impressionnée irrégulièrement entre les yeux. La base des antennes
est un peu jaunâtre en dessus. Les élytres sont traversées, un peu au dessous de leur milieu, par une
bande jaune qui n'atteint pas la suture : avant la tache, elles sont fortement ponctuées, mais au delà,
elles deviennent presque lisses. Les pattes sont d'un
brun noir un peu bronzé ; la base des cuisses est pâle.

Il se trouve au Brésil, et en particulier à Rio-Janeiro.

nov. act. Acad. nat. cur., t. X, pag. 304, pl. 21, fig. 7. — Dej. Spec., t. I,
pag. 154.

1. Spec., t. V, pag. 272. — Voyez pour les autres espèces le même ouvrage, et de plus : Westwood, Zoological, journal Icon. — Klug, nova
acta Acad. natur. curiosorum, t. X ; — le même, Monographies entomologiques (allemand et latin).

DEUXIÈME GROUPE DES CARNASSIERS.

LES CARABIQUES.

Le groupe que nous allons faire connaître correspond au genre *Carabus* de Linnée, d'Olivier et de quelques autres auteurs ; on y a même placé avec raison plusieurs de leurs Cicindèles. Nous verrons que les Carabiques forment à eux seuls une immense majorité dans la tribu dont ils font partie ; c'est aussi parmi eux que se trouvent les plus grandes espèces. Ce groupe renferme les insectes les moins brillans et les plus semblables dans leurs formes. Rarement y trouverons nous des couleurs métalliques, et plus rarement encore rencontrerons-nous cet aspect élégant, que nous avons admiré dans les Cicindelètes.

Les Carabiques passent sous les pierres presque tout le temps de leur vie à l'état parfait, et sortent plus la nuit que le jour ; c'est assez dire qu'ils ne doivent pas se faire remarquer par de brillantes couleurs : aussi le plus grand nombre est-il presque toujours noir, les pattes et les antennes seules étant quelquefois plus pâles. Bien moins agiles que les Cicindelètes, et bien moins organisés pour le vol, les Carabiques sont presque tous des insectes terrestres ; cependant, quelques uns grimpent sur les tiges des arbres, et là donnent la chasse aux chenilles, proie délicate autant que facile, dont se repaissent aussi quelques Cicindelètes. En général, les habitudes de ces insectes sont assez uniformes. A l'exception de quelques familles, dont nous parlerons en premier lieu, et qui vivent sur les plantes ou sur les arbres, le plus grand nombre se cache, ou dans les décombres des murailles, ou même au pied des plantes, à une profondeur qui est souvent de plusieurs pouces. D'autres courent presque toujours à terre, parmi les plantes basses; quelques uns fréquentent le bord des eaux; plusieurs enfin se retirent sous les écorces des arbres. C'est à l'approche du printemps, et plus tard encore, au commencement de l'automne, que l'on rencontre ces diverses espèces; les chaleurs de l'été ne semblent pas convenir au plus grand nombre. Les lieux humides, les prairies inondées pendant l'hiver, sont les lieux où l'on doit les chercher; il n'est presque pas de pierres où l'on n'en trouve alors quelques-unes. Si l'on en excepte un bien petit nombre, elles vivent toujours isolées, et répandent lorsqu'on les prend, une liqueur âcre et de couleur brune, dont l'odeur est assez pénétrante.

Les larves de Carabiques s'enfoncent en terre, pour y subir leurs métamorphoses; elles sont fort différentes des larves de Cicindelètes. Nous ferons connaître plus loin les caractères qui les distinguent, et ce que l'on sait de leur manière de vivre. En général, elles sont alongées, de forme presque cylindrique; leur tête porte deux antennes très courtes: le premier segment pédifère, ou celui qui donne attache aux deux pattes de devant, est recouvert en dessus d'une pièce de consistance écailleuse. Dans quelques unes, tout le corps est de cette consistance; elles sont alors plus larges, aplaties, et ressemblent en quelque façon à un Cloporte : leur couleur est entièrement noire.

Nous avons indiqué, comme un caractère propre à faire reconnaître les Carabiques, le peu de grosseur des palpes labiaux. Ces palpes, en effet, ne diffèrent presque pas des maxillaires; au lieu que, dans les Cicindelètes, ils sont toujours plus gros ou plus longs que ces derniers. Il est un autre caractère, qui ne souffre encore qu'une seule exception, et que l'on a donné pour distinguer ces deux groupes d'insectes : c'est que les mâchoires, dans les Carabiques, ne sont pas terminées par ce petit article ou onglet, qui se voit dans les Cicindelètes. Un sous-genre présente cet onglet, et pour cela nous l'avons placé en tête de tous les autres, bien que les derniers des Cicindelètes n'aient déjà plus ce caractère. Les palpes labiaux ne sont plus hérissés de ces longs poils raides et en forme d'épines, que nous avons vus dans les Cicindèles et dans tous les genres du même groupe; ils paraissent même n'avoir que trois articles, celui de la base étant immobile et ne servant que de support au second. La languette que nous avons vue, dans les Cicindelètes, toujours petite et cachée derrière le menton, est saillante, au contraire, dans les Carabiques.

Nous n'observerons plus ici cette lèvre large, avancée, munie de dentelures à son bord, et convexe au milieu; mais nous trouverons une lèvre aplatie, presque toujours fort courte, et plus ou moins échancrée. Les mandibules ne sont pas armées de ces dents aiguës, qui indiquent si bien des habitudes de carnage ; elles n'ont qu'une ou deux dents au plus, mais ces dents ont en force ce qu'elles n'ont pas en longueur, et les mandibules elles-mêmes sont plus fortes et plus épaisses. Dans le plus grand nombre des genres, les mâles ont les tarses de devant plus larges que les femelles, et garnis de brosses en dessous. Dans quelques-uns, cependant, tous les tarses sont semblables dans l'un et l'autre sexe, et font ainsi exception à la règle, que l'on pourrait poser d'une manière générale. Aussi a-t-on employé avec avantage la forme de ces tarses dans les mâles, pour rapprocher les genres qui ont un caractère commun, soit dans le nombre des articles dilatés, soit dans la forme de cette dilatation.

On a établi de cette manière, dans ce groupe très nombreux, plusieurs divisions que nous désignerons sous le nom de *races*. Elles sont au nombre de huit, savoir : les Brachinides, les Féronides, les Chlænides, les Harpalides, les Scaritides, les Carabides, les Tréchides et les Elaphrides.

Les *Brachinides* ou Troncatipennes, ont été ainsi nommés parce que, la plupart du temps, leurs élytres sont tronquées au bout. Cependant quelques genres se refusent à ce caractère; leurs élytres sont, en effet, arrondies à l'extrémité, ou munies d'une échancrure oblique. Dans tous les cas, on reconnait les Troncatipennes à leurs palpes, dont le dernier article n'est pas terminé en pointe, ou n'est pas ce que l'on appelle subulé : cet article, alongé ou ovalaire, est tronqué à l'extrémité. Les deux jambes de devant présentent à leur côté interne, une échancrure qui est placée auprès du bout; au lieu que, dans la plupart des autres Carabiques, cette échancrure est située au milieu : les

tarses de devant sont le plus ordinairement semblables dans les deux sexes.

Les *Féronides* et les deux groupes suivans ont une
forme générale qui leur donne beaucoup de rapports
entre eux, car elle provient d'une grande ressemblance
dans la plupart de leurs caractères. Le corps est presque toujours ovale, un peu arqué, et le corselet est
plus large que long. Les mâles ont les tarses de leurs
pattes de devant plus larges que ceux des pattes de
derrière : tantôt c'est la première paire qui présente
cet élargissement, et tantôt on l'observe aussi dans la
suivante. Les élytres sont entières, c'est-à-dire assez
longues pour recouvrir tout le ventre ; mais elles sont
toujours légèrement sinueuses sur les côtés, vers le bout,
et ce bout est presque terminé en pointe. Les antennes
nes sont minces, sétacées ou filiformes, et quelquefois
même moniliformes ; les jambes sont en général hérissées d'épines nombreuses.

Tout ce que nous venons de dire étant également
commun aux deux races dont nous allons parler, il
convient de faire connaître ici, en quoi consistent les
caractères des Féronides en particulier. Dans ces insectes, les tarses des deux pattes de devant sont dilatés dans les mâles, et cette dilatation n'a lieu qu'aux
trois premiers articles, et quelquefois même aux deux
premiers seulement. Ce qu'il faut surtout remarquer,
c'est que ces articles dilatés ont toujours une forme
triangulaire ou en cœur, et ne représentent jamais
la figure d'un quadrilatère : ils sont, la plupart du
temps, anguleux. On observera peut-être que ces
caractères ne sont propres qu'à faire reconnaître les
mâles ; il faut avouer, en effet, que les données nous

échappent pour indiquer ceux des femelles, et que ces insectes se refusent à la marche de nos méthodes, par l'analogie trop grande que présente leur forme, analogie que l'on remarque du reste aussi dans leurs habitudes.

Les *Chlænides* ou Patellimanes, nous présentent, de même que les précédens, les deux ou trois premiers articles des tarses dilatés aux deux premières pattes dans les mâles. Ce qui distingue cette race avec certitude, c'est la forme de ces articles, qui n'est plus celle d'un cœur ou d'un triangle, mais bien celle d'un carré dont les angles sont émoussés. Ce sont presque toujours les trois premiers articles, mais quelquefois aussi les deux premiers seulement, qui sont élargis de cette manière; et leur réunion représente un carré long à peu près continu, dont la face inférieure est garnie de poils très nombreux. Ces poils forment une brosse beaucoup plus épaisse que dans le groupe précédent, et qui a pour usage, ainsi que dans tous les insectes où les tarses sont élargis, de mettre le mâle en état de mieux retenir la femelle, pendant tout le temps que dure l'accouplement.

Les *Harpalides* nous offrent des caractères plus certains pour les reconnaître, que ceux de la forme des articles dilatés dans les tarses antérieurs des mâles. Le premier, et le plus constant de ces caractères, c'est que, non seulement les tarses des deux premières pattes, mais ceux mêmes des deux pattes qui les suivent, ou autrement, des pattes intermédiaires, sont dilatés d'une manière semblable. Le second caractère consiste dans le nombre des articles dilatés. Tandis que l'on n'en comptait que trois dans chacun des deux groupes précédens, nous en trouvons quatre ici ; il est cependant quelques cas où le nombre de ces articles dilatés n'est que de deux seulement, mais ces cas sont fort rares. La brosse de poils qui garnit le dessous des articles élargis est épaisse, et souvent on remarque au milieu une rainure longitudinale, tout-à-fait dégarnie de poils. C'est dans les Harpalides surtout, que la forme du corps se montre le plus constante ; au lieu que dans les Chlænides, ainsi que dans les Féronides, cette forme présente quelquefois des différences assez grandes. On sent dès lors qu'il est plus difficile de reconnaître, d'après l'aspect ou l'habitus des espèces, à quel genre elles doivent se rapporter, et qu'il devient nécessaire d'avoir recours à des caractères plus minutieux.

Les *Scaritides* ont aussi reçu le nom de fossoyeurs, à cause de l'habitude qu'ils ont de creuser le sol avec leurs pattes de devant. Leurs jambes sont, à cet effet, élargies au bout et découpées en dehors en plusieurs dentelures. Leurs palpes ne sont pas terminés en pointe, mais le bout en est tronqué, comme dans les races précédentes. Jamais non plus les élytres ne sont raccourcies à l'extrémité, et leur bord ne parait ni sinueux ni échancré ; il est à peu près entier. Une particularité qui sert à faire reconnaître un Scaritide au premier aperçu, c'est que le prothorax est séparé des élytres par un étranglement, en forme de cou ou de pédicule. Le premier article des antennes est toujours plus grand que les autres, et la longueur de ces antennes est peu considérable. Quelquefois les jambes antérieures ne sont pas palmées ou dentées ; mais, dans ce cas, elles sont toujours élargies ver-

le bout, et leur côté interne présente une échancrure
profonde, qui est un des caractères de cette race de
Carabiques.

Les *Carabides* ou Simplicipèdes, ainsi que l'exprime
leur nom, se font remarquer par la conformation de
leurs jambes, qui n'ont pas cette échancrure profonde,
située au milieu du côté interne, et que nous avons signalée dans les quatre races qui précèdent. Ces jambes
sont étroites et entières, et si, dans quelques espèces,
on observe une légère échancrure, c'est toujours un sillon oblique placé vers le bout de la jambe, et entre les
deux épines terminales. Dans les races que nous venons
de passer en revue, les jambes sont armées d'une seule
épine vers le bout; l'autre épine est située au dessus de
l'échancrure : ici, l'absence de cette échancrure a permis à l'épine supérieure de descendre au niveau de l'autre, et de terminer la jambe. La forme ovale des élytres,
et le ventre très développé, avaient fait donner à cette
race le nom d'*abdominaux*, par Latreille; il désignait,
par opposition, sous celui de *thoraciques*, les trois
races précédentes, qu'il avait groupées en une seule. Le
bout des élytres est sinueux ou légèrement échancré.
Les palpes ne finissent jamais en pointe; ils sont ordinairement cylindriques, et quelquefois aussi ils s'élargissent en triangle. Ce groupe renferme les carnassiers
terrestres les plus grands et les plus redoutables pour
les autres insectes; ils méritent, plus que les précédens, d'être comparés à ce que l'on a nommé les carnassiers, parmi les mammifères et les oiseaux.

Les *Tréchides* ou Subulipalpes sont d'une taille assez
petite, et se reconnaissent aisément à la forme singulière de leurs palpes extérieurs. L'avant-dernier article

de ces palpes est en forme de cône renversé, la partie la plus large étant placée en haut, et le dernier article se joint au précédent par sa base qui est large, tandis que le bout opposé est terminé tout-à-fait en pointe. C'est pour cette raison qu'on leur a donné le nom de Subulipalpes. Tantôt le dernier article est moindre et plus mince que le précédent; il le dépasse de fort peu, et parait caché presque en entier dans son intérieur, dont il ne sort plus alors qu'un petit corps pointu; tantôt ces deux articles sont à-peu-près de même grosseur. Dans ce cas, la base du dernier et l'extrémité du précédent sont les parties les plus larges, et ces articles ressemblent à deux cônes, qui seraient appliqués base à base. Quelques mâles ont les tarses de devant dilatés, mais dans ce cas la dilatation ne se voit guère qu'aux deux premiers articles. Les jambes de devant présentent une échancrure profonde. Les élytres ont l'extrémité entière un peu sinueuse, comme cela se voit dans tous les Carabiques où elles ne sont pas tronquées. Les insectes qui composent cette race, vivent de préférence dans les endroits humides, dans les sables du bord des rivières, et quelquefois même sous les pierres qui séjournent dans l'eau.

Nous désignons sous le nom d'*Elaphrides*, plusieurs genres de Carabiques dont la manière de vivre a beaucoup de ressemblance avec celle du groupe précédent. C'est toujours dans le sable du bord des rivières et des fleuves, et dans les terres inondées, qu'on les trouve en grand nombre. Un moyen aussi sûr que facile de se les procurer, c'est de jeter, sur la terre où on les cherche, un peu d'eau de la rivière ou du fleuve auprès duquel on se trouve; on les voit sortir au bout de quelques instans. Ces insectes, quoique voisins des Tréchides, n'ont pas tout-à-fait les mêmes caractères ; leurs palpes sont tronqués ainsi que dans le plus grand nombre des Carabiques et leurs jambes échancrées en dedans, mais cette échancrure est toujours située vers le bout. Aussi les avait-on placés avec les Carabides, dont ils diffèrent pourtant par les habitudes et surtout par l'aspect général de leurs formes. Quelques-uns ont le corps arrondi et bombé ; ils représentent assez bien une demi-sphère : d'autres, et c'est le plus grand nombre, sont plus alongés et de forme ovale ; leur corselet cylindrique, et plus étroit que les élytres, leur donne quelque analogie avec les Cicindèles, et Linnée les avait placés dans ce genre, trompé par la ressemblance extérieure de leur forme, et sans doute aussi par l'agilité de leurs mouvemens. Il est, d'ailleurs, bien facile de s'assurer qu'ils n'ont pas de rapport avec ces dernières ; il suffit d'envisager la conformation de la bouche, le peu de longueur des antennes, et tous les caractères, en un mot, qui sont propres à distinguer entre eux les Carabiques des Cicindelètes, pour se convaincre qu'ils en diffèrent.

Les traits distinctifs des différentes races du groupe des Carabiques peuvent être résumés dans le tableau suivant.

TABLEAU

DE LA DIVISION DU GROUPE DES CARABIQUES, EN HUIT RACES.

Palpes
- tronqués au bout; jambes de devant
  - échancrées en dedans; l'échancrure placée
    - au milieu; élytres
      - tronquées à l'extrémité..................... BRACHINIDES.
      - entières; jambes de devant
        - élargies au bout..................... SCARITIDES.
        - simples ou non élargies;
          - les deux tarses antérieurs, élargis en forme
            - de cœur ou de triangle. FÉRONIDES
            - de quadrilatère...... CHLÆNIDES.
          - les quatre tarses antérieurs élargis.... HARPALIDES.
    - vers le bout..................... ELAPHRIDES.
  - sans échancrure..................... CARABIDES.
- subulés, c'est-à-dire, terminés en pointe..................... TRÉCHIDES.

PREMIÈRE RACE DES CARABIQUES.

LES BRACHINIDES.

Nous ne reviendrons pas sur les caractères de cette première race des Carabiques, puisque nous les avons exposés plus haut. Nous dirons seulement que les Brachinides sont des insectes généralement alongés, et quelquefois assez plats, qui présentent peu de caractères qui leur soient communs à tous. On les reconnait plutôt, s'il est permis de le dire, à l'absence de ces caractères, qu'à la présence d'une organisation constamment semblable. Les autres races ne sont pas dans ce cas. Elles ont un aspect général, une similitude dans les formes, une conformité dans les détails de leurs parties, qui les font aisément reconnaître. Les Brachinides, au contraire, ne sont pour ainsi dire que la réunion de tous les Carabiques, que l'on n'a pu facilement placer ailleurs. Les élytres tronquées, ainsi que l'indique le nom du groupe, sont loin d'être un caractère constant : il est des genres dans lesquels elles sont aussi entières que dans les autres Carabiques ; il en est d'autres dans lesquels elles sont simplement sinueuses.

Néanmoins, on peut dire en général que, dans les Brachinides, les mâles diffèrent de ceux de presque toutes les autres races, soit par leurs tarses semblables à ceux des femelles, soit par la forme des articles dilatés ; ces derniers sont prolongés obliquement au côté interne, et plus garnis de poils de ce côté que de l'autre, au lieu d'être carrés ou en cœur, comme dans tous les autres Carabiques. Le corselet présente aussi plus d'alongement, et la forme même des élytres est toujours plus étroite. Les crochets qui terminent les tarses sont assez souvent dentelés ou divisés en-dessous à la manière d'un peigne ; l'avant-dernier article de ces tarses est quelquefois partagé en deux lobes. Ces caractères sont rares dans tout le reste des Carabiques. La lèvre supérieure est par fois beaucoup plus avancée que dans aucun de ces derniers ; elle est même échancrée au milieu de son bord, comme cela se remarque assez souvent chez eux. En un mot, la grande variété de caractères et de formes que présentent les Brachinides, nous a forcés de les répartir en un certain nombre de familles, dont chacune est, pour ainsi dire, le type d'une organisation à part.

Ces familles sont au nombre de six :

1.° Les Trigonodactyliens ;
2.° Les Odacanthiens ;
3.° Les Zuphiens ;
4.° Les Lébiens ;
5.° Les Brachiniens ;
6.° Les Graphiptériens.

La première famille se reconnaît à son corselet en carré, un peu plus étroit en arrière, dont la surface est presque plate et munie d'un bord relevé tout autour ; le premier article des antennes est très court.

La seconde famille a aussi le premier article des antennes court; elle se distingue de toutes les autres par la forme étroite de son corselet, qui figure en général une portion de cylindre, mais dont le bout postérieur est quelquefois plus gros que l'autre.

Dans la troisième famille, nous trouverons des insectes à corselet étroit comme dans les précédens; puis d'autres, et c'est le plus grand nombre, à corselet figuré à peu près en cœur : mais les antennes présentent un caractère que nous ne retrouvons pas ailleurs, dans la longueur de leur premier article. En effet, cet article est toujours plus long que les deux qui le suivent.

La quatrième famille a le corselet plus long que large, et rétréci en arrière, ou moins long que large; dans ce dernier cas, il est tronqué brusquement en arrière, ou bien il se prolonge à son milieu. Le corps est aplati; les élytres sont en carré long, et quelquefois leur bout se prolonge en forme d'épines.

On distingue la cinquième famille par l'épaisseur du corps, et la forme en cœur du corselet, qui est plus étroit en arrière que dans aucune des familles précédentes; tantôt il est plus long que large, et tantôt c'est la largeur qui l'emporte sur la longueur.

La sixième famille offre, dans le développement de sa languette, une organisation à part. Cette pièce fait saillie entre les palpes, tandis que, dans les familles précédentes, elle est cachée sous le menton. Tantôt le corps est plat, et les élytres sont tronquées; tantôt il est épais, et les élytres sont ovales et entières. Le corselet est toujours en cœur, et plus ou moins long que large. La lèvre supérieure atteint presque toujours un grand développement.

PREMIÈRE FAMILLE.

LES TRIGONODACTYLIENS.

Cette famille se compose d'un seul genre, dont le caractère le plus frappant, et qui ne permet pas de le placer ailleurs, est d'avoir, comme la plupart des Cicindelètes, les mâchoires terminées par un crochet mobile. Le peu de longueur du premier article des antennes, pourrait le faire rapporter à la famille suivante, mais son corselet l'en éloigne aisément. Il est en effet presque aussi large que long, et aplati; tandis que, dans les Odacanthiens, le corselet est toujours renflé et se rapproche plutôt de la forme cylindrique.

On avait jusqu'ici placé les Trigonodactyles à côté des Leptotrachèles, sans doute parce qu'on ignorait la conformation singulière de leurs mâchoires. C'est à M. Audouin que nous devons cette curieuse observation, qui nous a permis d'éloigner ce genre, de ceux avec lesquels on l'avait groupé d'une manière peu satisfaisante.

Les habitudes de ces insectes nous sont tout à fait inconnues; ils sont propres au Sénégal et aux Indes Orientales, ainsi qu'à Madagascar.

Le tableau suivant présentera les caractères qui les séparent des deux sous-genres que nous y rapportons.

TABLEAU

DE LA DIVISION DE LA FAMILLE DES TRIGONODACTYLIENS, EN GENRES ET EN SOUS-GENRES.

TARSES
- élargis en forme de triangle... TRIGONODACTYLA.
- cylindriques ; antennes
  - filiformes...... *LEPTODACTYLA.*
  - plus grosses vers le bout...... *PACHYTELES.*

GENRE TRIGONODACTYLE.

TRIGONODACTYLA. DEJ. [1]

La formation de ce genre est dûe à M. le comte Dejean, qui en a fait connaître deux espèces. Elles forment une exception, ainsi que plusieurs genres dont nous parlerons ci-après, au caractère du groupe des Brachinides, chez lesquels les élytres devraient toujours être tronquées à l'extrémité. Néanmoins, la réunion de plusieurs caractères devant l'emporter sur une seule particularité, on est obligé de convenir que les exceptions ne détruisent pas une règle.

Les Trigonodactyles, ainsi que l'indique leur nom, ont les articles des *tarses* élargis et triangulaires (*pl.* 3, *fig.* 5, *a.*), mais les trois premiers présentent seuls

1. Étym. τρίγωνος, à trois angles; δάκτυλος, doigt.

cette conformation ; le quatrième est profondément bilobé, et le cinquième alongé. Leur corps est en général aplati, et le corselet un peu en forme de cœur.

Les deux espèces connues de ce genre sont :

1. LE TRIGONODACTYLE A GROSSE TÊTE.

Trigonodactyla cephalotes. DEJ. [1].

Entièrement d'un brun un peu rougeâtre, plus clair sur les élytres. Celles-ci présentent sur la suture, près de l'extrémité, une tache d'un brun foncé, et de forme oblongue; elles sont couvertes de stries fortement ponctuées. Le ventre est de la couleur des élytres. Les côtés du corselet, en dessous, sont fortement ponctués. Longueur, trois lignes et demie.

Il se trouve aux Indes Orientales et à Madagascar.

2. LE TRIGONODACTYLE TERMINÉ. (Pl. 3, fig. 5.)

Trigonodactyla terminata. DEJ. [2].

D'un roux obscur sur la tête et l'abdomen, plus pâle sur le corselet. Les élytres sont d'un jaune roussâtre, avec toute l'extrémité noire; les pattes sont à peu près de la couleur des élytres. La tête et le corselet ont quelques points enfoncés; les élytres sont couvertes de stries ponctuées.

Cet insecte a un peu plus de quatre lignes de longueur. On le trouve au Sénégal.

1. Spec., t. II, pag. 439.
2. *Ibid.*, t. V, pag. 289. — Guérin, Mag. de Zool. t. III, n.º 73.

Nous rapporterons deux sous-genres au groupe des Trigonodactyles.

1.° LES LEPTODACTYLES. — *Leptodactyla.* Br. [1]

Qui se distinguent par leurs *mâchoires* fortement arquées, dont le crochet est soudé avec le corps de ces mâchoires, et par les *tarses* qui sont composés d'articles courts et presque cylindriques (*pl.* 4, *fig.* 1, *a.*) De plus, la *lèvre supérieure* est alongée, ovalaire, et recouvre presqu'en entier les mandibules (*fig.* 1, *b.*), comme cela a lieu dans le genre Helluo que nous décrirons plus loin. Le *chaperon* est distinctement échancré (*fig.* 1, *c.*) La forme du corselet est la même à peu près, que dans les Trigonodactyles. Les élytres sont également aplaties, mais elles sont sinueuses et presque tronquées à l'extrémité.

La seule espèce connue est

LE LEPTODACTYLE APICAL. (Pl. 4, fig. 1.)

Leptodactyla apicalis. Br.

Sa couleur est un noir assez brillant en dessus, avec le dessous d'un brun rougeâtre, plus foncé sur les côtés; les antennes, les palpes, et même la lèvre sont d'un brun rougeâtre. Le corselet présente quelques rugosités transversales à peine sensibles. Les élytres sont fortement striées et offrent vers l'extrémité, sur la suture, une tache arrondie, d'un brun rougeâtre : on aperçoit plusieurs petits points enfoncés dans cer-

---

1. Éty. λεπτός, mince; δάκτυλος, doigt.

taines stries. Les jambes et les tarses sont quelquefois d'un brun rougeâtre.

Cet insecte se trouve à Java ; sa longueur varie entre quatre et six lignes.

2.° LES PACHYTÈLES. — *Pachyteles*. PERTY [1].

Nous ne les connaissons que par les figures qu'en a données M. Perty, dans l'ouvrage publié par MM. Spix et Martius, voyageurs Bavarois, sous le nom de *Delectus animalium quæ in itinera per Brasiliam,* etc.

Les Pachytèles se distinguent des deux autres genres de cette famille par leurs *antennes* qui vont en grossissant vers le bout et par leurs *jambes* qui n'ont pas d'échancrure près de l'extrémité. La *lèvre supérieure* est courte, un peu échancrée. Les *mâchoires* sont composées d'une seule pièce. Les élytres sont entières et arrondies au bout ; le corselet est presque carré ; les tarses sont composés d'articles courts et assez grêles, comme dans les Leptodactyles.

On connait deux espèces de ce sous-genre.

1. LE PACHYTÈLE LISSE.

Pachyteles levigatus. PERTY [2].

Long de trois lignes et demie ; d'un brun couleur de poix, brillant, plus obscur sur la tête, plus pâle

1. Etym. παχὺς, épais ; τέλος, bout, (à cause des antennes plus grosses vers le bout.)

2. Delect. Anim. artic., pag. 4, pl. 1, fig. 9.

en dessous ainsi que sur les pattes; les élytres sont très
légèrement striées et leurs stries présentent une ponctuation à peine sensible.

Il se trouve au Brésil, dans la province des Mines.

2. LE PACHYTÈLE A PETITES STRIES.

Pachyteles striola. PERTY[1].

Il est d'un brun couleur de poix avec la tête plus
obscure et les pattes plus pâles. Les élytres sont profondément striées, et les intervalles élevés qui séparent les stries, sont légèrement rugueux.

Longueur trois lignes. Il habite les mêmes contrées
qui le précédent.

DEUXIÈME FAMILLE.

LES ODACANTHIENS.

Nous comprenons dans cette famille une série de
sous-genres dont le plus grand nombre se rapproche
des *Odacantha*. La longueur du corselet, sa forme
étroite, la font distinguer au premier coup-d'œil. Les
autres caractères auxquels on peut la reconnaître sont,
après le peu de largeur du corselet, d'avoir le premier

1. *Ibidem* pl. 1, fig. 11. (La figure 10 de la même planche représente
les détails de cette espèce).

article des antennes fort court , les articles des tarses presque cylindriques, excepté quelquefois le quatrième ou avant dernier. En général les antennes sont minces et plus courtes que le corps. Ce dernier est toujours étroit ; quelquefois les élytres sont entières, quelquefois elles sont tronquées ou échancrées. Les palpes sont terminés, tantôt par un article ovalaire, et tantôt par un article en triangle. De même, les tarses ont leurs ongles, ou crochets, simples dans le plus grand nombre, mais dentelés dans quelques uns.

Tout ce que nous savons des habitudes de cette famille, c'est que l'on rencontre généralement les espèces dont elle se compose sur les plantes ou sur les feuilles des arbres. On n'a pas de renseignemens sur la forme de leurs larves, ni sur les transformations qu'elles subissent avant d'arriver à l'état parfait.

Cette famille renferme trois genres principaux, les Colliures, les Odacanthes et les Agras , auprès desquels viennent se placer plusieurs sous-genres. Voici un tableau à l'aide duquel on pourra arriver à la détermination de ces différens groupes.

TABLEAU DE LA DIVISION DE LA FAMILLE DES ODACANTHIENS,

EN GENRES ET EN SOUS-GENRES.

Palpes labiaux * à dernier article

- ovalaire; tarses
  - à crochets simples; élytres
    - échancrées; tête
      - amincie en arrière........................... COLLIURIS.
      - non amincie; antennes
        - garnies de verticilles de poils........... LASIOCERA.
        - sans verticilles; mandibules
          - étroites, avancées.......... STENOCHEILA.
          - courtes; tarses
            - à articles étroits..... ODACANTHA.
            - à articles en triangle.. TRICHIS.
    - entières; avant-dernier article des tarses
      - bilobé.................... LEPTOTRACHELUS.
      - simple................... STENIDIA.
  - à crochets dentelés en dessous............................. CTENODACTYLA.
- élargi en triangle.......................... AGRA.

* Dans tous, les palpes maxillaires sont terminés par un article ovalaire, presque pointu.

GENRE **COLLIURE.**

COLLIURIS. DE GÉER[1].

On reconnait les Colliures à la forme singulière de leur corselet, qui est alongé et renflé dans son milieu, et surtout à leur tête figurée en losange, et très rétrécie ou étranglée en arrière. Leurs *palpes* sont terminés par un article ovalaire et presque pointu ; les *antennes* sont plus courtes que le corps, assez grêles, et un peu plus minces à la base que dans le reste de leur longueur ; les *tarses* sont grêles, et leur avant dernier article est ordinairement simple (*pl.* 4, *fig.* 2, *a.*) ; quelquefois aussi il est divisé en deux lobes.

La tête est séparée du corselet par un étranglement distinct. Le corselet présente aussi un semblable étranglement en avant et en arrière : il est toujours plus large à cette dernière partie. L'écusson est fort petit et peu visible. Les élytres présentent à l'extrémité une échancrure, quelquefois profonde et quelquefois très peu sensible.

Le genre Colliure a été établi par de Géer, dans ses Mémoires sur les Insectes[2], d'après un insecte de Surinam, dont la forme extraordinaire avait frappé cet observateur, et l'empêcha de le rapporter à aucun des

---

1. Etym. incertaine. — Syn. : *Attelabus* Linn.; *Odacantha*, Fab.; Herbst.; *Casnonia*, Lat.; *Ophionea* Klug.
2. Tom. IV, pag. 79.

genres connus. Linnée l'avait placé parmi les Attelabes, avec les Charançons. Fabricius et Herbst ne le distinguèrent point des Odacanthes. Latreille, qui avait appliqué à tort le nom de *Colliuris* au *Collyris* de Fabricius, comme nous l'avons dit plus haut, a cru devoir créer une nouvelle dénomination pour le genre de de Géer, et l'a appelé *Casnonia*. M. Klug, célèbre entomologiste de Berlin, ignorant sans doute, et le nom donné par de Géer, et celui assigné par Latreille, décrivit ces mêmes insectes sous celui d'*Ophionea*.

Les Colliures sont des insectes propres à l'Amérique, à l'Afrique, et aux contrées les plus orientales de l'Asie. Ils vivent dans les endroits marécageux, au bord des ruisseaux, où ils courent avec vitesse, et prennent leur vol fréquemment, pour aller se poser à peu de distance. On voit que ces habitudes sont à peu près celles des Cicindèles. On les trouve quelquefois aussi sous les feuilles, dans les endroits humides. Lorsqu'on les voit voler, on les prendrait pour des Cicindèles, dit M. Lacordaire, qui a plus d'une fois observé ces insectes dans la Guiane et au Brésil.

1. LE COLLIURE DE SURINAM.

Colliuris Surinamensis. LIN.[1]

Il atteint quatre lignes de longueur. Son corps est noir sur la tête et le corselet, brun sur les élytres et l'abdomen. Les antennes sont tachetées de noir et de

---

1. *Attelabus Surinamensis*, Syst. nat. ed. 12, t. II, pag. 619.—De Géer (*Colliuris*), Mém. sur les Ins., t. IV, pag. 80, pl. 17, fig. 16.

blanc ; les pattes sont rousses et les quatre cuisses de devant blanchâtres à la base. Les élytres présentent des stries profondes, et elles sont fortement échancrées à l'extrémité.

Nous ne connaissons cette espèce que par la description de Linnée et de de Géer ; elle est originaire de Surinam, et ne parait point avoir les antennes comprimées vers le milieu, comme plusieurs autres de ce genre.

2. LE COLLIURE DE PENSYLVANIE.

Colliuris Pensylvanicus. LIN. [1].

Le corps est noir, avec les pattes d'un jaune obscur ou testacé ; les genoux sont bruns ; la base des antennes et les élytres, sont fauves. Ces dernières sont marquées de plusieurs séries de points enfoncés, qui sont disposés en stries longitudinales ; elles présentent quatre taches noires : la première, placée sur le milieu de la suture, est commune aux deux élytres ; la seconde se rapproche du bord extérieur, et la dernière en occupe l'extrémité. La tête et le corselet sont lisses en dessus ; celui-ci est fortement ponctué sur les côtés.

Cet insecte se trouve dans l'Amérique septentrionale ; il n'a que trois lignes de longueur.

1. *Attelabus pensylvanicus*, Syst. Nat. ed. 12, pag. 620. — Herbst. (*Odacantha*), Ins., t. X, pag. 221, pl. 173, fig. 12. — Klug (*Ophionea*), Entom. Brasil. Spec. fasc. 1, pag. 300. — Dej. (*Casnonia*), Spec., t. I. pag. 171.

3. LE COLLIURE A ANTENNES FAUVES. (Pl. 4, fig. 2.)

Colliuris flavicornis. Br.

Tout le corps est d'un brun presque noir et brillant. Le corselet, moins alongé que dans les précédens, est entièrement parsemé de points enfoncés profonds qui le font paraître un peu rugueux. Les élytres sont assez égales et présentent des stries formées de points profonds; ces stries se prolongent jusqu'à l'extrémité, mais en s'affaiblissant de plus en plus: on distingue le long de la suture, un peu avant le bout des élytres, une petite tache alongée, qui n'est pas très apparente. L'échancrure qui termine les élytres est très peu profonde. Les antennes et les pattes sont en entier d'un jaune fauve.

Il se trouve au Brésil, dans les environs de Rio-Janeiro; sa longueur est de près de trois lignes.

4. LE COLLIURE DIDYME.

Colliuris didyma. Br.

Le dessus de cet insecte est d'un brun presque noir et brillant, et le dessous d'un brun châtain : quelquefois aussi les élytres sont de cette dernière couleur. Le corselet n'a pas la forme alongée de la plupart des autres espèces; il est court, globuleux, mais seulement étranglé en avant et plus étroit dans cette partie qu'en arrière et entièrement parsemé de points enfoncés profonds. Les élytres, légèrement tronquées à l'extrémité, présentent dans toute leur longueur des stries, que forment de gros points enfoncés; le bout des élytres est d'un jaune pâle, ainsi que deux taches arrondies, placées vers l'extrémité, l'une au dessus de l'autre, et réunies entr'elles. Les pattes sont d'un jaune pâle. Les antennes sont fauves, et les articles du milieu presque noirs.

On le trouve au Sénégal; sa longueur est de deux lignes et demie.

5. LE COLLIURE A PUSTULES.

Colliuris pustulata. DEJ. [1]

Cette espèce ne nous parait différer de la précédente que par les élytres, qui n'ont pas de jaune à l'extrémité et dont les taches, placées vers le bout, sont plus petites, toujours séparées et d'une couleur plus rougeâtre.

Elle habite les mêmes contrées et sa longueur est la même. Il serait fort possible que l'une ne fût qu'une variété de l'autre, mais nous n'avons pas vu la dernière en nature.

6. LE COLLIURE A TÊTE BLEUE.

Colliuris cyanocephala. FAB. [2]

Cette espèce s'éloigne de toutes les autres par la forme de l'avant dernier article de ses tarses qui est

1. *Casnonia pustulata,* Spec., t. V, pag. 282.
2. *Odacantha cyanocephala,* Syst. Eleuth., t. I, pag. 229. — Dej.

bilobé (*pl. 4, fig. 3*). Sa couleur est un rouge ferrugineux sur les élytres, sur le corselet et sur le bout de l'abdomen. La tête est d'un bleu noirâtre. Les élytres, finement striées et ponctuées comme dans l'espèce précédente, ont une bande de plus, qui est située à la base et beaucoup moins large que la seconde; au dessus et au dessous de celle-ci se trouve un petit point blanchâtre, à peine distinct; les pattes sont d'un jaune roux, avec le bout des cuisses noirâtre. Les antennes sont d'un roux obscur, avec la base plus claire.

Elle est originaire des Indes-Orientales; sa longueur est de trois lignes et demie.

Observation. Cette espèce constitue le genre *Casnoidea* de M. de Laporte. (*Etud. Entom.*, pag. 40.)

Auprès des Colliures viennent se placer deux sous-genres.

1.° LES STÉNOCHEILES. — *Stenocheila.* LAPORTE[1].

Ces insectes diffèrent de tous ceux de cette famille par leurs *mandibules* grêles, avancées et presque droites, l'extrémité seule étant légèrement arquée; par leurs *mâchoires* qui sont dentées dans toute leur

(*Casnonia*), Spec., t. I, pag. 173. — Lat. et Dej. Icon. des Coléopt. I, pl. 7, fig. 6. — Ponr les autres espèces, voyez : le Species de M. le comte Dejean; — le voyage de MM. Spix et Martius au Brésil; — les cinquante espèces nouvelles décrites par M. de Laporte, dans le t. 1.er des Annales de la Société Entomologique; — la Centurie de Carabiques de M. Gory, publiée dans le tome II.e du même recueil; — les Etudes Entomologiques de M. de Laporte. — Le tome X.e de l'Encyclopédie méthodique renferme la description d'une nouvelle espèce sous le nom de *Casnonia Senegalensis;* M. le comte Dejean l'a publiée depuis sous ce même nom, mais il n'a pas cité cet ouvrage.

1. Etym. στενός, étroit; χεῖλος, mâchoire.

longueur, ou plutôt armées d'épines très fortes (*pl. 3, fig. 6, a.*) La tête n'est plus amincie en arrière comme dans les Colliures. Les *palpes* sont assez saillans ; le *labre* est plus large que long. Les *antennes* sont comprimées à partir du cinquième article, comme cela a lieu dans plusieurs Colliures. Le corselet est alongé et caréné sur les côtés, c'est-à-dire que les bords latéraux sont aigus. Les élytres sont échancrées à l'extrémité ; les cuisses de derrière sont un peu arquées dans le mâle et beaucoup plus fortement dans la femelle. Nous n'avons pas remarqué d'autres différences entre les deux sexes.

On ne connait qu'une espèce de ce sous-genre, et elle se trouve à Cayenne. Ses habitudes sont les mêmes que celles des Colliures.

LE STÉNOCHEILE DE LACORDAIRE. (Pl. 3, fig. 6).

Stenocheila Lacordairei. Lap. [1].

Il est d'un brun ou d'un noir velouté, avec trois bandes transversales ondulées d'un gris d'ardoise, sur les élytres, dont le bord extérieur est aussi tout entier de cette nuance. Le corselet est finement strié en travers, et il est armé de chaque côté, vers le milieu, d'une petite épine, plus saillante dans la femelle que dans le mâle. Les trois articles des antennes, qui suivent le premier, et la base des cuisses, sont d'un blanc jaunâtre. Longueur, près de quatre lignes.

---

1. Magasin de Zoologie de M Guérin, t. II, n.º 12.

2.° LES LASIOCÈRES. — *Lasiocera*. DEJ. [1]

Ils ont un caractère tout particulier dans les poils qui hérissent leurs *antennes* et qui sont disposés en verticilles à l'extrémité de chaque article. Ils ont comme les Colliures, les *palpes* terminés par un article ovalaire, et les *tarses* cylindriques; mais leur corselet n'est pas alongé : sa forme, au contraire, est presque globuleuse, et c'est en arrière qu'il est le plus étroit. La tête est triangulaire et très rétrécie en arrière, mais ce rétrécissement n'est pas précédé d'une espèce de long cou, ainsi que dans les Colliures. Les yeux sont gros et saillans. Les élytres sont presque plates, alongées, tronquées et même un peu échancrées à l'extrémité.

On ne connait qu'une seule espèce de Lasiocère, et l'on ne possède rien concernant sa manière de vivre. Elle se trouve au Sénégal.

LE LASIOCÈRE NITIDULE. (Pl. 4, fig. 4.)

Lasiocera nitidula. DEJ. [2]

Tout le dessous du corps est noir ; en dessus la tête et le corselet sont d'un vert bronzé, et tout couverts de gros points enfoncés, qui les font paraître un peu rugueux. Les élytres sont d'un vert plus foncé, au moins le long de la suture, et sur chacune d'elles on voit une bande jaune, dentée inégalement sur les

1. Etym. λάσιος, velu; κέρας, corne (pour antenne.)
2. Spec., t. V, pag. 284.

bords, et qui en occupe presque toute la longueur. En outre, ces élytres sont couvertes de stries profondes, dans lesquelles on distingue des points enfoncés. Les cuisses sont noires, avec le bout jaunâtre ; les tarses sont plus obscurs ainsi que les jambes. Les antennes sont à peu près de la couleur des jambes. Longueur, deux lignes et demie.

***

Genre ODACANTHE.

ODACANTHA. Fab. [1]

Ce genre a été formé par Fabricius dans le *Systema Eleutheratorum*, sur l'*Attelabus melanurus* de Linnée. On voit que cet insecte, à cause du peu de largeur sans doute de son corselet, avait été placé par le naturaliste Suédois dans le même groupe que les Colliures. Il diffère surtout de ces derniers en ce que les *tarses* de devant sont plus larges dans les mâles (*pl. 4, fig. 5, a*) que dans les femelles ; par sa *tête* ovalaire et point rétrécie en arrière ; par son *corselet* presque cylindrique, seulement un peu renflé au milieu, sur les côtés ; enfin, par la forme générale du corps qui est étroite, aplatie, avec les élytres tronquées et plus courtes que l'abdomen. Les tarses sont grêles et leur avant dernier article est un peu bifide.

Les Odacanthes sont de très petits Carabiques, qui

---

1. Etym. ὀδούς, dent : ἄκανθα, épine.

habitent les lieux humides ; ils se trouvent quelquefois en grand nombre sur le bord des rivières , dans les endroits plantés de roseaux. On les rencontre de temps en temps par troupes considérables ; mais il arrive aussi que l'année d'après on ne les revoit pas. Nous citerons un fait de ce genre observé en Italie en 1826. Plusieurs centaines d'Odacanthes avaient été trouvés sous des écorces d'arbres , dont le pied reposait dans l'eau ; mais les années suivantes, quoique les circonstances eussent été les mêmes, on ne retrouva plus ces insectes, et ils sont aujourd'hui , comme auparavant , fort rares en Italie.

1. L'ODACANTHE A BOUT NOIR. (Pl. 4, fig. 5.)

Odacantha melanura. LIN. [1].

Ce joli petit insecte a la tête, le corselet et l'abdomen d'un vert un peu bleuâtre , tandis que la poitrine , les élytres, les pattes et la base des antennes sont d'un jaune testacé. Le bout des cuisses est noir, et les élytres ont à l'extrémité une grande tache d'un noir bleuâtre, qui occupe presque toute leur largeur. Le corselet est parsemé de points enfoncés qui le font paraître rugueux , et les élytres présentent plusieurs séries longitudinales de points enfoncés, qui sont à peine marqués.

La longueur de cette espèce est de trois lignes. Elle se trouve le plus ordinairement en Suède et en Allemagne ; mais on la prend aussi quelquefois en Angleterre, dans le nord de la France et en Italie.

1. *Attelabus melanurus ,* Syst. nat. ed. 12, t. II, pag. 620. — *Odacantha melanura ,* Dej. Spec., t. I, pag. 176 ; et Iconogr. des Coléop., t. I, pl. 7, fig. 2.

2. L'ODACANTHE DU SÉNÉGAL.

Odacantha Senegalensis. LAP. [1].

Cette espèce ressemble beaucoup à la précédente, mais elle est plus grande. Sa longueur est de trois lignes et demie. Elle a la tête et le corselet noirs et non pas bleus; les élytres sont d'une couleur plus claire, et leurs stries sont formées de points plus gros et beaucoup plus rapprochés; les cuisses ont les taches noires de l'extrémité beaucoup plus grandes; enfin, le ventre est brun avec les derniers segmens noirs.

On la trouve au Sénégal, comme l'indique son nom.

Observation. Nous citerons ici une espèce rapportée à ce genre par M. Perty, mais qui n'en présente pas les caractères. Elle a les élytres entières, et son aspect général la rapproche assez des Leptotrachèles, avec lesquels elle ne peut cependant être réunie parce qu'elle a les tarses simples. Ne l'ayant pas vue en nature, nous donnerons sa description telle que nous la trouvons dans l'ouvrage cité.

Odacantha basalis. PERTY [2].

Elle est d'un brun testacé; la tête, et une tache placée sur la suture, à la base des élytres, sont brunes; les élytres, arrondies à l'extrémité, sont couvertes de stries ponctuées. Longueur quatre lignes, largeur une ligne trois quarts.

1. Annal. de la Soc. Entom. de France, t I, pag. 338.
2. Delectus anim. articul., pag. 2, pl. 1, fig. 3.

L'auteur dit que cette espèce est voisine de l'*Odacantha dorsalis* qui est le type du sous-genre *Leptotrachelus*. Peut-être appartiendrait-elle à notre sous-genre *Stenidia*, que nous décrirons un peu plus loin.

Dans le voisinage des Odacanthes nous placerons,

1.° LES TRICHIS. — *Trichis*. KLUG. [1].

Qui n'en diffèrent que par les articles des *tarses* qui sont courts, triangulaires et ciliés, par la *tête* qui n'est point rétrécie en arrière, par le *corselet* qui est un peu en cœur, au lieu d'avoir une forme alongée et cylindrique. Les élytres ont la forme alongée des Odacanthes, et leur extrémité est tronquée et un peu sinueuse. On en connait deux espèces.

1. LE TRICHIS PALE.

Trichis pallida. KLUG.[2].

D'un jaune testacé, avec la tête et le corselet plus obscurs; les élytres ont à l'extrémité une bande brune, dentée irrégulièrement, et une autre au dessus, plus étroite et dentée de la même manière. Le corselet est couvert de points enfoncés, serrés, et les élytres présentent des stries ponctuées.

Il se trouve en Arabie; sa longueur est de trois lignes.

1. Étym. θςὶξτριχός, poil. (Tout le corps est velu.)
2. Symbolæ physicæ, n.° 1, pl. 21, fig. 9.

2. LE TRICHIS TACHÉ.

Trichis maculata. Klug.[1]

D'un brun ferrugineux, pattes et élytres testacées : ces dernières ont à la base, sur la suture, une tache brune en forme de triangle ; une autre vers le milieu, également sur la suture et de forme anguleuse, de chaque côté de laquelle se trouvent deux petits points de même couleur ; et enfin, une large bande dentée irrégulièrement, placée tout-à-fait à l'extrémité. Le corselet est marqué de quelques points enfoncés, et les élytres ont des stries ponctuées.

Il se trouve dans les environs d'Alexandrie ; longueur, un peu plus de deux lignes.

2.° LES LEPTOTRACHÈLES. — *Leptotrachelus*. Latr.[2]

Ils se reconnaissent au quatrième article de leurs *tarses* qui est profondément bilobé (*pl. 4. fig. 6, a.*) et à leurs *élytres* dont l'extrémité est ovalaire et sans échancrure. Les articles des *antennes* sont presqu'égaux entre eux. La tête est ovale, rétrécie, mais non prolongée en arrière. Le corselet est alongé, à peu près cylindrique, un peu rétréci en avant dans quelques espèces.

Ce sous-genre a été établi par Latreille, dans la deuxième édition du Règne animal. Il a depuis été indiqué par Eschscholtz, sous le nom de *Rhagocrepis*.

1. Symb. phys., n.° 2, pl. 21, fig. 10.
2. Étym. λεπτὸς, étroit ; τράχηλος, cou. — Syn. : *Rhagocrepis* Eschscholtz — *Spheracra* Say.

et par M. Say, sous celui de *Spheracra*[1]. Ce dernier auteur, ayant décrit sous ce nom l'*Odacantha dorsalis* de Fabricius, nous n'avons aucun doute sur l'identité du genre, mais nous ne sommes pas aussi certains du synonyme d'Eschscholtz. La figure qu'il donne de son *Rhagocropis*, représente un insecte dont le corselet est plus étroit aux deux bouts, mais les caractères génériques qu'il emploie s'accordent parfaitement avec ceux des Leptotrachèles. Nous les présentons ici mot à mot : « Ongles simples; palpes aigus; l'avant dernier article des tarses bilobé; élytres arrondies à l'extrémité. » C'est cette espèce et la nouvelle que nous décrivons, qui nous ont engagé à ajouter aux caractères de ce sous-genre, celui d'avoir le corselet rétréci en avant dans quelques espèces, ce qui ne constitue pas un caractère générique.

Tous les Leptotrachèles connus se trouvent en Amérique. Ce sont des insectes rares que l'on rencontre sur les feuilles; ils s'y tiennent immobiles, mais s'enfuient rapidement si l'on veut les saisir.

1. LE LEPTOTRACHÈLE DORSAL.

Leptotrachelus dorsalis. Fab.[2].

Cet insecte est long de trois lignes et large d'une seulement. Sa couleur est un brun ferrugineux, plus pâle sur les élytres. La tête est quelquefois d'un noir brillant et quelquefois brune; les antennes sont tes-

1. Dans l'ouvrage dont nous avons déjà parlé, et dont nous n'avons vu que des fragmens sans titre.

2. *Odacantha dorsalis*, Syst. Eleuth., t. I. pag. 209.

tacées. Les élytres ont la suture ornée d'une large bande noirâtre, qui n'atteint pas tout-à-fait leur extrémité ; elles sont couvertes de stries longitudinales que forment des points enfoncés très rapprochés.

Il habite l'Amérique du Nord, et plus particulièrement la Caroline et la Géorgie.

2. LE LEPTOTRACHÈLE SUTURAL.

Leptotrachelus suturalis. LAP.[1]

Cet insecte est long de trois lignes et demie ; sa largeur n'est guère que d'une ligne. Il est d'un brun un peu jaunâtre, avec la tête noire, le corselet d'un rouge obscur et la suture d'un brun foncé. Le corps en dessous est de cette couleur. Les élytres ont des stries longitudinales formées de points enfoncés.

Il se trouve à Cayenne.

3. LE LEPTOTRACHÈLE DU BRÉSIL.

Leptotrachelus Brasiliensis. DEJ.[2]

Il ressemble au Leptotrachèle dorsal, mais il est un peu plus grand et plus long. Le corselet aussi est plus alongé. Ses élytres sont en entier d'un jaune testacé, seulement la suture paraît un peu plus obscure.

Cet insecte est originaire du Brésil.

1. Annal. de la Soc. Entom. de France, t. I, pag. 389
2. Spec., t. V, page 287.

4. LE LEPTOTRACHÈLE TESTACÉ.

Leptotrachelus testaceus. DEJ.[1]

Cette espèce se rapproche aussi du Leptotrachèle dorsal, mais elle est également un peu plus grande. Sa couleur est testacée, un peu rougeâtre, plus jaune ou plus pâle sur les élytres et les pattes. Le corselet est plus ponctué que celui du Leptotrachèle dorsal. Les élytres sont un peu plus larges, avec les stries plus profondes et plus fortement ponctuées.

Elle a été rapportée des environs de Carthagène.

5. LE LEPTOTRACHÈLE BORDÉ. (Pl. 4, fig. 6.)

Leptotrachelus marginatus. BR.

Il a trois lignes et demie de long sur une ligne environ de large. Tout le dessous du corps est d'un brun noirâtre ainsi que le corselet, les côtés de la tête, tout le tour des élytres et même la suture jusqu'aux deux tiers de sa longueur : en cet endroit la couleur s'élargit et forme une tache presque ronde ; le reste des élytres est d'un brun jaunâtre. La bouche, tout le dessus de la tête, les antennes, les pattes, le dernier anneau de l'abdomen et le bord inférieur des élytres, sont d'un jaune ferrugineux.

Cet insecte se trouve au Brésil.

[1] Spec., t. V, pag. 287.

6. LE LEPTOTRACHÈLE DE RIÉDEL.

Leptotrachelus Riedelii. ESCH.[1]

Le Brésil est aussi la patrie de cet insecte, dont la couleur est ferrugineuse, avec la tête brune, la base des antennes et les cuisses jaunâtres, le reste des antennes et les tarses noirs. Les élytres sont marquées de stries crénelées. Sa longueur est de quatre lignes.

5.° LES STÉNIDIES. — *Stenidia.* BR.[2]

Elles ont le *corselet* conformé comme les *Rhagocrepis* d'Eschscholtz que nous réunissons aux Leptotrachèles, mais elles n'ont pas l'avant dernier article des *tarses* bilobé ; cet article est court et triangulaire ainsi que ceux qui le précèdent (*pl.* 4, *fig.* 7, *a.*) et ceux des quatre tarses de derrière sont un peu plus alongés. La *lèvre supérieure*, au lieu d'être avancée comme dans les Leptotrachèles, est au contraire fort courte et transversale ; de manière à laisser la plus grande partie des mandibules à découvert. La tête est moins brusquement rétrécie en arrière, et le corselet est beaucoup plus grand relativement aux élytres. Ces dernières sont plus larges, moins alongées et moins parallèles; leur extrémité est tronquée obliquement.

Nous ne connaissons qu'une espèce de ce genre; elle est originaire du Sénégal.

<hr>

1. Eschscholtz, (*Rhagocrepis*), Zool. atl. fasc. 2, pag. 5. pl. 8. fig.
2. Étym. σ, étroit ; , forme.

LA STÉNIDIE UNICOLORE. (Pl. 4, fig. 7.)

Stenidia unicolor. Br.

Entièrement d'un brun un peu rougeâtre, ou châtain foncé, avec le dessous du corps plus obscur. La bouche, la base des antennes et les pattes, sont plus clairs. Le corselet est parsemé de points enfoncés, profonds et assez rapprochés. Les élytres sont striées, et dans chaque strie on distingue une rangée de points rapprochés et profonds. Sa longueur est de quatre lignes et demie, et sa largeur d'une ligne et demie.

4.° LES CTÉNODACTYLES. — *Ctenodactyla.* Dej. [1]

Sous-genre bien reconnaissable à ses *tarses* dont les crochets sont dentelés en dessous (*pl.* 5, *fig.* 1, *a.*), et dont les trois premiers articles sont élargis et à peu près triangulaires, avec le pénultième profondément bilobé (*fig.* 1, *b.*) Ce dernier caractère le rapproche des Leptotrachèles, mais tous les autres tendent à l'en éloigner. La tête est rétrécie brusquement en arrière. Le corselet est de la largeur de la tête, un peu aplati, et plus long que large. Les élytres, plus larges que le corselet, sont alongées, légèrement convexes, et s'élargissent un peu vers l'extrémité; cette dernière partie est arrondie comme dans les Leptotrachèles.

Les espèces connues de ce sous-genre sont toutes propres à l'Amérique méridionale. Ce sont des insec-

---

1. Etym. κτείς, κτενός, peigne; δάκτυλος, doigt

tes agiles, qui vivent sur les fleurs et sur les tiges des plantes.

1. LE CTÉNODACTYLE DE CHEVROLAT.

Ctenodactyla Chevrolatii. Dej.[1]

Cet insecte, long de cinq lignes et large d'une et demie, a tout le dessus du corps d'un noir bleuâtre, et le dessous d'un brun ferrugineux. La lèvre supérieure et la bouche sont rougeâtres, et les antennes plus claires. Le corselet est de la couleur de la bouche ou un peu plus obscur; ses bords latéraux sont un peu relevés, et il présente quelques points enfoncés. Les élytres ont des stries distinctement ponctuées, et leur bord inférieur est d'un brun rougeâtre.

Il a été trouvé dans les environs de Cayenne.

2. LE CTÉNODACTYLE DE DRAPIEZ.

Ctenodactyla Drapiez. Gory.[2]

Il est d'un brun ferrugineux obscur avec un reflet verdâtre; la tête, le corselet, la base des antennes sont d'un brun rougeâtre sans reflet; le reste des antennes et les pattes sont d'un fauve clair. Le corselet est marqué de quelques points en arrière. Les stries des élytres sont ponctuées. Longueur cinq lignes et demie; largeur deux lignes.

1. Spec., t. I, pag. 227.
2. Anual. Soc. Ent. de France, t. II, pag. 181

Il se trouve dans la même partie de l'Amérique que le précédent.

3. LE CTÉNODACTYLE TACHÉ. (Pl. 3, fig. 1.)

Ctenodactyla maculata. GORY.[1]

Ce joli insecte a la tête et les élytres noires, avec deux taches fauves sur chacune de ces dernières: la première, est placée sur le disque et la seconde vers les deux tiers, en s'étendant presque jusqu'au bout; de plus, le long du bord extérieur, on voit une petite bande de cette même couleur. Le corselet est fauve ainsi que la base des antennes, et le reste de celles-ci noir. Le corselet est bombé, plus étroit en avant qu'en arrière. Les stries des élytres sont finement ponctuées.

Il se trouve à Cayenne. Sa longueur est de cinq lignes et demie, et sa largeur d'une et demie.

4. LE CTÉNODACTYLE TRISTE.

Ctenodactyla tristis. GORY.[2]

Il est entièrement d'un noir obscur un peu bronzé, avec les antennes et les pattes d'un jaune pâle. Le corselet est plus étroit en avant qu'en arrière, et marqué de stries transversales très fines; celles des élytres sont légères et faiblement ponctuées. Longueur trois lignes; largeur une seulement.

Cet insecte est originaire de Cayenne, comme tous les précédens.

[1] Annal. Soc. Ent. de France, t. II. pag. 182
[2] *Ibid.*, t. II, pag. 183.

GENRE AGRA.

AGRA. FAB. [1]

Ces jolis insectes, plus gracieux encore que les Cicindèles, joignent souvent à l'élégance de leurs formes
l'éclat des plus vives couleurs. L'or et le cuivre leur prètent quelquefois les teintes les plus riches et les plus
brillantes; d'autres, revêtant une livrée plus triste, sont
entièrément noirs ou d'un bleu foncé; plusieurs n'ont
que les reflets plus sévères du bronze : mais dans tous,
le travail curieux de leurs élytres rachète ce que leurs
nuances peuvent avoir de sombre et de peu éclatant.
Rien n'est plus agréable que leur tête élancée, attachée
au corselet par un cou très étroit. Leurs élytres longues,
échancrées diversement à leur bout, et creusées de
fossettes d'un éclat métallique, disposées en séries longitudinales; leur corselet encore plus élancé que la
tête, et imitant plus ou moins la forme d'un fuseau;
tout, en un mot, contribue à placer ces insectes parmi
les plus beaux que nous connaissions. Aussi les amateurs les recherchent-ils de préférence et l'on conçoit
sans peine l'empressement qu'ils mettent à se les procurer.

Deux caractères surtout éloignent les Agras de toutes
les autres espèces de cette famille; c'est, d'une part,

[1] Étym. ἄγρα, classe, ou ἀγρεύς chasseur. — Syn. *Carabus*. Olivier

la forme triangulaire du dernier article de leurs *palpes labiaux* (*pl.* 5, *fig.* 2, *a.*) et de l'autre, celle de leurs *tarses,* dont les articles sont aussi en triangle élargi, et le quatrième divisé en deux lobes alongés : le dessous de ces tarses est garni de poils très serrés qui forment une brosse, à l'aide de laquelle ces animaux peuvent se fixer sur les feuilles. Ces mêmes tarses sont terminés par un article en massue, dont les crochets ou ongles, sont garnis en dessous de dentelures fines et serrées presque à la manière d'un peigne (*fig.* 2, *b.*)

C'est Fabricius qui le premier a distingué les espèces de ce genre, et les a retirées des Carabes avec lesquels Olivier les avait confondues, ainsi que la plupart des genres de Carnassiers terrestres.

Les Agras sont au nombre de quarante espèces environ, et toutes se trouvent dans les contrées intertropicales de l'Amérique. On les rencontre toujours sur les arbres, où elles choisissent de préférence les feuilles roulées en cornets par d'autres insectes. Elles s'y blottissent et restent dans une parfaite immobilité, portant en avant leurs antennes et les deux pattes antérieures, tandis que les autres pattes sont appliquées contre le corps. Vient-on à toucher à leur retraite, elles s'en échappent aussitôt avec rapidité, et se laissent tomber à terre. Il parait cependant que la forme alongée de leur tête et de leur corselet gène un peu leur démarche, et que ces parties se heurtent contre les corps sur lesquels elles se trouvent. En général, les Agras sont rares, et on ne les trouve jamais réunis en grand nombre.

1. L'AGRA DE CAYENNE.

Agra Cayennensis. OLIV.[1]

Cette espèce est la plus grande de ce genre. Elle a environ un pouce de longueur sur trois lignes de largeur; sa couleur est un vert bronzé assez brillant, plus obscur sur la tête, dont la partie antérieure, qui avoisine la bouche, est un peu rougeâtre, ainsi que le bout et les côtés de l'abdomen. Les antennes sont d'un rouge obscur, avec le bout de tous leurs articles noir. La tête est tout-à-fait lisse, mais le corselet et les élytres sont creusés de points très profonds, disposés irrégulièrement sur le premier, et rangés en séries longitudinales assez droites sur les dernières. Leur bout est échancré, ce qui rend la suture et le bord extérieur épineux.

Cayenne est la patrie de cet insecte, que Fabricius a désigné à tort sous le nom d'*Agra ænea,* puisque Olivier l'avait fait connaître auparavant sous celui de *Cayennensis.* C'est l'espèce la plus répandue de ce genre.

2. L'AGRA ROUSSATRE.

Agra rufescens. KLUG.[2]

Moindre que le précédent, cet insecte n'a que six lignes et demie de longueur sur deux de largeur.

1. *Carabus Cayennensis,* Entom. ou Hist. nat. des Insectes, t. II, n.° 35, pag. 53, pl. 12, fig. 133. — *Agra ænea,* Fab. Syst. Eleuth., t. I, pag. 224. — Klug, Monogr. Entomol. pag. 12, pl. 1, fig. 1.

2. Ent. Brasil. Specim., n.° 1, in nov. act. Acad. Curios, t. X, p. 281. —

Ainsi que son nom l'exprime, il est d'un roux obscur, presque brun, avec les pattes, les antennes et la bouche un peu plus claires et plus rougeâtres. La tête est tout-à-fait lisse ; elle présente seulement en avant deux impressions profondes. Le corselet et les élytres sont parsemés de points enfoncés, plus petits et plus serrés sur le premier, plus gros et plus réguliers sur les dernières, où ils forment des séries longitudinales. Le bout des élytres est échancré et prolongé en deux pointes ou épines.

On le trouve dans plusieurs parties du Brésil.

3. L'AGRA ATTELABOIDE.

Agra attelaboides. FAB.[1]

Cette espèce, que Fabricius fait venir par erreur des Indes orientales, est une des plus sombres de tout le genre des Agras. Son corps est d'un noir embelli par un reflet très légèrement bronzé, avec les pattes et les antennes d'un rouge très obscur. Sa tête est marquée en arrière d'une petite fossette alongée ; son corselet présente plusieurs séries longitudinales de larges points enfoncés ; ses élytres sont striées dans toute leur longueur, mais plusieurs de ces stries sont interrompues çà et là par des impressions profondes, et l'on distingue avec peine une petite ligne de points enfon-

---

Ent. Monogr., pag. 14, pl. 1, fig. 2. — Dej. Spec., t. II, pag. 245. — *A. brentoides*, Lat. et Dej. des Coléopt. d'Europe, t. I, pl. 7, fig. 2

[1]. *Cicindela attelaboides*, Ent. Syst., t. IV, pag. 443. — *Agra attelaboides*, Syst. Eleuth., t. I, pag. 225. — Klug. nov. act. Acad. Curios, X, pag. 293 ; Ent. Monogr., pag. 34, pl. 2, fig. 7.

cés dans le fond de chacune d'elles. Les élytres se terminent par trois dentelures en forme d'épines, dont l'intérieure est la plus saillante et la plus aiguë.

On la trouve au Brésil; sa longueur est de huit lignes, et sa largeur de deux et au delà.

4. L'AGRA BRILLANT.

Agra splendida. DEJ.[1]

Ce bel insecte a les élytres d'un vert bronzé, rehaussé de l'éclat d'un rouge cuivreux très brillant, tandis que la tête, le corselet, le dessous du corps et les pattes sont d'un noir un peu bleuâtre. Les articles des antennes sont d'un roux obscur, avec l'extrémité noire. Les points enfoncés du corselet sont disposés en séries presque régulières. Les élytres sont striées en longueur, et dans chaque strie on remarque une rangée de points, mais les intervalles qui séparent ces stries sont lisses et un peu relevés. Le bout de chaque élytre est tronqué obliquement et terminé par trois dentelures. Longueur un peu plus de neuf lignes, largeur deux et quelquefois plus.

Selon M. le comte Dejean, la patrie de cette espèce est la Guiane.

5. L'AGRA A FOSSETTES. (Pl. 5, fig. 2.)

Agra fossulata. BR.

C'est un des plus beaux de ce genre. Sa couleur est un brun peu foncé, embelli par un éclat bronzé sur le

1. Spec. des Coléopt., t. V, pag. 303, et Iconogr. des Coléopt. d'Eur., t. I, pl. 8, fig. 2. — Guérin, Icon. du règne anim., Ins., pl. 4, fig. 10, a d.

corselet et les élytres. Celles-ci, parsemées de fossettes alongées, inégales et disposées en stries à peu près régulières, brillent d'une nuance de vert métallique dans le fond de toutes ces fossettes, qui présentent en outre des points enfoncés fort petits, rapprochés, moins sensibles dans quelques unes. Le bout des élytres, tronqué et un peu sinueux, n'offre qu'une seule dent au bord extérieur. La tête est marquée en avant de deux impressions assez longues, et vers le bord postérieur elle porte une ligne courte et quelques petits points. Le corselet se fait remarquer par son peu de largeur: il n'est guère plus long que la tête, et sa surface parsemée de points enfoncés, est surmontée de plusieurs élévations dans toute sa longueur. La poitrine et le dessous du ventre sont d'un vert bronzé très obscur, Les pattes, les antennes et les côtés du ventre sont d'un rouge un peu ferrugineux. La longuenr de ce joli insecte est de sept lignes, sur un peu moins de deux lignes de large.

On le trouve au Brésil, ainsi que les plus belles espèces de ce genre.

— Voyez, pour les autres espèces, les ouvrages suivans: la Monographie de ce genre, par M. Klug, dans le tom. X des Actes des Curieux de la nature de Berlin; — le Species des Coléoptères de M. le comte Dejean; — une seconde Monographie des Agras, plus complète que la première, publiée par M. Klug, avec quelques autres genres, sous le titre de Monographies Entomologiques: toutes les espèces y sont représentées; — la Centurie des Carabiques de M. Gory, dans le t. II.e des Annales de la Société Entomologique; — l'Iconographie des Coléoptères commencée par MM. Latreille et Dejean, et qui n'a pas été continuée; et enfin, les Etudes Entomologiques de M. de Laporte, ou l'une des espèces de M. Klug, *A. cuprea*, nous paraît avoir été reproduite sous le nom d'*A. rutilipennis.*

TROISIÈME FAMILLE.

LES ZUPHIENS.

Nous donnons à cette famille le nom de l'un des sous-genres qui la composent, ce qui peut rappeler le caractère par lequel elle se distingue de toutes les autres familles de Brachinides, nous voulons dire la longueur du premier article des antennes. Presque toujours cet article est très grand, et dépasse quelquefois la tête; mais, dans quelques espèces, il est un peu plus court : cependant il est toujours plus long que les deux articles qui le suivent. Tantôt ces antennes sont très grêles et composées d'articles alongés; tantôt elles sont plus courtes et formées d'articles plus élargis. Les tarses sont ou fort larges, et divisés en deux lobes vers leur extrémité, ou simples dans toute leur longueur, et presque cylindriques. Ces caractères suffisent pour distinguer les genres, ainsi qu'on le reconnaîtra dans le tableau suivant.

TABLEAU DE LA DIVISION DE LA FAMILLE DES ZUPHIENS,

EN GENRES ET EN SOUS-GENRES.

ARTICLES DES TARSES

- simples, presque cylindriques; l'avant-dernier
  - profondément bilobé............................ DRYPTA.
  - simple; palpes labiaux
    - élargis au bout: antennes à 1.er article
      - arqué............................ *TRICHOGNATHA.*
      - droit; le 2.e
        - un peu plus court que le suivant GALÉRITA.
        - beaucoup plus court que le suivant; antennes
          - plus minces vers le bout *ZUPHIUM.*
          - plus grosses vers le bout *POLISTICHUS.*
    - cylindriques.............................. *DIAPHORUS.*
- très élargis, en forme de triangle.......................... *CORDISTES.*

Les Zuphiens, si l'on en excepte quelques espèces de Zuphies, de Polistiques et de Dryptes, se composent d'insectes étrangers à l'Europe, et sur les habitudes desquels on sait fort peu de choses. Les deux genres principaux de cette famille sont les Dryptes et les Galérites.

GENRE **DRYPTE.**

DRYPTA. FAB. [1]

Les Dryptes ont en général l'aspect élégant de quelques Cicindèles. Aussi l'espèce sur laquelle Fabricius a formé ce genre, avait-elle été placée parmi ces dernières, dans l'Histoire naturelle des insectes Coléoptères, publiée par Olivier. Rien n'est plus facile cependant que de reconnaître un Drypte à ses *antennes* minces et courtes, dont le premier article fait environ le tiers de la longueur ; à ses *mandibules* droites, avancées, arquées seulement au bout ; à ses *tarses* dont l'avant dernier article est divisé en deux lobes étroits et alongés (*pl.* 5, *fig.* 3, *a.*) ; à ses *palpes* enfin, dont le dernier article, élargi vers le bout, a la forme d'un triangle à côtés inégaux. Les Dryptes seraient assez bien placés avec les Odacanthiens ; comme eux ils ont le corps étroit, le corselet surtout mince et alongé ; mais la longueur démesurée du premier article

---

1. Etym. δρυπτω, déchirer (à cause des mandibules avancées et crochues.) — Syn. : *Cicindela* Olivier ; *Carabus* Rossi.

de leurs antennes les éloigne de cette famille, et ce caractère leur donne les plus grands rapports avec les Galérites.

Leurs cuisses sont assez grosses, leurs élytres toujours tronquées, leur corselet un peu plus large en avant qu'en arrière, mais quelquefois aussi mince dans toute sa longueur. Plus le corselet s'alonge, et plus le premier article des antennes s'alonge aussi. En général, la tête et le corselet réunis sont à peu près aussi longs que le reste du corps. Les mâles se reconnaissent aux tarses de devant (*fig.* 3, *a.*), dont les trois premiers articles sont un peu élargis, coupés obliquement et prolongés en dedans; ce même côté présente en dessous des poils plus longs que ceux du côté opposé.

Tous les Dryptes connus sont de l'ancien continent et se rencontrent jusque dans la Nouvelle-Hollande. Si l'on en juge par nos espèces d'Europe, ils se trouvent dans les parties humides des bois, sous les pierres, les mousses, et sous les détritus des végétaux en général.

1. LE DRYPTE ÉCHANCRÉ. (Pl. 5, fig. 3.)

Drypta emarginata. OLIV. [1]

Long de trois à quatre lignes. D'un vert quelquefois bleuâtre, avec le devant de la tête, toutes les parties de la bouche, les antennes et les pattes d'un ferrugineux clair; les antennes ont le bout du premier article et le troisième presque tout entier, noirs; les tarses

---

[1]. *Cicindela emarginata*, Ent. t. II, n.º 33, pag. 32, pl. 3, fig. 38. — Fab., Syst. Eleuth., t. I, pag. 230. — *Drypta emarginata*, Dej. Spec., t. I, pag. 183; et Icon. des Coléopt., t. I, pl. 7, fig. 4.

sont bruns. La tête et le corselet sont tout couverts de points enfoncés, et ce dernier a le sillon longitudinal très marqué. Les élytres sont couvertes de stries ponctuées, dont les intervalles sont eux-mêmes ponctués.

Cette espèce est assez rare aux environs de Paris, elle se trouve plus ordinairement dans le midi de la France, en Italie, en Grèce et en Barbarie.

2. LE DRYPTE DISTINCT.

Drypta distincta. Rossi. [1]

Long de quatre lignes, d'un jaune un peu roussâtre. Le premier article des antennes est quelquefois noir à l'extrémité. Le ventre est d'un vert très obscur. Les élytres sont ornées, le long de la suture, d'une bande obscure assez étroite, qui s'élargit aux deux tiers de leur longueur où elle se termine. La tête et le corselet sont finement ponctués; les élytres présentent des stries ponctuées.

Cet insecte se trouve dans le midi de la France, mais il y est fort rare; on le rencontre aussi en Italie, en Barbarie, et on le retrouve jusqu'au Sénégal.

1. *Carabus distinctus*, Mant. Ins., t. 1, pag. 83, pl. 1, fig. C. — *Cicindela cylindricollis*, Fab. Ent. Syst. suppl., pag. 63. — *Drypta cylindricollis*, Dej. Spec., t. II, pag. 331; et Icon. des Coléopt., t. I, pl. 7, fig. 5. — Les autres espèces connues qui se rapportent à ce genre, sont toutes propres aux pays étrangers, si l'on en excepte le nouveau continent. Elles sont décrites, les unes dans le Species de M. le comte Dejean, et les autres dans les *Annulosa javanica* de Mac-Leay; — dans le Magasin Zoologique de Wiedemann, t. II; — dans le *Zoological Miscellany* de M. Gray, t. II, n.º 1; — et enfin, dans les Etud. Entomologiques de M. de Laporte. Le nombre total de ces espèces est de onze

GENRE **GALÉRITE.**

GALERITA. FAB. [1]

Les Galérites, telles qu'on les entend aujourd'hui, ne sont pas composées des mêmes espèces que dans les travaux de Fabricius, à qui nous devons l'établissement de ce genre. Ce célèbre entomologiste y comprenait des insectes de la race des Scaritides[2], dont nous parlerons plus loin, et quelques autres sur lesquels on a établi depuis les sous-genres Zuphie et Polistique, faisant partie de la famille qui nous occupe en ce moment. Les vraies Galérites ont toutes le premier article des *antennes* long, plus gros à l'extrémité et droit ou à peu près; le second article court, mais presque aussi long que la moitié du troisième; les suivans alongés, et diminuant de plus en plus : la longueur totale des antennes est presque celle du corps. Les *palpes* se terminent par un article très large et en forme de triangle (*pl.* 5, *fig.* 4, *a.*) Les *mandibules* diffèrent beaucoup de celles des Dryptes; elles ne sont pas alongées et avancées, mais courtes et arquées à partir de leur naissance. Les *tarses* n'ont pas le quatrième article divisé en deux lobes; il est seulement entaillé en manière d'échancrure; dans les mâles, les trois articles qui le précèdent sont prolongés en dedans et forment une saillie avancée et oblique (*pl.* 5, *fig.* 4, *b.*) : du côté

1. Etym. *Galerita*, nom d'un oiseau dans Pline.—Syn. *Carabus*, Olivier.
2. Elles appartiennent aujourd'hui au sous-genre des Siagones.

opposé ils sont droits comme ceux des autres tarses ; leur face inférieure est garnie d'une brosse de poils épais, qui s'avance beaucoup plus en dedans qu'en dehors.

Le corps des Galérites est plus large et plus aplati que celui des Dryptes ; leur corselet a toujours un peu plus d'étendue en longueur qu'en largeur : ses bords sont relevés et sa partie postérieure est ordinairement la moins large.

Ces insectes semblent plus répandus dans le nouveau que dans l'ancien continent ; on en connait fort peu qui vivent dans ce dernier. On les rencontre dans les vieux troncs décomposés et au pied des arbres, où ils sont rassemblés avec d'autres Carabiques. Leur démarche est agile, mais ils ne paraissent pas se servir de leurs ailes pour voler. C'est dans la partie sud de l'Amérique méridionale qu'on en trouve le plus.

1. LA GALÉRITE AMÉRICAINE.

Galerita Americana. Lin. [1].

Elle a le ventre et les élytres noirs, mais ces dernières sont ornées d'un léger reflet verdâtre. La tête est noire et couverte de points qui la rendent comme rugueuse ; une tache noirâtre se remarque quelquefois vers son milieu. La bouche et les antennes sont rousses, ainsi que le corselet et les pattes ; cependant les trois articles des antennes qui suivent le premier sont

1. *Carabus americanus*, Syst. nat., t. II, pag. 671. — Olivier, Ent. t. III, n.° 35, pag. 63, pl. 6, fig. 72. — *Galerita Americana*, Dej. Spec., t. I, pag. 187. — *G. borealis*, Lap., Etud. Entom., pag. 44.

d'un brun très foncé. Toute la surface des élytres est
couverte de points fort petits et très serrés; on y
aperçoit aussi des stries longitudinales, qui sont peu
profondes et finement ponctuées.

Cet insecte habite les États-Unis; il a huit ou dix
lignes de long, sur deux et demie à trois et demie de
large.

2. LA GALÉRITE A AILES BLEUES.

Galerita cyanipennis. DEJ.[1].

Ce joli insecte ne diffère du précédent que par la
couleur des élytres, qui est d'un beau bleu violet, et
par les antennes dont tous les articles sont bruns à
partir du deuxième.

Ainsi que lui, on le rencontre dans quelques provinces des États-Unis, et en particulier dans la Caroline. Ses proportions et sa taille sont ordinairement
les mêmes.

3. LA GALÉRITE ÉRYTHRODÈRE.

Galerita erythrodera. BR.[2].

Cette espèce a le corselet presque aussi large que
long. Les élytres sont larges, aplaties et bleues; elles
ont neuf lignes élevées principales, qui sont presque
aussi faibles que celles des intervalles qui les séparent;

1. Spec., t. V, pag. 293.
2. Revue Entom. de M. Silbermann, t. I. — *G. ruficollis,* Dej. Spec.,
t. I, pag. 191. — *G. insularis,* Lap., Etud. Entom., pag. 44.

enfin, les antennes sont rousses à partir du cinquième article. Elle a huit lignes et demie de longueur, sur trois de largeur.

On la trouve dans l'île de Cuba.

4. LA GALÉRITE A COL ROUX.

Galerita ruficollis. LAT. [1]

Cette Galérite ressemble beaucoup à la Galérite érythrodère; elle est moindre et en proportion moins alongée. Sa longueur n'est que d'un peu plus de sept lignes et sa largeur d'un peu moins de quatre. Les antennes, à partir du cinquième article, sont d'un roux obscur; la base des deux premiers est aussi de la même couleur. Le corselet, presque aussi large que long, est roux comme dans cette même Galérite. Les élytres sont plus courtes en proportion, mais la disposition des lignes qui les parcourent est à peu près la même.

Elle est aussi originaire du Brésil.

5. LA GALÉRITE A GENOUX NOIRS.

Galerita geniculata. DEJ. [2]

Cette Galérite a encore le corselet roux, ce qui la rapproche de toutes les espèces que nous avons dé-

---

1. Voyage de Humboldt, t. II, pag. 120, pl. 40, fig. 10 et 11. — *G. affinis*, Dej. Spec., t. V, pag. 296.

2. Spec., t. V, pag. 297; et Iconogr. des Coléopt. d'Eur. t. I, pl. 7, fig. 6. C'est le *Carabus Americanus* de Géer (Mém. sur les Ins., t. IV.

crites, mais elle a un caractère particulier dans la couleur de ses genoux, qui sont noirs ou d'un brun foncé. Tout le reste des pattes est roux; la tête, les élytres et le dessous du corps sont noirs, et sans reflet bleu; les antennes sont d'un roux obscur. On distingue sur la surface des élytres, ainsi que dans les deux précédentes, neuf lignes élevées principales, et dans chacun des intervalles qui les séparent, deux autres lignes moins saillantes; toutes ces lignes laissent voir entre elles des stries fines et très serrées, et de plus une série longitudinale de points enfoncés peu profonds. La longueur du corps est de sept ou huit lignes, et sa largeur de deux et demie ou de trois.

On la trouve dans les Antilles, et en particulier à la Guadeloupe.

6. LA GALÉRITE AFRICAINE. (Pl. 5, fig. 4.)

Galerita Africana. DEJ. [1]

Cet insecte est tout noir; ses élytres présentent seulement une teinte bleuâtre fort légère. Un caractère distingue surtout cette espèce : c'est que, dans les intervalles qui séparent les lignes élevées des élytres, au lieu d'avoir une double série d'autres lignes plus faibles et peu saillantes, elle présente des tubercules rangés à peu près sans ordre, et d'où sortent autant de poils roussâtres; on peut remarquer ici les stries très petites et très serrées qui garnissent ces intervalles, comme

pag. 107, pl. 17, fig. 21), que cet auteur rapportait, mais à tort, à *l'Americanus* de Linnée.

1. Spec., t. I, pag. 190.

dans les espèces qui précèdent. Elle a dix lignes de longueur, sur trois environ de largeur.

Elle habite le Sénégal.

Observation. Il faut ajouter à ce genre une espèce des auteurs que l'on n'a pas retrouvée dans les collections. Nous allons traduire la description de Fabricius, qui l'a fait connaître le premier.

7. LA GALÉRITE ATTELABOIDE.

Galerita attelaboides. FAB. [1]

« Tout le corps est noir. La tête est ovale, réunie au corselet par un étranglement. Le corselet est étroit, de la longueur de la tête, un peu chagriné et rebordé. Les élytres ont chacune neuf stries bien marquées et leur extrémité est tronquée.

Elle se trouve dans le Coromandel, aux Indes orientales. »

Quelques sous-genres dépendent des Galérites; ce sont les *Cordistes,* les *Trichognathes,* les *Zuphies,* les *Polistiques* et les *Diaphores.* Peu de mots suffiront pour indiquer les caractères qui leur sont propres.

1°. LES CORDISTES. — *Cordistes.* LAT. [2]

Ces insectes se distinguent aisément de tous ceux de la même famille par la forme singulière de leurs *tarses*

1. Syst. Eleuth., t. I, pag. 214. — *Carabus attelaboides,* Oliv. Ent., t. III, n.º 35, pag. 50, pl. 6, fig. 70. — Voyez pour les autres espèces, le Species de M. le comte Dejean, et le Voyage de MM. Spix et Martius au Brésil.

2. Etym. *cor, cordis,* cœur; à cause de la forme des tarses. — Syn *Carabus* Olivier; *Odacantha* Fabricius; *Calophæna* Klug.

(*pl.* 5, *fig.* 5, *a.*); les trois premiers articles sont très élargis, triangulaires, à la manière de ceux des Agras, dans la famille précédente; le quatrième est divisé en deux lobes arrondis et sa face inférieure est revêtue d'une brosse de poils serrés. Les *antennes* ont le premier article long, un peu plus gros vers le bout et droit; le deuxième est fort court; tous les autres sont fort minces et très longs; de manière que le dernier peut atteindre au-delà des deux tiers des élytres. Les *palpes* sont terminés par un article ovalaire et presque pointu; dans tout le reste de cette famille, les palpes, ou du moins les labiaux, sont élargis au bout.

C'est Latreille qui le premier a distingué ce genre, dans l'iconographie des Coléoptères d'Europe, commencée avec M. le comte Dejean, et qui n'a pas été continuée. Quelque temps après, M. Klug, de Berlin, le publia de son côté sous le nom de *Calophène,* dans les Actes des curieux de la nature (vol. X, page 295); Fabricius avait placé avec les Odacanthes la seule espèce qu'il ait connue[1]. Olivier en a décrit deux, sous le nom général de Carabes.

On connait un petit nombre d'espèces de ce sousgenre; toutes sont propres à l'Amérique méridionale.

LE CORDISTE A POINTES. (Pl. 5, fig. 5.)

Cordistes acuminatus. OLIV. [2].

C'est un joli insecte dont les élytres, d'un bleu foncé, sont ornées de deux taches blanches et arrondies : la

---

1. *Odacantha bisfasciata.*
2. *Carabus acuminatus*, Ent., t. III, n.º 35. pag. 66, pl. 1, fig. 8. —

première placée au tiers, la seconde vers l'extrémité ; cette partie des élytres présente une légère échancrure, et la suture se prolonge en une épine longue, aiguë et recourbée en haut. Tout le reste du corps est noir ; les antennes sont fauves à partir du cinquième article ; les élytres présentent des stries longitudinales et des points serrés assez profonds.

On trouve cette espèce à Cayenne et dans quelques parties du Brésil ; sa longueur est de six lignes et sa largeur de deux environ.

2°. LES TRICHOGNATHES. — *Trichognatha*. LAT.[1]

L'aspect de ces insectes, leurs habitudes, sont tout-à-fait les mêmes que ceux des Galérites ; cependant on les en distingue par le premier article des *antennes* qui est long, très gros vers le bout et arqué, et par les proportions de la *tête ;* dans les Galérites elle est plus longue que large, et ovale ; dans les Trichognathes, elle est au contraire plus large que longue et presque carrée. Mais ce qui caractérise surtout ces derniers, c'est une saillie de la *mâchoire* (*pl.* 5, *fig.* 6 *a.*), un tubercule oblong, inséré à la base et au côté externe de cette mâchoire, et revêtu de poils. Ce sous-genre a été pu blié pour la première fois dans la deuxième édition du

---

Cordistes acuminatus, Lat. et Dej. Icon. des Coléopt. d'Europe, t. I, pl. 7, fig. 4. — Dej. Spec. t. I, pag. 179. — Les autres espèces, au nombre de cinq, sont décrites : 1.º dans les Observat. de Zool. du Voyage de M. de Humbolt par Latreille ; 2.º dans le Species de M. le comte Dejean ; 3.º dans le Mémoire de M. Klug, déjà cité ; 4.º dans le Magasin de Zool. de M. Guérin, t. I.er ; 5.º dans l'ouvrage intitulé : *the Animal Kingdom,* ou le règne animal, dont la partie Entomologique est due à M. Gray.

1. Etym. θρίξ, τριχός, poil ; γνάθος, mâchoire.

Règne Animal de Cuvier. Il se compose d'une seule espèce propre au Brésil, et que M. D'orbigny a retrouvée dans la république de Bolivia.

LE TRICHOGNATHE A AILES BORDÉES. (Pl. 5, fig. 6.)

Trichognatha marginipennis. Lat. [1].

Ce bel insecte à la tête et le corselet d'un roux obscur ; les pattes et les antennes, au contraire, sont d'un jaune pâle ; les élytres présentent des stries tout-à-fait lisses et peu profondes ; elles sont d'un vert obscur et bordées de jaune pâle ; cette bordure est plus large à l'extrémité. Le dessus de la poitrine est de la couleur de la tête. Longueur huit lignes ; largeur un peu plus de trois.

3.° LES ZUPHIES. — *Zuphium* Lat. [2].

Ces insectes ont été détachés des Galérites, plutôt à cause des différences que l'on observe entre leurs formes, que par la présence de caractères plus certains. Néanmoins, les Zuphies ont le premier article des *antennes* plus long que la tête, et le second beaucoup plus court que dans les Galérites ; leurs *palpes* ne sont pas terminés par un article aussi large ; les *tarses* de devant sont à peine élargis dans les mâles : ils paraissent ciliés des deux côtés également, au lieu que dans les Galérites ils le sont beaucoup plus en dedans qu'en dehors.

1. Règne anim. Ed. 2, t. IV, pag. 374. — *T. Marginatus,* Guérin, Icon. du règne anim. Ins., pl. 4, fig. 5, et Dict. classique, t. XVI, pag. 358.
2. Etym. incertaine. — Syn. *Galerita,* Fab.; *Carabus,* Oliv.

Les Zuphies sont des insectes fort rares et très recherchés dans les collections ; on les trouve sous les pierres ou sous les écorces des arbres. Le nombre de leurs espèces est de six.

1. LE ZUPHIE ODORANT. (Pl. 6, fig. 1.)

Zuphium olens. OLIV. [1].

Cet insecte est roux, avec la tête noire et les élytres brunes. Chacune de celles-ci présente à sa base une tache rougeâtre assez grande, et une autre plus petite, placée sur la suture vers l'extrémité ; ce qui fait trois taches en tout. Le dessous du corps et les pattes sont un peu jaunâtres.

On le trouve dans le midi de la France, en Italie, en Espagne et dans les parties méridionales de la Russie ; on prétend même qu'il existe aux Indes Orientales. Sa longueur est de quatre lignes et sa largeur d'une ligne et un quart.

2. LE ZUPHIE D'AMÉRIQUE.

Zuphium Américanum. DEJ. [2].

Il est roux, presque ferrugineux, avec la tête et le disque, ou le milieu de chaque élytre, d'un brun foncé ; la tache des élytres est grande : elle couvre

---

1. *Carabus olens,* Entom., t. III, n.º 35, pag. 94, pl. 13, fig. 156. — *Zuphium olens,* Dej. Spec. t. I, pag. 192 ; et Icon. des Coléopt. d'Europ., t. I, pl. 10, fig. 3.
2. Spec., t. V, pag. 298.

presque toute leur surface et se fond avec leur couleur ferrugineuse ; la bouche et les antennes sont d'un jaune testacé, qui devient plus pâle encore sur les pattes.

Il habite l'Amérique du nord. Sa longueur est de deux lignes et demie et sa largeur d'une ligne.

3. LE ZUPHIE BRUN.

Zuphium Fuscum. GORY. [1].

D'un jaune un peu rougeâtre avec les élytres obscures ; leur bord extérieur, leur suture et une tache arrondie à leur base, sont ferrugineuses ; la couleur des pattes est jaunâtre ; la bouche et les antennes sont un peu plus foncées.

Il vient du Sénégal. Sa longueur est de trois lignes et demie et sa largeur de près de deux.

4. LE ZUPHIE DE FLEURIAS.

Zuphium Fleuriasi. GORY [2].

La couleur de cet insecte est un rouge ferrugineux ; chaque élytre est marquée vers le bout, d'une grande tache plus obscure.

On le trouve au Sénégal comme le précédent ; il a cinq lignes et demie de long sur deux de large.

1. Magasin de Zoologie de M. Guérin, t. I, n.º 25.
2. Annal. de la Soc. Entom. de France, t. II, pag. 184.

5. LE ZUPHIE TESTACÉ.

Zuphium Testaceum. KLUG. [1]

Ce joli insecte est d'un rougeâtre clair et ses élytres sont à peine striées. Ses pattes et ses antennes sont un peu plus pâles.

Il se rencontre en Nubie et au Sénégal ; sa longueur est de cinq lignes et sa largeur de près de deux.

6. LE ZUPHIE DE CHEVROLAT.

Zuphium Chevrolatii LAPORTE [2].

Il est beaucoup plus petit que le Zuphie testacé. Sa couleur est un jaune assez pâle. Sa tête est obscure et marquée en arrière d'une petite ligne plus claire et arquée ; ses élytres sont très pâles et présentent des stries très légères.

Cet insecte habite les environs de Bordeaux et il se retrouve en Sicile. Il a un peu moins de trois lignes de long, et une ligne seulement de large.

4.° LES POLISTIQUES. — *Polistichus.* BONELLI [3].

Ce sous-genre est encore un démembrement des Galérites dont il diffère, ainsi que de tous les sous-genres de cette famille, par la longueur beaucoup

---

1. Symbolæ physicæ, pl. 21, fig. 2.

2. Note sur le genre *Zuphium*, dans le t. I, pag. 251 de la Revue Ent. de M. Silbermann.

3. Etym. πόλις, ville. — Syn. *Zuphium*, Latreille ; *Galerita*, Fab.; *Carabus*, Oliv.

moindre du premier article des *antennes* (*pl.* 6, *fig.* 2, *a.*); cet article en effet est plus court que la tête. C'est avec les Zuphies qu'il a le plus de rapports, et il leur avait été réuni par Latreille, lorsque Bonelli, dans ses Observations entomologiques sur les Carabiques, l'en sépara sous le nom qu'on lui a conservé. Il se reconnaît facilement à ses antennes, dont les articles sont moins alongés que dans les genres précédens, et grossissent de plus en plus à mesure qu'ils approchent du bout de l'antenne. C'est le contraire dans les autres genres de cette famille, et surtout dans les Zuphies; leurs antennes s'amincissent toujours jusqu'à l'extrémité. Les mâles ont les trois premiers articles de leurs *tarses* très légèrement dilatés; ils paraissent ciliés également en dedans et en dehors.

Les Polistiques sont beaucoup plus communs que les Zuphies. On en trouve une espèce dans le midi de la France, et quelquefois aussi dans les environs de Paris. Ils vivent en société sous les pierres, dans les endroits humides, et c'est de là sans doute que provient leur nom; nous observerons ces mêmes habitudes dans les espèces du genre Brachine, que nous aurons bientôt l'occasion de faire connaître.

1. LE POLISTIQUE A BANDES.

Polistichus vittatus. Br. [1].

Il est long de trois à quatre lignes, et large d'une à une et demie. Tout son corps est parsemé de points

1. Revue Entom. de M. Silbermann, t. II, — *Carabus fasciolatus*, Oliv. Entom., t. III, n.º 35, pag. 95, pl. 3, fig. 155. *Polistichus fasciolatus*, — Dej. Spec., t. I, pag. 194; et Icon., t. I, pl. 7, fig. 7.

enfoncés profonds ; sa couleur est noire en dessus, et brune en dessous. Les antennes, les pattes et le milieu de la poitrine sont rougeâtres : une bande de la même couleur s'étend en long sur chaque élytre, depuis leur base jusqu'aux deux tiers de leur longueur.

On trouve cette espèce dans le midi de la France et de l'Europe, et quelquefois même aux environs de Paris. Elle parait fort rare en Italie.

2. LE POLISTIQUE FASCIOLÉ.

Polistichus fasciolatus. Rossi[1].

Cette espèce ressemble beaucoup à la première, seulement le ventre est entièrement d'un rouge pâle, ainsi que les pattes, les antennes et les palpes. La bande des élytres est aussi d'un rouge pâle : son extrémité se prolonge vers la suture, où elle se réunit à la bande du côté opposé : il se trouve aussi sur la suture, entre la base et la réunion des bandes, une large bande noire, qui, dans quelques individus, se réunit à la couleur du bout des élytres par un trait noir aussi, mais plus étroit.

On la trouve en Italie.

3. LE POLISTIQUE D'UNE SEULE COULEUR. (Pl. 6, fig. 2.)

Polistichus unicolor. Br.

Cet insecte est un peu plus grand que les précédens. Sa couleur est un brun marron, un peu plus clair sur

1. *Carabus fasciolatus*, Fauna Etrusca, t. I, pag. 223, pl. 2, fig. 18. — *P. discoideus*. Dej. Spec., t. I, pag. 196 ; et Icon., t. I, pl. 7, fig. 8

les antennes, les pattes et le ventre, et un peu plus foncé sur la tête et le corselet. Tout le corps est parsemé de points enfoncés. Longueur quatre lignes, largeur une et demie.

Il se trouve aux îles Canaries.

4. LE POLISTIQUE BRUN.

Polistichus brunneus. Dej. [1]

Il a l'aspect d'un Cyminde, non-seulement pour la forme, mais aussi à cause des points nombreux dont il est recouvert. Sa couleur est un brun un peu roussâtre, qui devient plus obscur sur les élytres : les palpes, les antennes et les pattes sont d'un jaune un peu roux. Les élytres ont des stries assez profondes et fortement ponctuées, dont les intervalles sont plans et couverts d'une ponctuation très fine et assez serrée.

On le trouve au Brésil. Sa longueur est d'environ quatre lignes et sa largeur d'une et demie.

5.° LES DIAPHORES. — *Diaphorus.* Dej. [2]

Un caractère propre à ce sous-genre l'éloigne de tous ceux de cette famille : ses *palpes labiaux*, au lieu d'être élargis en triangle, ont le dernier article à peu près cylindrique (*pl.* 6, *fig.* 3, *a.*). Comme dans les Polistiques, les *antennes* grossissent un peu vers le bout : leurs articles sont encore plus courts et plus larges que dans ces derniers, et de même que chez

1. Spec., t. V, pag. 298.
2. Etym. διάφορος, différent.

eux, le premier est plus court que la tête. Ces insectes ont tout-à-fait le port des Polistiques, mais ils sont un peu plus longs et plus étroits, et le corselet est plus rétréci ou plus étranglé en arrière.

On ne connaissait de ce sous-genre que l'espèce sur laquelle M. le comte Dejean l'a formé; nous en ajoutons une seconde. Toutes deux sont étrangères à l'Europe, et leurs habitudes nous sont inconnues; mais il est bien probable qu'elles sont semblables à celles des Polistiques et des Zuphies, dont les Diaphores diffèrent par fort peu de chose.

1. LE DIAPHORE DE LECONTE.

Diaphorus Lecontei. DEJ.[1]

Cet insecte est un peu velu. Sa couleur est un brun obscur en dessus et roussâtre en dessous; les pattes sont d'un jaune pâle ainsi que les antennes. Les élytres sont un peu convexes : elles présentent des stries profondes, dont les intervalles sont plans et couverts de points très petits et à peine visibles.

On le trouve dans l'Amérique du nord. Il a un peu plus de deux lignes de long sur trois quarts de lignes de large.

2. LE DIAPHORE DORSAL. (Pl. 6, fig. 5.)

Diaphorus dorsalis. BR.

Il est long de deux lignes et demie et large d'environ trois quarts de ligne. Tout son corps est d'un brun

[1] Spec. t. V, pag. 301.

marron et parsemé de petits points comme celui des Polistiques. Les palpes, les antennes et les pattes sont jaunâtres, et la tête un peu obscure. Les élytres présentent, sur la suture, une grande tache noire alongée et peu régulière, qui ne s'étend pas dans toute leur longueur; elle est plus rapprochée de l'extrémité que de la base.

Il habite comme le précédent l'Amérique septentrionale.

QUATRIÈME FAMILLE.

LES LÉBIENS.

Cette famille renferme la plus grande partie des genres de Brachinides. On la reconnait en général à sa forme aplatie, et à la largeur du dernier segment de l'abdomen, qui est court, tronqué et obtus, c'est-à-dire, qu'il ne se prolonge pas comme à l'ordinaire, de manière à former l'extrémité d'un ovale. Les élytres sont ordinairement plus larges que longues : dans le plus grand nombre elles sont tronquées au bout, mais quelquefois aussi la suture se prolonge en épines assez aiguës. Le corselet est en cœur, tantôt plus long que large, et tantôt, au contraire, plus large que long; quelquefois son bord postérieur se prolonge au milieu. Les tarses sont composés d'articles ordinairement cylindriques : dans certains cas cependant, un ou plusieurs de ces articles sont élargis ou bilobés ; les crochets qui terminent les tarses sont dentelés en dessus, dans le plus grand nombre. Quelquefois les tarses antérieurs des mâles sont élargis et velus au côté intérieur ; mais la plupart du temps ils se ressemblent dans les deux sexes.

Les Lébiens sont des insectes peu remarquables par leur grande taille et dont un assez grand nombre est même d'une petitesse surprenante ; mais ils sont en général ornés de jolies couleurs, dont la disposition leur prête un certain attrait. Les fleurs qui reçoivent dans leur corolle un assez grand nombre de petits insectes de familles différentes, sont visitées par quelques espèces de Lébiens, et par les Dromies en particulier, qui vont s'y livrer à la recherche de leur proie : mais les écorces des arbres sont des endroits encore plus favorables à leurs habitudes carnassières ; c'est aussi là qu'on les trouve en grand nombre, au milieu des larves de toute espèce, et des autres insectes que leur peu de grosseur et de force semblent avoir condamnés à devenir leurs victimes. D'autres, non moins voraces, fréquentent des lieux différens : les Lébies et les Cymindes, par exemple, se trouvent de préférence sous les pierres, dans les endroits humides.

Le tableau suivant présentera les caractères de tous les sous-genres dont se compose cette famille.

PALPES MAXILLAIRES
- plus largés que les mâchoires; lèvre supérieure
  - courte; corps
    - alongé; 4.e article des tarses
      - bilobé; palpes à dernier article
        - triangulaire . . . . *CALLEIDA.*
        - cylindrique . . . . *DEMETRIAS.*
      - simple; palpes à dernier article
        - cylindrique dans les deux sexes . . . . DROMIUS.
        - triangulaire dans les males . . . . *CYMINDIS.*
    - court; crochets des tarses
      - sans dentelures; corselet
        - arrondi en arrière . . . . CORSYRA.
        - tronqué en arrière . . . . *APLOA.*
      - dentelés; corselet
        - prolongé en arrière; palpes labiaux
          - triangulaires . . . . *CRYPTOBATIS.*
          - ovalaires . . . . LEBIA.
        - sans prolongement; palpes labiaux
          - ovalaires; tarses
            - simples *COPTODERA.*
            - élargis *ORTHOGONIUS.*
          - triangulaires; tarses
            - simples *PLOCHIONUS.*
            - élargis *HEXAGONIA.*
  - avancée; palpes labiaux
    - ovalaires; menton
      - denté; la dent
        - avancée; lèvre supérieure
          - moins longue que large. *PROMECOPTERA.*
          - plus longue que large. *THYREOPTERUS.*
        - courte . . . . *CATASCOPUS.*
      - sans dent . . . . *PERICALUS.*
    - triangulaires . . . . *EUCHEILA.*
- aussi courts que les mâchoires . . . . DREPANUS.

GENRE **DROMIE.**

DROMIUS. BONELLI [1].

Les espèces qui composent ce genre sont toutes des plus petites : la plupart sont ornées de taches jaunes sur un fond brun ou noir ; d'autres sont d'une seule couleur et cette couleur est obscure. On les reconnait à leurs *tarses*, dont les articles sont simples (*pl.* 6, *fig.* 4, *a.*), avec le dessous des crochets ou ongles un peu dentelé ; au dernier article de leurs *palpes,* qui est cylindrique, ou seulement un peu renflé ; à la longueur de leur corps, presque toujours plus étroit que celui des Cymindes, et enfin à leur corselet un peu plus étroit en arrière qu'en avant.

Les Dromies sont des insectes pour la plupart européens, et qui vivent sous les écorces ou sous les pierres au commencement du printemps ; on les rencontre surtout dans les endroits humides. Quelques espèces se trouvent au Chili, dans le nord de l'Amérique et de l'Afrique, et même dans les Indes orientales.

1. LE DROMIE AGILE.

Dromius agilis. FAB. [2].

Cet insecte, un des plus grands de ce genre, est d'un brun foncé, plus pâle sous le ventre : les bords

1. Etym. δρομικὸς, coureur. — Syn. *Carabus*, Fab., Oliv., etc.; *Lebia,* Duftchmid.

2. *Carabus agilis,* Mant. insect, pag. 204. — Dej. Spec., t. I, pag. 240; et Icon. des Coléopt. d'Europe, t. I, pl. 12, fig. 6.

du corselet, le dessous de cette partie, la poitrine et les antennes sont d'un jaune rougeâtre ; les pattes sont d'un jaune pâle. Le corselet est finement strié en travers. Sur les élytres on distingue deux séries de gros points enfoncés : la première entre la seconde et la troisième strie, à partir de la suture ; et la seconde, entre la troisième et la septième.

Il est long de deux lignes environ et large d'une seulement. On le trouve sous les écorces, dans les environs de Paris.

On peut considérer comme une variété de cette espèce le *D. méridional* de M. le comte Dejean[1]. Il ne diffère que par la couleur du corselet, qui est ferrugineuse, et par l'absence de points enfoncés entre la seconde et la troisième strie.

On le trouve à Lyon et dans le midi de la France.

Une autre variété de cette espèce, dont le corselet est également ferrugineux, se distingue par une grande tache jaunâtre, qui occupe la base de chaque élytre et descend presque jusqu'à la moitié. Elle est surtout commune à Lyon.

2. LE DROMIE A FENÊTRES.

Dromius fenestratus. FAB.[2]

C'est peut-être une variété du Dromie agile. Il n'en diffère que par une tache jaunâtre assez petite et ovale, qui est placé un peu avant le milieu de chaque élytre.

1. Spec., t. I, pag. 242 ; et Icon., t. I, pl. 12, fig. 7.
2. *Carabus fenestratus*, Syst. Eleuth., t. I, pag. 209. — Dej. Spec., V, pag. 252 ; et Icon., t. I, pl. 12, fig 5.

On le trouve dans les parties septentrionales de l'Europe, telle que la Suède et la Finlande.

3. LE DROMIE ÉTROIT.

Dromius angustus. BR. [1]

Ce joli insecte ressemble au Dromie agile, mais il est plus étroit et un peu moindre. Le corselet est plus rétréci en arrière, à la manière d'un Cyminde, et sa surface est à peine striée. Il a la tête, le corselet et les antennes rougeâtres; la poitrine et presque tout le dessus du ventre un peu plus jaune, et les pattes d'un jaune pâle. Les élytres sont brunes, ainsi que le bout de l'abdomen.

On le trouve dans les environs de Lyon.

4. LE DROMIE LINÉAIRE.

Dromius linearis. OLIV. [2]

Il est plus étroit que les précédens. Sa tête est brune, son corselet ferrugineux; ses élytres et ses pattes sont jaunes, et ses antennes d'un jaune rougeâtre, ainsi que le dessous du corps. Le bout du ventre et celui des élytres sont noirâtres, et les stries des élytres formées de points enfoncés, profonds.

On le trouve en France, en Allemagne et dans le nord de l'Europe, sous les écorces des arbres ou sur

1. Revue Entom. de M. Silbermann, t. II.

2. *Carabus linearis*, Entomologie, t. III, n.° 35, pag. 111, pl. 14, fig. 167. — Dej. Spec., t. 1, pag. 233; et Icon., t. 1, pl. 11, fig. 4.

les feuilles des arbrisseaux qui forment les haies. On le prend aussi au vol, dans les soirées d'été. Sa longueur est de deux lignes et sa largeur d'un peu plus d'une demi ligne.

5. LE DROMIE A TÊTE NOIRE.

Dromius melanocephalus. DEJ. [1]

Ce petit insecte a la tête noire, le corselet rougeâtre, les élytres, les pattes et les antennes jaunes. La poitrine et le ventre sont d'un brun pâle. Les stries des élytres sont très peu profondes.

On le trouve aux environs de Paris, dans d'autres parties de la France et en Angleterre. Sa longueur n'est que d'une ligne et demie et sa largeur d'une demi ligne.

6. LE DROMIE A QUATRE TACHES.

Dromius quadrimaculatus. LIN. [2]

Il est presque aussi grand que le Dromie agile. La tête et les élytres sont noires : chacune de ces dernières est ornée de deux taches jaunes, dont la première, grande, ovale, est placée près de la base ; tandis que la seconde occupe l'extrémité et s'étend dans toute la largeur de l'élytre. Le corselet et la poitrine sont ferrugineux et les pattes jaunes. Les antennes et la base du ventre

---

1. Spec., t. I, pag. 234 ; et Icon., t. I, pl. 11, fig. 5.
2. *Carabus quadri-maculatus*, Fauna succica, n.º 813. — Dej. Spec. t. I, pag. 239 ; et Icon., t. I, pl. 12, fig. 4.

sont un peu rougeâtres ; le reste de celui-ci est brun.

Il est commun sous les écorces, dans presque toute l'Europe. Longueur deux lignes et demie, largeur une.

7. LE DROMIE A QUATRE NOTES.

Dromius quadrinotatus. PANZER. [1]

Il est plus petit que le précédent. Le corps est noir, avec le corselet d'un ferrugineux très obscur. Chaque élytre est marquée de deux taches jaunes : la première grande, presque ovale est située à la base ; la seconde petite et arrondie, est placée au bout de la suture. Les pattes et les antennes sont d'un jaune un peu rougeâtre.

On le prend sous les écorces, mais il est plus rare que le précédent ; sa longueur est d'une ligne trois quarts et sa largeur d'une demi ligne.

8. LE DROMIE A BANDE.

Dromius fasciatus. PAYK. [2]

Il ressemble à l'espèce précédente, mais il est moindre qu'elle. Il en diffère par les taches des élytres, qui sont plus grandes, et ne laissent à découvert que la suture et une petite bande en travers des élytres : cette bande se recourbe en dehors et descend vers l'extré-

---

1. *Carabus quadri-notatus*, Fauna Germanica, fasc. 73, n.º 5.— Dej. Spec., t. I, pag. 239; et Icon., t. I, pl. 12, fig. 2.

2. *Carabus fasciatus*, Monogr. Carab., pag. 97. — Dej. Spec., t. I, pag. 238; et Icon., t. I, pl. 12, fig. 1.

mité, le long du bord extérieur. Les antennes et les
pattes sont très pâles.

On le trouve en France et dans le nord de l'Europe.
Il n'a qu'une ligne et demie de longueur.

9. LE DROMIE A QUATRE SIGNES.

Dromius quadrisignatus. Dej. [1]

Il se rapproche beaucoup du Dromie à quatre taches;
mais il est un peu moindre. Il n'a pas, comme lui, le
corselet strié en travers. Chaque élytre présente deux
taches jaunes dont la première occupe presque la
moitié, et la seconde couvre tout le bout. On ne voit
de brun sur les élytres qu'une tache triangulaire à la
base de la suture, et une bande large, placée au-delà
du milieu : cette dernière communique avec celle de
la base par la suture, qui est brune également. Le corselet est rougeâtre; la poitrine et la base du ventre sont
jaunâtres; les pattes et les antennes plus claires.

On le trouve à Lyon, dans le midi de la France et
aux environs de Paris. Sa longueur est d'une ligne
trois quarts et sa largeur de près d'une ligne.

10. LE DROMIE SIGMA.

Dromius sigma. Rossi. [2]

Ce petit insecte ressemble au Dromie à bande; il est
un peu plus grand que lui, et s'en distingue par la couleur du corselet, qui est jaune, ainsi que les pattes, les

1. Spec., t. I, pag. 236 ; et Icon., t. I, pl. 11, fig. 7.
2. *Carabus sigma*, Fauna Etrusca, t. I, pag. 226. — Dej. Spec., t. I,
p. 235 ; et Icon., t. I, pl. 11, fig. 6.

antennes, le dessous du corps et les taches des élytres : ces taches ne laissent sur chaque élytre qu'une bande brune en travers, qui se partage vers la base au côté extérieur et le long de la suture. La tête seule est noire.

On trouve cette espèce en France, en Allemagne et en Italie. Elle a près de deux lignes de long, sur deux tiers de large.

11. LE DROMIE LISSÉ.

Dromius glabratus Duft. [1].

Cet insecte et tous ceux qui vont suivre, sont les moindres de ce genre. Il est tout noir, avec un léger reflet bronzé, et ses élytres sont presque lisses ; on y aperçoit cependant quelques stries très peu profondes. Les pattes sont d'un brun foncé.

On le rencontre sous les pierres et sous les écorces, en France, en Allemagne, et même en Espagne et dans le nord de la Russie. Il n'a qu'une ligne ou deux de long, sur une demi ligne de large.

12. LE DROMIE A PLAIES.

Dromius plagiatus. Duft. [2].

Il est un peu plus long et plus étroit que le Dromie lissé. Comme lui, il est entièrement noir, mais le pre-

1. *Lebia glabrata*, Fauna Austriæ, t. II, pag. 248. — Dej. Spec., t. I pag. 244 ; et Icon., t. I, pl. 13, fig. 1.
2. *Lebia plagiata*, Faur. Aust., t. II, pag. 249. — *Dromius corticalis* Dej. Spec., t. I, pag. 245 ; et Icon., t. I, pl. 13, fig. 2.

mier article des antennes est rougeâtre , et chaque élytre présente une tache alongée et jaunâtre placée vers le milieu. Les stries sont plus profondes que dans l'espèce précédente.

On le trouve dans le midi de la France et en Espagne. Sa longueur est d'une ligne et demie et sa largeur d'une demi ligne.

13. LE DROMIE A PIEDS PALES.

Dromius pallipes DEJ. [1].

Cet insecte pourrait être confondu avec le Dromie lissé, mais il a les pattes d'un jaune pâle, ainsi que le bord inférieur des élytres. Les antennes sont d'un ferrugineux obscur.

Il se trouve en Autriche , dans les environs de Vienne.

14. LE DROMIE A TACHES OBSCURES.

Dromius obscuro-guttatus. DUFT. [2].

De la taille du Dromie lissé, cet insecte s'en distingue par deux taches pâles sur chaque élytre, l'une à la base et l'autre à l'extrémité ; et par une ligne de même couleur le long de la suture : ces taches et lignes sont peu sensibles. Les jambes sont aussi d'un jaune pâle.

1. Spec., t. I, pag. 246 ; et Icon., t. 2, pl. 13, fig. 3.
2. *Lebia obscuro-guttata*, Faun. Austr., t. II, pag. 249. — *D. spilotus*, Dej. Spec., t. I, pag. 246 ; et Icon., t. I, pl. 13, fig. 4.

On le trouve dans le midi de la France et en Allemagne.

15. LE DROMIE A FOSSETTES.

Dromius foveola. Gyllenhal. [1]

Il est de la taille du Dromie lissé, mais sa couleur
est bronzée en-dessus, et chaque élytre est marquée,
auprès de la suture, de deux gros points situés l'un
au-dessous de l'autre.

Il est commun sous les pierres en France et en
Allemagne.

16. LE DROMIE TRONQUÉ.

Dromius truncatellus. Lin. [2]

Il est moindre que le précédent, et sa couleur
n'est presque pas bronzée. Les élytres ont des stries
plus profondes, et elles ne sont pas marquées de deux
points enfoncés.

Cette espèce est plus rare que le Dromie à fossettes. On la trouve dans les Pyrénées et dans le nord
de l'Europe.

1. Insecta suecica, t. II, pag. 183. — *D. punctatellus*, Dej. Spec., t. I,
pag. 247; et Icon., t. I, pl. 13, fig. 5.
2. *Carabus truncatellus*, Fauna suecica, n.º 814. — Dej. Spec., t. I,
pag. 248; et Icon., t. I, pl. 13, fig. 6.

17. LE DROMIE A QUADRILLE.

Dromius quadrillum. DUFT. [1]

Ce joli insecte est d'un noir un peu bronzé, avec deux taches arrondies et blanches sur chaque élytre, situées l'une à la base en dehors, et l'autre vers l'extrémité. Il est un peu plus grand que le Dromie à fossettes.

On le rencontre en France, en Autriche, en Italie et en Espagne.

18. LE DROMIE MARQUÉ DE BLANC.

Dromius albo-notatus DEJ. [2]

Il est moindre que le précédent; ses élytres sont plus pâles et les taches blanches qu'offre chacune d'elles, sont réunies par un petit trait de la même couleur.

On le trouve en Espagne.

Les espèces étrangères à l'Europe sont moins nombreuses; parmi elles on distingue :

1. *Lebia quadrillum*, Faun. Austr., t. II, pag. 246.— Dej. Spec., t. I, pag. 249; et Icon., t. I, pl. 13, fig. 7.
2. Spec., t. V, pag. 355. — Voyez, pour les autres espèces, le même ouvrage. — Quelques autres, appartenant aux deux sous-genres que nous allons mentionner, sont décrites dans les *Symbolæ Physicæ* de M. Ehremberg, et dans les Insectes de Madagascar, publiés par M. Klug.

19. LE DROMIE A AILES BLEUES. (Pl. 6, fig. 4.)

Dromius cyanipennis. Br.

Il est un peu plus grand que le Dromie agile, et a comme lui le corselet strié en travers : ce corselet et la tête sont noirs ainsi que les pattes. Le dessous du corps est un peu bleuâtre. Les élytres sont d'un bleu foncé brillant et marquées de stries peu profondes. Les antennes et les palpes sont ferrugineux.

On trouve cette belle espèce au Chili. Elle a trois lignes et demie de long sur une et demie de large.

20. LE DROMIE BLEU.

Dromius cyaneus. Dej. [1]

Il est moindre que le précédent, et sa couleur est un vert obscur un peu bleuâtre. Les antennes sont noires. Les stries des élytres sont moins nettes et moins marquées.

Il se trouve au Chili. Sa longueur est de deux lignes et demie, et sa largeur d'une ligne.

On a détaché des Dromies deux sous-genres dans lesquels l'avant dernier article des *tarses* est bilobé (*pl.* 6, *fig.* 5, *a.*); on les distingue entre eux par la forme du dernier article de leurs *palpes labiaux.*

1° LES DÉMÉTRIES. — *Demetrias.* Bonelli.

Séparés des Dromies par Bonelli, dans ses Observations entomologiques. Leurs *palpes labiaux* sont de

1. Spec., t. I, pag. 249; et Icon., t. I, pl. 13, fig. 8.

forme cylindrique comme dans les Dromies. Leur tête est rétrécie en arrière en une sorte de cou : leur corselet est plus étroit et plus long, moins large que la tête. Ce sont de petits insectes presque tous européens, dont les habitudes sont celles des Dromies.

1. LE DÉMÉTRIE IMPÉRIAL.

Demetrias Imperialis. GERMAR [1].

Cet insecte est d'un jaune pâle. La tête et le corselet sont d'un brun presque noir. Le corselet est roux et rétréci en arrière. Les élytres sont striées et les stries présentent des points enfoncés très faibles : la suture est couverte d'une bande brune, qui commence près de la base où elle est bifurquée, et qui s'étend jusqu'aux deux tiers postérieurs ; là elle s'élargit pour se réunir de chaque côté à une tache brune et oblique, placée sur le bord extérieur.

On le trouve en Autriche, mais il est fort rare : il a un peu plus de deux lignes de long, sur trois quarts de large.

2. LE DÉMÉTRIE A UN SEUL POINT. (Pl. 6, fig. 5.)

Demetrias unipunctatus. GERMAR [2].

Cet insecte est d'un jaune pâle comme le précédent : il a comme lui la tête noire et le corselet rougeâtre.

1. Coleopt. Species novæ, pag. 1. — Dej. Spec., t. I, pag. 229 ; et Icon., t. I, pl. 14, fig. 1.

2. Coléopt. Spec. nov., pag. 1. — Dej. Spec., t. I, pag. 230 ; et Icon., t. I, pl. 14, fig. 10. — *D. monostigma* Curtis, British Ent., t. III, n.º 119.

Ses élytres sont striées et chaque strie présente des points peu profonds : leur suture est brune, et vers le bout des élytres elle s'élargit de manière à former une tache assez grande figurée en losange.

On le trouve en France et aux environs de Paris, ainsi qu'en Allemagne. Il est long de deux lignes et large de trois quarts de ligne.

3. LE DÉMÉTRIE A TÊTE NOIRE.

Demetrias atricapillus. LIN.[1]

Il est d'un jaune pâle, avec la tête noire et le corselet rougeâtre. Les élytres sont striées et les intervalles des stries présentent des points enfoncés ; la poitrine et la base du ventre sont bruns.

On le rencontre en France et en Allemagne : il est rare ainsi que le précédent, mais il est plus commun en Suède. Sa longueur est de deux lignes et sa largeur de trois quarts de ligne.

4. LE DÉMÉTRIE ALONGÉ.

Demetrias elongatulus. DUFT.[2]

On confondrait cet insecte avec le précédent, auquel il ressemble beaucoup, s'il n'avait les angles postérieurs du corselet relevés et un peu saillans. Il est

1. *Carabus atricapillus*, Syst. nat., t. II, pag. 673. — Dej. Spec., t. I, pag. 231 ; et Icon., t. I, pl. 14, fig. 3.

2. *Lebia elongatula*, Fauna. Austr., t. II, pag 257. — Dej. Spec., t. I, pag. 232 ; et Icon., t. I, pl. 14. fig. 4.

un peu plus grand que lui, et sa longueur est de deux lignes et demie.

On le trouve en France et en Allemagne : il est plus commun que le précédent.

2.° LES CALLÉIDES. — *Calleida.* DEJ. [1]

Les Calléides sont de jolis insectes, ornés le plus souvent de couleurs métalliques. Ils ont, comme nous l'avons dit, l'avant dernier article des *tarses* bilobé, ce qui les distingue des Dromies. La forme triangulaire du dernier article des *palpes labiaux* (*pl.* 6, *fig.* 6, *a.*) les distingue des Démétries. Leur corselet alongé, leurs élytres étroites, donnent à ces insectes un aspect aussi gracieux que leurs couleurs sont élégantes. Leurs mouvemens sont peu agiles : ils passent le temps de leur vie sous les pierres ou sous les écorces des arbres.

LA CALLÉIDE A BANDE. (Pl. 6, fig. 6.)

Calleida fasciata. DEJ. [2]

Elle est d'un jaune un peu rougeâtre, plus pâle sous le ventre et sur les pattes ; les genoux ou le bout des cuisses sont noirs, ainsi que la tête ; la couleur des antennes est un roux obscur. Les élytres ont des stries profondes, dont les intervalles sont plats et légè-

---

1. Etym. καλὸς, beau ; εἶδος, forme.

2. Spec., t. V, pag. 337 ; et Icon., t. I, pl. 11, fig. 1. — Voyez pou les autres espèces le Species des Coléoptères de M. le comte Dejean, et la Centurie de Carabiques décrits par M. Gory, dans le t. IIe Annales de la Société Entomologique. De plus, le *Delectus animalium articulatorum* de MM. Spix et Martius.

rement ponctués ; chacune des élytres est ornée de deux grandes taches d'un vert bleuâtre et métallique : la première couvre toute la base et descend plus bas le long du bord extérieur que de l'autre côté ; la seconde est située à l'extrémité sans couvrir cependant ni la suture, ni le bord extérieur, ni même le bout de l'élytre. Ces taches vertes semblent être la couleur du fond des élytres, qui sont alors traversées par une large bande jaune.

On trouve ce joli insecte au Sénégal. Il a quatre lignes de long et un peu plus d'une ligne de large.

GENRE **CYMINDE.**

CYMINDIS. LATREILLE [1].

Le nom de ce genre d'insectes se trouve dans Aristote et dans quelques autres écrivains de l'ancienne Grèce, où il sert à désigner une espèce d'oiseau que l'on n'a pas encore retrouvée. Les naturalistes modernes l'ont appliqué à deux genres d'animaux très différens. les insectes et les oiseaux ; et l'on peut dire que, dans l'un et l'autre cas, l'application de ce mot n'est pas fort heureuse, parce que, comme le fait remarquer M. Frédéric Cuvier (*Suppl. à Buffon*, Edit. Pillot, tom. II. pag. 92), si l'on vient à reconnaître les vrais Cy-

---

1. Etym. *Cymindis*, ou κυμινδις, sorte d'oiseau. — Syn. *Tarus*, Clairville ; *Anomœus*, Fischer ; *Lebia*, Duftchmid ; *Carabus*, Fabricius, Oliv. ; *Cymindoidea*, Laporte.

mindes d'Aristote, il sera nécessaire de leur rendre leur nom, et d'en créer un nouveau pour les oiseaux auquel on l'avait prêté. De toute manière, il y aura un double emploi si l'on persiste à appeler Cymindes les insectes que nous allons décrire ici; à moins que le nombre toujours croissant des dénominations en histoire naturelle ne force à employer, dans quelques cas, des noms semblables, pour désigner des êtres appartenant à différentes classes du règne animal.

Quoiqu'il en soit, les insectes que l'on connait aujourd'hui sous le nom de Cymindes ne se font remarquer ni par des couleurs éclatantes, ni par des formes singulières ou inaccoutumées. Leurs nuances les plus ordinaires sont le brun et quelquefois le fauve, sur lesquels se détachent souvent des lignes de couleur pâle et blanchâtre, qui semblent constituer pour ces espèces une sorte de livrée. Elles passent la plus grande partie de leur vie sous les pierres, et on le devinerait à l'inspection de leur corps, qui est tout-à-fait plat, comme celui des Dromies dont nous nous sommes occupés précédemment. En général, leur forme est à peu près la même que dans ces derniers, qui vivent en partie sous les écorces des arbres. Ce qui les distingue surtout, c'est la série de dentelures qui garnit le dessous des crochets de leurs *tarses* (*pl.* 7, *fig.* 1, *a.*).

Les Cymindes sont répandus sur toute la surface du globe et constituent un genre assez nombreux; mais la plus grande partie se rencontre dans les contrées méridionales de l'Europe et de la France en particulier. Les environs de Paris semblent n'en présenter qu'une seule espèce, encore y est-elle fort rare.

Les Cymindes ont été séparés par Latreille du genre des Lébies, dans lequel M. Duftchmid les avait placés en publiant sa *Faune d'Autriche;* de son côté M. Clairville a établi ce même genre dans son excellent ouvrage intitulé *Entomologie helvétique :* il lui a donné le nom de *Tarus,* qui n'a pas été adopté parcequ'il est le moins ancien. M. Fischer, auteur du bel ouvrage ayant pour titre *Entomographie de la Russie,* avait détaché des Cymindes quelques espèces, dont le dernier article des palpes labiaux est triangulaire, et il en avait fait un genre sous le nom d'*Anomœus;* mais on ne peut admettre cette coupe, car elle n'est fondée que sur les mâles : dans les femelles, le dernier article est ovalaire et simplement tronqué au bout. Enfin, M. de Laporte, ayant cru reconnaître qu'une espèce du Sénégal (*Cymindis bisignata* DEJ.), avait les crochets des tarses sans dentelures, proposa d'en faire le type d'un genre qu'il nomma *Cymindoidea* (Voy. *Annal. de la Soc. Entom. de France,* tom. I, pag. 390). La forme de cet insecte un peu plus élargie, son corselet plus court que dans les autres Cymindes, semblaient justifier cette coupe. Mais nous avons reconnu que le *Cymindis bisignata* avait les crochets des tarses dentelés comme tous ses congénères; dès lors il devient impossible de l'en séparer.

1. LE CYMINDE A ÉPAULES JAUNES.

Cymindis humeralis. PAYKULL. [1].

Il est d'un noir luisant et les bords du corselet et des élytres sont d'un jaune rougeâtre ; les pattes, les antennes et les palpes sont de cette même couleur, ainsi que le dessous de la poitrine. La base des élytres est marquée d'une tache alongée, jaune, appliquée le long de la bordure, dont elle se détache à l'extrémité. La tête et le corselet sont ponctués sur les côtés : les élytres sont striées, les stries et leurs intervalles présentent des points enfoncés.

Des environs de Paris et du midi de la France. Longueur de trois lignes et demie à quatre et demie ; largeur de une à une et demie.

2. LE CYMINDE DES CHAMPS.

Cymindis homagrica. DUFTCHMID. [2].

Il ressemble beaucoup au précédent, mais il a le corselet rougeâtre : la tache extérieure placée à la base des élytres est plus longue et se détache du bord dès son origine.

On le trouve dans le centre de la France, en Allemagne et dans la Russie méridionale. On a distingué sous le nom de *meridionalis*, une variété des provinces

1. *Carabus humeralis*, Monogr. Carab., pag. 40. — Dej. Spec., t. I, pag. 204 ; et Icon., t. I, pl. 8, fig. 7.

2. *Lebia homagrica*, Fauna austriæ, t. II, pag. 240. — Dej. Spec., t. I, pag. 208 ; et Icon., t. I, pl. 9, fig. 2.

méridionales de la France qui a les stries plus fortement ponctuées.

3. LE CYMINDE A LIGNES.

Cymindis lineata. QUENS [1].

Il se distingue des précédens par la tache de la base des élytres, qui se prolonge jusqu'à l'extrémité : cette tache est tantôt entière et tantôt interrompue, et ne tient au bord extérieur des élytres que par sa base. Le corselet est rougeâtre comme dans le Cyminde des champs.

On le trouve dans le midi de la France, en Italie et sur la côte septentrionale de l'Afrique.

4. LE CYMINDE RÉUNI.

Cymindis coadunata. DEJ. [2].

Cet insecte tient encore de plusieurs de ceux que nous venons de décrire. Il a comme le Cyminde des champs le corselet rougeâtre, mais la tache des élytres est conformée comme dans le Cyminde à épaules jaunes, et même elle n'est pas séparée du bord extérieur à son extrémité. Le bord extérieur des élytres n'est pas coloré en jaune jusqu'au bout.

On le trouve en France, aux environs de Lyon et dans les parties les plus méridionales.

1. In. Schonh. Synonymia insectorum, t. I, pag. 179. — Dej. Spec., t. I, pag. 207; et Icon. des Coléopt. d'Europe, t. I, pl. 9, fig. 1. — *C. lineata*, Léon Dufour, Annales des Sciences phys., t. VI, pag. 322.

2 Spec., t. I, pag. 210; et Icon., t. I, pl. 9, fig. 4.

5. LE CYMINDE A TÊTE NOIRE.

Cymindis melanocephala DEJ. [1]

Cet insecte ressemble beaucoup au Cyminde des champs ; mais on peut l'en distinguer, ainsi que de tous les autres, par les points enfoncés dont il est entièrement parsemé : ces points sont plus serrés et plus nombreux que dans aucune autre espèce. Le bord des élytres n'est pas coloré dans toute sa longueur ; la tache extérieure et le bord sont plus rouges que dans tous les autres Cymindes.

On le trouve dans les Pyrénées orientales.

6. LE CYMINDE A AISSELLES JAUNES.

Cymindis axillaris. FAB. [2]

Il est presque aussi ponctué que le précédent : comme lui il a le bord extérieur des élytres coloré seulement dans une partie de sa longueur ; mais on le distingue par la couleur des articles qui est rougeâtre comme le corselet.

On le trouve dans le midi de la France, en Autriche et en Espagne.

1. **S**pec., t. I, pag. 210 ; et Icon., t. I, pl. 9, fig. 5.
2. *Carabus axillaris*, Syst. Eleuth., t. I, pag. 182. — Dej. Spec., t. I, pag. 211 ; et Icon., t. I, pl. 9, fig. 6.

7. LE CYMINDE MILIAIRE.

Cymindis miliaris. Fab. [1]

C'est une des plus jolies espèces de ce genre. Elle est noire, avec le milieu du ventre, les pattes et les antennes rougeâtres ; les élytres sont d'un violet très clair. Cet insecte doit sans doute son nom aux points serrés et profonds dont il est parsemé ; ceux des stries surtout sont très gros.

On le trouve en France, en Autriche, en Sicile, et même en Espagne et dans le midi de la Russie. Sa longueur est de quatre à cinq lignes et sa largeur d'une à une et demie.

8. LE CYMINDE VELU. (Pl. 7, fig. 1.)

Cymindis pubescens. Dej. [2]

Cet insecte ressemble pour la forme au précédent. mais il est d'un brun presque noir et revêtu de poils roux assez longs. Les stries de ses élytres sont moins profondément ponctuées ; leur couleur est légèrement violette, et leur bord extérieur un peu jaunâtre. Les pattes et les antennes sont d'un jaune rougeâtre.

On le trouve dans l'Amérique septentrionale. Il est long de quatre lignes et large d'une et demie.

1. *Carabus miliaris*, Syst. Eleuth., t. I, pag. 182. — Dej., Spec. t. I. pag. 216 ; et Icon., t. I, pl. 10, fig. 6.
2. Spec., t. I, pag. 215. — *Cymindis pilosa*, Say, Transactions of the american philosophical Soc. of Philadelphia. t. II. pag. 10.

9. LE CYMINDE APLATI.

Cymindis complanata. DEJ. [1].

C'est encore une espèce de l'Amérique du nord, qui se distingue de toutes les précédentes par sa forme aplatie, par l'absence de poils et de points enfoncés, et enfin par le peu de profondeur des stries des élytres. Le dessus du corps est noir, avec le corselet et quelquefois la base des élytres rougeâtres. Le dessous du corps est brun, plus pâle sous la poitrine et quelquefois aussi sous le ventre. Les pattes et les antennes sont d'un jaune rougeâtre.

Cet insecte est long d'un peu plus de cinq lignes et large de deux.

10. LE CYMINDE VARIÉ.

Cymindis variegata. DEJ. [2].

Ce joli insecte se trouve au Brésil et dans les Antilles. Il est noir, avec le corselet et la poitrine rougeâtres, les pattes et la base des antennes d'un jaune pâle. Les élytres ont le bord extérieur de cette même couleur, ainsi qu'une ligne étroite à la base et une tache près de l'extrémité, qui s'avance un peu vers la suture. La tête est finement striée : les sillons des élytres sont lisses et peu profonds. Longueur quatre lignes ; largeur une et demie.

1. Spec., t. II. pag. 448.
2. *Ibid.*, t. I, pag. 217.

Nous décrirons enfin l'espèce qui avait servi de type au genre Cymindoïde, et qui se reconnaîtra à la largeur de son corselet.

11. LE CYMINDE A DEUX SIGNES.

Cymindis bisignata. DEJ. [1]

Il est noir, tout parsemé de petits points enfoncés très rapprochés, avec la tête finement striée. Les sillons des élytres sont peu profonds. Les cuisses sont jaunâtres, excepté au bout; chaque élytre présente un peu avant son milieu une tache sinuée, de la même couleur.

On le trouve au Sénégal. Il est long de six lignes et large de trois et demie.

Le sous-genre unique qui vient se placer auprès des Cymindes est celui de

CORSYRE. — *Corsyra.* DEJ.

Il diffère des Cymindes proprement dits par ses *tarses* (*pl.* 7, *fig.* 2, *a.*), dont les crochets ne sont pas dentelés en dessous. Son corps est plus large et presque arrondi. Le dernier article des *palpes* est cylindrique, et les tarses sont un peu élargis dans les mâles.

On ne connait qu'une espèce de Corsyre, propre à la Russie méridionale et à la Sibérie.

---

1. Spec., t. V, pag. 322. — Pour les autres espèces, voyez Dejean, Spec. des Coléopt.; — Fischer, Entomographie de la Russie; — Gyllenhal, insecta Suecica; — Gory, Annales de la Société Entomologique de France, t. II. — Laporte, *ibid.*, t. I.

LE CORSYRE CONFLUENT. (Pl. 7, fig. 2.).

Corsyra fusula. FISCHER [1].

Il est tout couvert de points enfoncés très rapprochés sur les élytres, plus profonds et plus écartés entre eux sur la tête et le corselet. Sa couleur est brune ; les cuisses, les jambes et les antennes sont un peu plus claires ; le dessous du corps est ferrugineux et l'abdomen presque uni, excepté à sa base. Le bord extérieur des élytres est orné d'une bande d'un jaune obscur, qui se confond à la base avec une tache de la même couleur et de forme alongée : vers le bout, une autre bande placée en travers et sinuée, vient se réunir à celle du bord, qui n'atteint pas l'extrémité. Longueur de trois à trois lignes et demie ; largeur, d'une et demie à deux lignes.

GENRE LEBIE.

LEBIA. LAT. [2].

Ainsi que les Dromies et les Cymindes qui viennent de passer sous nos yeux, les Lébies sont des insectes plats et destinés à vivre sous les écorces des arbres, sous les pierres, ou en un mot à l'abri des attaques

1. Entom. de la Russ., t. I, pag. 123, pl. 12, fig. 3.
2. Étym. incertaine. — Syn. *Lamprias*, Bonelli ; *Lia, Physodera,* Eschscholtz ; *Chelonodema,* Laporte ; *Carabus,* Fabricius, Olivier.

de leurs ennemis sous tout autre corps protecteur.
Elles en sortent quelquefois pour aller à la recherche
des petits insectes dont elles font leur proie : c'est
pour cela qu'on les rencontre sur les fleurs ou sur la
tige des arbres. En y comprenant les sous-genres qui
s'y rapportent, les Lébies constituent un genre fort
nombreux et très varié dans ses couleurs, et même
aussi dans ses formes. Les espèces que l'on considère
comme de véritables Lébies semblent être revêtues de
deux livrées principales. Dans les unes, la couleur est
bleue : telles sont celles de notre France et de l'Amérique du Nord ; car ces deux contrées ont, sous le
rapport des productions, une très grande analogie que
l'on remarque dans différentes classes d'animaux,
mais surtout dans celle des insectes en particulier.
Dans les autres, le fond de la couleur est brun ; les élytres sont alors ornées de taches ou de lignes jaunes
qui leur donnent un aspect des plus agréables. Quelques Lébies des parties intertropicales de l'Amérique
sont revêtues de bandes bleues et jaunes, ou bien elles
sont entièrement jaunes et parsemées de points noirs.
En un mot, leurs couleurs sont variées de mille ma-
nières différentes, ce qui contribue à rendre ces insectes dignes de l'attention des personnes qui s'adonnent
à former des collections.

Un caractère tout-à-fait particulier distingue les Lébies des autres Carabiques, et en particulier des autres
insectes de cette famille ; elles ont le bord postérieur
du *corselet* prolongé au milieu, comme si l'on avait
entaillé sur les côtés une portion de ce bord. On ne
retrouve pas, il est vrai, cette conformation dans tous
les sous-genres qui se groupent autour des Lébies ;

mais les autres caractères que nous pouvons leur assigner sont, les dentelures qui garnissent presque toujours le dessous des crochets des *tarses*, la forme ovalaire du dernier article des *palpes*, et celle en triangle
ou en cœur des articles des tarses, dont l'avant-dernier
est divisé en deux lobes : ces lobes, du reste, sont plus
ou moins saillans, car l'échancrure qui les produit n'est
pas toujours également profonde (*pl.* 7, *fig.* 3, *a.*).

Ce genre a été formé par Latreille sur une portion
des Carabes de Linnée et de Fabricius, et pendant
quelque temps il y avait réuni les Cymindes. Après
lui, un savant entomologiste auquel on doit des travaux importans sur les Carabiques, Bonelli de Turin,
essaya de diviser ce genre, dans les Observations qu'il
publia parmi les Mémoires de l'Académie des Sciences
de cette ville. Ayant remarqué la forme du quatrième
article des tarses et celle du dernier article des palpes,
il se servit des différences qu'il crut trouver dans ces
parties, pour caractériser les deux groupes qu'il voulait
établir. Le premier de ces groupes, auquel il imposa le
nom de *Lamprias*, avait, selon lui, l'avant-dernier article
des tarses entier et le dernier des palpes tronqué : il
renfermait toutes les espèces à livrée bleue; le second,
au contraire, se distinguait par la forme bilobée du
pénultième article des tarses et par celle du dernier article des palpes qui était moins tronqué : il conservait
le nom de Lébie. Mais il était impossible de poser les
limites de ces caractères dans toute la série des espèces
et l'on y renonça. Quelques années après, Eschscholtz
sépara des Lébies sous le nom de *Lia*, les espèces
dont l'avant-dernier article des tarses est fortement bilobé ; c'était répéter ce qu'avait fait Bonelli : de plus,

ce même naturaliste établit sous le nom de *Physodera* un sous-genre dont les palpes labiaux sont seulement un peu plus larges que les maxillaires. A l'exemple de M. le Comte Dejean, nous laisserons parmi les Lébies toutes les espèces qu'on avait essayé d'en retirer, en y comprenant aussi les Chélonodèmes de M. de Laporte (Etudes entomologiques, pag. 49), qui sont des Lébies à tarses plus fortement dentelés et à corps plus bombé que les autres.

Les espèces de ce genre qui se rencontrent en France sont en assez grand nombre; nous nous attacherons de préférence à les faire connaître, parce que, étant plus à notre portée, ce sont elles aussi qui doivent nous intéresser plus vivement.

1. LA LÉBIE A AILES VELUES.

Lebia pubipennis. DUFOUR [1].

C'est la plus grande espèce de notre pays; elle atteint une longueur de près de cinq lignes, sur une largeur d'un peu plus de deux. Sa couleur est un bleu foncé, un peu violet sur la tête et les élytres. Le dessous de la tête et le ventre sont noirs; le corselet, la poitrine et les cuisses sont d'un rouge assez obscur; la base des antennes et la bouche sont de la même couleur; le reste des antennes est noirâtre, ainsi que les jambes et les tarses. Les élytres sont striées et couvertes de gros points enfoncés.

On trouve ce joli insecte dans le midi de la France.

1. Annal. des sciences physiques, t. VI, pag. 321. — *L. fulvicollis*, Dej., Spec., t. I, pag. 255; et Icon., t. I, pl. 14. fig. 5.

en Espagne, en Italie, et dans quelques parties de
l'Autriche; il se rencontre toujours sous les pierres,
mais il parait assez rare.

Observation. On avait confondu jusqu'ici la Lébie
à ailes velues avec une espèce de Barbarie, qui s'en
distingue aisément. Elle a en effet, tout le dessous
de la poitrine et du ventre bleu comme les élytres; les
points qui recouvrent ces dernières, sont plus petits et
dispersés de chaque côté des stries, au lieu d'être
répandus sur toute leur surface. Cette espèce a été
décrite sous le non de *Carabe à cou fauve* par Fabricius [1].

2. LA LÉBIE A TÊTE BLEUE.

Lebia cyanocephala. LIN. [2]

On la trouve aux environs de Paris et dans la plus
grande partie de l'Europe. Elle se tient sous les écorces
et sur les tiges des arbres. Sa longueur est de trois
lignes et demie, et sa largeur d'une et demie. Elle est
en dessus et en dessous d'un vert brillant, ou même
d'un bleu foncé à reflets verts; le corselet, le premier
article des antennes et les pattes, sont d'un roux
fauve; le bout des cuisses, celui des jambes et les
tarses sont noirs, ainsi que le reste des antennes. Les
stries des élytres sont peu profondes, de même que
les points enfoncés qui les recouvrent.

1. *Carabus fulvicollis.* Entom. Syst., t. I, pag. 152; et Syst. Eleuth., t. I,
pag. 193.

2. *Carabus cyanocephalus*, Fauna Suecica, n.º 794. — Dej., Spec.
t. I, pag. 256; et Icon., t. I, pl. 12, fig. 7.

3. LA LÉBIE ANNELÉE.

Lebia annulata. Br. [1]

Elle ressemble beaucoup à la précédente, et jusqu'ici on les avait confondues ensemble. La disposition des couleurs est la même, si ce n'est que les articles des antennes sont roux avec le bout obscur. Les stries des élytres sont bien marquées et garnies de points enfoncés très nombreux; les intervalles qui séparent les stries sont parsemés de points profonds.

On la trouve en France et, en particulier, dans les environs de Paris, où elle est assez répandue, surtout dans les endroits humides. Elle se tient tantôt sur les fleurs, et tantôt sur la tige des arbres, pendant les mois de mai et juin.

4. LA LÉBIE A TÊTE VERTE.

Lebia chlorocephala. Sturm. [2]

Cette Lébie est moindre que celles qui précèdent : elle n'a que deux lignes et demie de long sur une et demie de large. Sa couleur est un vert brillant, qui se change quelquefois en bleu, excepté sur le corselet. la poitrine, les pattes et la base des antennes, qui sont jaunes; le reste des antennes et les tarses sont noirs. Les stries des élytres sont à peine marquées;

1. Revue Entom. de M. Silbermann, t. II.
2. *Carabus chlorocephalus*, Entom., Helfe, t. II, pag. 117. — Dej. Spec., t. I, pag. 257; et Icon., t. I. pl. 14, fig. 7.

elles sont formées d'une suite de points enfoncés très petits et les intervalles qui séparent ces stries sont tout à fait lisses.

On trouve cet insecte dans le nord de la France, aux environs de Lille, et de plus en Suède, en Autriche et dans plusieurs parties de l'Allemagne. Il se tient sous les pierres, sous les mousses qui garnissent le pied des arbres, dans les bois principalement.

5. LA LÉBIE A PIEDS ROUX.

Lebia rufipes. Dej. [1].

Cette petite espèce ressemble à la Lébie à ailes velues, pour la disposition des couleurs; mais elle est d'un bleu très foncé, et ses pattes sont entièrement rouges. Le corselet, la poitrine et les premiers articles des antennes, sont de cette même couleur. Les stries des élytres sont profondes, et leur surface présente quelques points enfoncés, très petits. Elle n'a que deux lignes et demie de long sur un peu plus d'une ligne de large.

On la trouve dans le midi de la France, où elle n'est pas très commune.

6. LA LÉBIE PORTE-COUPE.

Lebia cyathigera. Rossi. [2].

Cette espèce et celles qui la suivent diffèrent de toutes les précédentes, par la disposition de leurs cou-

1. Spec., t. I, pag 258; et Icon., t. I, pl. 14, fig. 8.
2. *Carabus cyathiger*, Fauna Etrusca, t. I, pag. 223, pl. 7, fig. 3. — Dej. Spec., t. I, pag. 260; et Icon., t. I, pl. 15, fig. 2.

leurs. La Lébie porte-coupe est ainsi nommée parce que ses élytres sont ornées vers le bout d'une tache noire, que l'on a comparée, pour la forme, à une coupe ; elle est placée sur la suture : de chaque côté de cette tache, on en voit une autre en carré long, qui atteint presque le bord extérieur des élytres, tandis que le reste de ces élytres est jaune. Le corselet et les pattes sont rougeâtres, ainsi que les premiers articles des antennes. La tête et le dessous du corps sont d'un noir brillant.

On trouve cette espèce dans le midi de la France, en Espagne, en Italie et dans la Russie méridionale. Elle y vit sous les pierres, mais elle est fort rare partout. Sa longueur est de trois lignes et sa largeur d'une et demie.

7. LA LÉBIE PETITE CROIX.

Lebia crux-minor. LIN. [1]

Ce joli insecte ressemble beaucoup au précédent pour la disposition des couleurs ; il n'en diffère que par les taches des élytres. Ces taches peuvent être regardées comme les trois de l'autre espèce réunies en une seule, de manière à former une bande qui s'étend dans toute la largeur des élytres : cette bande laisse à découvert le bout de celles-ci, en y limitant un espace arrondi ; une petite tache noire en triangle couvre aussi l'écusson.

On trouve cette Lébie dans les environs de Paris,

---

1 *Carabus crux-minor*, Fauna Succica, n.º 809. — Dej. Spec., t. 1, pag. 261 ; et Icon., t. I, pl. 15, fig. 3.

mais elle y est assez rare; on la rencontre plus fréquemment dans le reste de l'Europe. Elle se tient sur
les plantes, sous les écorces des arbres, sous les pierres,
et quelquefois aussi dans la terre même, et de préférence dans les lieux humides.

8. LA LÉBIE A PIEDS NOIRS.

Lebia nigripes. DEJ. [1].

Elle pourrait se confondre avec la Lébie petite croix,
à laquelle elle ressemble beaucoup, si elle n'avait les
pattes noires. La disposition de ses couleurs est la même
pour tout le reste, mais la bande des élytres est plus
large et plus voisine de leur extrémité; la tache de l'é-
cusson est aussi plus grande, et elle atteint la bande
du milieu.

Cette espèce est une des plus jolies de ce genre,
mais elle est fort rare. On la trouve dans le midi de
la France et en Dalmatie.

9. LA LÉBIE TURQUE.

Lebia Turcica. FAB. [2].

C'est une des moindres, mais aussi des plus jolies
espèces de ce genre. Sa couleur est un noir luisant sur
la tête, le ventre et les élytres. A la base de ces élytres, on remarque une tache jaune, placée en dehors,

---

1. Spec., t. I, pag. 262; et Icon., t. I, pl. 15, fig. 4.
2. *Carabus Turcicus*, Entom., Syst., t. I, pag. 161. — Dej. Spec. I,
pag. 263; et Icon., t. I, pl. 15, fig. 5.

et qui s'avance jusqu'auprès de la suture. La bouche.
les antennes et le corselet sont rougeâtres ; la poitrine
et les pattes sont jaunes. Elle a deux lignes de long
sur une de large.

On la trouve sous les écorces des arbres et sous les
pierres, dans le midi de la France, à partir de Lyon.
On la rencontre aussi en Italie.

10. LA LÉBIE A QUATRE TACHES.

Lebia quadrimaculata. DEJ. [1]

Elle est propre à l'Espagne. Elle serait prise aisément pour la Lébie turque, si le bout de ses élytres
et leur bord extérieur n'étaient pas jaunes. Elle lui ressemble entièrement sous tous les autres rapports.

11. LA LÉBIE HÉMORRHOIDALE.

Lebia hæmorrhoidalis. FAB. [2]

Moindre qu'aucune des précédentes, cette Lébie a
les élytres d'un noir luisant, avec le bout d'un jaune
roux. Le reste du corps est aussi d'un jaune roux, excepté la poitrine qui est noire. Sa longueur n'est que
d'une ligne et demie et sa largeur de trois quarts de
ligne.

On la trouve en Italie, en Espagne, dans le midi de
la France, et quelquefois même aux environs de Paris.

Parmi les espèces étrangères on remarque :

1. Spec., t. I, pag. 264 ; et Icon., t. I, pl. 15, fig. 6.
2. *Carabus hæmorrhoidalis*, Entom., Syst. t. I, pag. 161. — Dej. Spec.,
t. I, pag. 266 ; et Icon., t. I, pl. 15, fig. 7.

12. LA LÉBIE PEINTE.

Lebia picta. DEJ.[1]

C'est une des plus grandes espèces. Elle a cinq lignes de long sur deux et demie de large. Sa couleur générale est un roux ferrugineux, plus obscur sur les élytres. Les bords du corselet sont jaunes, et son disque présente deux taches alongées, noires. Les élytres ont à leur base deux taches brunes, qui ressortent sur la couleur jaune ; cette dernière occupe le premier tiers de leur longueur, et couvre aussi le bord extérieur et le bout des élytres : un trait de la même couleur se remarque le long de la suture, entre la troisième et la quatrième strie.

Ce joli insecte se trouve au Sénégal.

Une petite espèce, qui se rapproche des Lébies de France de moindre taille, est :

13. LA LÉBIE GRACIEUSE. (Pl. 7, fig. 3.)

Lebia lepida. BR.

On la prendrait d'abord pour la Lébie petite croix, mais elle est presque de moitié moindre ; en outre, tout le corps et les pattes sont jaunes. La tête seule est noire, ainsi qu'une bande en travers, placée vers le bout des élytres.

Elle se trouve dans l'Asie mineure et n'a que deux lignes de long, sur une ligne et un quart de large.

Enfin, nous décrirons une dernière espèce, qui

1. Spec., t. 1, pag. 254.

fait partie d'une division particulière, celle des *Chélonodèmes* de M. de Laporte. Les élytres sont convexes et sinueuses à l'extrémité; dans les autres, au contraire, elles sont aplaties et coupées carrément au bout.

14. LA LÉBIE NOTÉE.

Lebia notata. Br. [1]

Le fond de sa couleur est un jaune roux et luisant, qui prend une teinte plus obscure et ferrugineuse, sur le ventre, la poitrine et les pattes. Les antennes sont brunes, mais les premiers articles sont de la même couleur que le reste du corps. Les bords du corselet et ceux des élytres sont noirs : le premier est marqué de quatre points noirs; les élytres présentent sur leur milieu deux rangées de petites taches carrées noires, qui forment deux lignes un peu arquées; en avant et en arrière, on distingue aussi une autre rangée de taches, mais leur forme n'a rien de régulier et l'on dirait plutôt de simples traits ondulés. La longueur de ce bel insecte est de cinq lignes et demie et sa largeur de trois.

On le trouve au Brésil.

Parmi les sous-genres qui se groupent autour des

1. A cette division, appartiennent les *L. testacea* et *duodecim punctata* du Species de M. le comte Dejean. — Voyez, pour les autres espèces de ce genre, le même ouvrage, et de plus les insectes du voyage de MM. Spix et Martius, décrits par M. Perty ; — le tome I, du Magasin d'Entomologie de M. Germar; — les Transactions of the american philos. Soc. of Philadelphia, t. 2 ; — l'Iconographie du Règne animal par M. Guérin ; — la Centurie de Carabiques de M. Gory, dans le t. II des Annales de la Société Entomologique de France ; — le Zoologischer Atlas, par Eschscholtz.

Lébies, ceux que nous plaçons les derniers en diffèrent par les crochets de leurs tarses qui ne sont pas dentelés ou pectinés en dessous. Leurs élytres ne sont pas non plus coupées carrément à l'extrémité, ou tronquées comme dans les vraies Lébies; elles se prolongent souvent en forme de pointes ou d'épines, et présentent alors une échancrure plus profonde. Tels sont les *Promécoptères* et les sous-genres qui viennent après. Ils sont tous étrangers à l'Europe, et la plupart même appartiennent aux parties chaudes de l'ancien continent. Les deux sous-genres qui suivent immédiatement les Lébies, semblent, au contraire, avoir été relégués dans le nouveau continent. Nous allons présenter en peu de mots tout ce que ces divers groupes peuvent offrir d'intéressant.

1.° Les Cryptobates. — *Cryptobatis.* Esch. [1].

Ils se distinguent des Lébies par la forme du dernier article de leurs *palpes labiaux,* qui est triangulaire (*pl.* 7, *fig.* 4, *a.*). Eschscholtz a formé ce sous-genre dans le Zoologischer Atlas. Quelque temps après, M. le Comte Dejean l'a établi dans le tome cinquième de son Species, sous le nom d'*Aspasie* [2].

1. Etym. κρύπτω, je cache; βαίνω, je marche. — Syn. *Aspasia.* Dej.

2. Eschscholtz a établi ce sous-genre sur le *Lebia cyanoptera.* Dej.; mais il lui a donné un faux caractère en disant que le prothorax est tronqué en arrière, tandis qu'il est prolongé. Au contraire, il a formé, sous le nom de *Physodère,* un autre sous-genre qui a le prothorax prolongé en arrière; et comme il lui donne pour trait distinctif d'avoir les palpes labiaux élargis, nous l'avions regardé comme étant le même que le sous-genre *Aspasie* de M. le Comte Dejean, et nous avions même indiqué ce rapprochement dans le t. II de la Revue Entomologique de M. Silbermann. Nous savons aujourd'hui que les Physodères ne sont autre chose que de vraies Lébies, dont les palpes labiaux sont peut-être un peu plus larges qu'à l'ordinaire.

LE CRYPTOBATE A AILES BLEUES. (Pl. 7, fig. 4.)

Cryptobatis cyanoptera. DEJ. [1]

C'est un joli insecte dont les élytres sont d'un bleu violet très brillant, tandis que le reste du corps est d'un jaune pâle, à l'exception des antennes, des jambes et des tarses qui sont noirs.

On le trouve au Brésil. Il a trois lignes et demie de long sur une et demie de large.

2°. LES COPTODÈRES. — *Coptodera.* DEJ. [2]

Ce sous-genre s'éloigne des Lébies par l'absence du prolongement du *corselet* en arrière, et des Cryptobates, par la forme cylindrique ou ovalaire de ses *palpes labiaux.* Les Coptodères sont plus courts que les Lébies; ils ont le corselet et les élytres plus larges qu'elles : cette différence dans l'aspect général vient aussi de ce que le corselet n'est point prolongé en arrière, dès lors il parait encore plus raccourci que dans les vraies Lébies. Les Coptodères diffèrent encore des Lébies par la forme de leurs *tarses,* dont le quatrième article est échancré au bout, mais trop légèrement pour qu'il soit bilobé.

Quelques espèces de Coptodères ont une grande ressemblance, sous le rapport des couleurs, avec un sous-genre du groupe des Harpalides, les Tétragono-

1. (*Lebia*), Spec., t. I, pag., 258; et t. V, pag. 364. C'est le même que le *Lebia Viard* de M. Gory, (Annal. Soc. Ent. de Fr., t. II, pag. 190).

2. Étym. κόπτω, couper : δέρη, cou. — Syn. *Lebia,* Say.

dères. Comme eux, elles ont les élytres plutôt sinueuses que tronquées, et l'on peut dire même qu'il serait difficile de les distinguer, si les derniers n'avaient les crochets des tarses simples, et si les quatre premiers articles de ces tarses n'étaient élargis aux quatre pattes de devant, comme cela a lieu, du reste, dans les autres genres de Harpalides.

Nous ne savons rien sur les habitudes de ces insectes, sinon qu'ils vivent sous les écorces desséchées par le feu dans les plantations, ainsi que l'a observé M. Lacordaire. Ce voyageur ajoute que leur démarche est agile et qu'on les saisit avec peine.

LE COPTODÈRE D'AIRAIN. (Pl. 7 , fig. 5.)

Coptodera ærata. DEJ.[1]

La couleur de cet insecte est un bleu brillant en dessus, qui se change en vert bronzé sur les bords extérieurs des élytres. La tête et le corselet sont plus obscurs et le corps est noir en dessous. Les pattes et les antennes sont de la même couleur; mais les tarses, le bout des jambes et celui des cuisses, sont d'un jaune assez pâle. Les antennes sont d'un brun foncé, et leurs premiers articles en partie jaunâtres. Les stries des élytres sont peu profondes; on n'y remarque aucun point enfoncé.

---

1. Spec., t. I, pag. 277. — Pour les autres espèces, voyez le même ouvrage et de plus un Mémoire de M. Say, inséré dans les Transactions de la Soc. philosophique de Philadelphie, t. II. 1825; — le Voyage de MM. Spix et Martius; — l'Iconographie des Coléoptères de MM. Dejean et Boisduval; — la Centurie de Carabiques de M. Gory (Annal. Soc. Entom., t. II).

On le trouve dans l'Amérique du nord. Il a deux lignes et demie de long, sur un peu plus d'une ligne de large.

3.° LES APLOAS. — *Aploa.* HOPE. [1]

Ils ont le bord postérieur du *corselet* sans prolongement, et leurs *tarses* présentent une organisation qui les distingue des autres sous-genres de Lébiens ; c'est d'avoir les crochets de ces tarses sans dentelures : leur quatrième article est simple, c'est-à-dire, ni échancré, ni bilobé et sans aucune dilatation. Les articles des *palpes* sont presque cylindriques. On ne connait qu'une seule espèce de ce sous-genre.

L'APLOA PEINTE.

Aploa picta. HOPE. [2]

Elle est originaire des Indes orientales. Sa longueur est de cinq lignes et demie et sa largeur de deux et demie. Elle est jaune, avec trois taches noires sur les élytres et une bande postérieure ondulée de la même couleur. Le bout des antennes est plus obscur.

4°. LES PLOCHIONES. — *Plochionus.* DEJ. [3]

Ces insectes ont encore le bord postérieur du *corselet* sans prolongement, mais ils ne peuvent être confondus avec les précédens, parceque le dernier

1. Étym. ἁπλόος, simple.
2. Trans. of the Zool. Soc. of London, t. I, pag. 91, pl. 13, fig. 1.
3. Étym. πλόκιον collier.

article de leurs *palpes labiaux* a la forme d'un triangle. Le quatrième article de leurs *tarses* est simple ; dans quelques uns des sous-genres précédens, au contraire, et dans les suivans, cet article est bilobé : ceux qui le précèdent sont très courts dans les Plochiones, et leur forme raccourcie les fait difficilement distinguer (*pl.* 7, *fig.* 6, *a.*).

LE PLOCHIONE DE BONFILS. (Pl. 7, fig. 6.)

Plochionus Bonfilsii. Dej. [1]

Il est entièrement d'un brun marron, sans taches : son corselet est marqué de stries en travers, qui sont fines et serrées; les élytres présentent des sillons assez profonds, dans chacun desquels on aperçoit une rangée de points enfoncés très faibles.

Nous avons vu plusieurs individus de cette espèce, dont l'un vient de l'Amérique du nord, l'autre de l'Ile de France et un troisième des Indes Orientales.

Il y a quelques années, cette espèce avait été trouvée dans les environs de Bordeaux, et l'on avait même attribué sa découverte à l'Entomologiste dont elle porte le nom; mais il est certain que cet insecte avait été transporté à Bordeaux parmi des marchandises, et qu'il ne s'y est point naturalisé. La voie du commerce explique aussi pourquoi on l'a reçu de pays fort éloignés, et même de trois différentes parties du monde.

---

1. Spec. des Coléopt., t. I, pag. 251; et Icon., t. I, pl. 16, fig. 1. — Les autres espèces de Plochiones sont décrites, 1.º dans le Species de M. le Comte Dejean; 2.º dans le Zool., Atlas d'Eschscholtz; 3.º dans la Centurie de Carabiques de M. Gory, déjà citée plusieurs fois.

5°. LES ORTHOGONIES. — *Orthogonius.* MAC-LEAY. [1]

Les insectes qui composent ce sous-genre, sont remarquables par leur grande taille, qui dépasse celle des plus grosses Lébies ; par la largeur de leur *corselet* qui est arrondi sur les côtés et qui n'a plus du tout la forme d'un cœur; et enfin par les *élytres*, dont la largeur est exactement la même à la base qu'à l'extrémité. Leurs antennes sont fort courtes. Ils ont le dernier article de leurs *palpes* cylindrique, et ce caractère empêchera qu'on ne les prenne pour des Plochiones : d'un autre côté l'élargissement de tous les articles de leurs tarses ne permettra pas de les confondre avec les Coptodères, qui ont comme eux le corselet sans prolongement postérieur. Les trois premiers articles de leurs *tarses* sont triangulaires, et le dernier est divisé en deux lobes (*pl.* 8, *fig.* 1, *a.*). Le bout des élytres est un peu oblique et même un peu sinueux.

Les Orthogonies sont des insectes rares dans les collections et qui habitent les Indes orientales. M. Wiedemann en a connu quelques espèces qu'il a rapportées au sous-genre des Plochiones.

L'ORTHOGONIE ALTERNANT. (Pl. 8, fig. 1.)

Orthogonius alternans. WIED. [2]

Il est entièrement noir, ou mieux d'un brun très obscur et luisant. La tête et le corselet présentent

1. Étym., ὶϛϑὶς, droit; γωνὶα, angle. — Syn. *Plochionus*, Wiedemann
2. *Plochionus alternans*, Zoolog. Mag., t. II, pag. 52. — Dej., Spec.

des rugosités très faibles. Les élytres sont marquées de
sillons profonds qui sont plus rapprochés de deux en
deux, et dont le fond est orné d'une série de points peu
écartés : de deux en deux aussi les intervalles qui séparent les stries des élytres, sont parsemés de points
enfoncés peu serrés, et c'est sur les intervalles les plus
larges que l'on observe ces points.

Ce rare insecte vient de Java. Il a sept lignes de
long sur environ trois de large.

6.º Les Hexagonies. — *Hexagonia*. Kirby.[1]

Ce sous-genre ne nous est connu que par la description qu'en a donnée M. Kirby, dans le tome 14ᵉ.
des Transactions de la Société Linnéenne de Londres.
Il parait différer de tous les précédens par la saillie
des côtés du *prothorax*, ce qui lui donne la figure d'un
hexagone. Le bord postérieur de cette même partie
n'est pas prolongé au milieu. Tous les articles des
tarses sont dilatés comme dans les Orthogonies, et, de
même que dans ce sous-genre, l'avant dernier article
est divisé en deux lobes. Les *palpes* maxillaires sont
terminés par un article cylindrique, et le dernier des
palpes labiaux est élargi. Le bout des élytres n'est
pas tronqué, mais seulement échancré en dehors,
près de l'extrémité.

---

t. I, pag. 381. — Voyez pour les autres espèces : Mac-Leay, Annulosa javanica ; — Dej., Spec des Coléopt. — Gray, the animal. Kiugdom, partie
Entomologique ; — Gory, Centurie de Carabiques déjà citée.

1 Étym. ἴξ, six ; γωνία, angle.

L'HEXAGONIE TERMINÉE.

Hexagonia terminata. KIRBY. [1].

Elle a la tête et le corselet noirs, avec la bouche et les antennes rousses. Les pattes sont d'une couleur testacée. Les élytres sont rousses avec le bout noir : leur surface est striée, et le fond de ces stries présente une série de points enfoncés. L'abdomen est roux. Le prothorax est marqué d'un sillon au milieu et d'un autre de chaque côté. M. Kirby présume que cet insecte se trouve aux Indes orientales.

7.° LES PROMÉCOPTÈRES. — *Promecoptera.* DEJ. [2].

Ces insectes diffèrent des précédens par leurs *élytres* alongées et étroites, et de plus par la *lèvre supérieure* qui est avancée, comme dans tous les sous-genres suivans; elle est cependant moins longue que large : les *palpes* se terminent par un article presque pointu et de forme ovalaire; le menton est muni d'une forte dent à son milieu.

On ne connait qu'une seule espèce de ce sous-genre, et elle vient des Indes orientales.

LE PROMÉCOPTÉRE A BORDURE.

Promecoptera marginalis. WIEDEMANN. [3].

Sa couleur est jaune, mais les palpes, les antennes et les pattes sont plus pâles. Les élytres sont ornées

---

1. Linn , Trans., t. XIV, pag. 563.
2. Étym. πρὸ, au-devant, μῆκος, longueur; πτέρον, aile.—Syn. *Lebia*, Wied
3. *Lebia marginalis*, Zoologische Magasin, t. II, pag. 60. — Dej., Spec.,
t. V, pag. 444.

en dehors d'une bande longitudinale d'un vert bronzé, qui ne s'étend pas tout à fait jusqu'aux deux extrémités : leurs stries sont très finement ponctuées. Cet insecte a trois lignes de long sur une seule de large.

8.° LES THYRÉOPTÈRES. — *Thyreopterus.* DEJ. [1]

On distingue ce sous-genre par sa *lèvre supérieure*, qui est droite et plus longue que large (*pl.* 8, *fig.* 2, *a.*); par ses *palpes*, dont le dernier article est tout-à-fait cylindrique ; et enfin par le *menton*, qui est muni d'une dent saillante. Les élytres sont très larges, ce qui a valu à ces insectes le nom de Thyréoptères.

Nous ne croyons pas que l'on puisse y rapporter, avec M. Klug, les Eurydères de M. de Laporte, qui présentent des différences, et dans la forme du corselet, et dans celle des élytres. Les Thyréoptères ont le corselet carré et les élytres tronquées au bout ; dans les Eurydères, au contraire, le corselet est en cœur et en général plus long que large, et les élytres se terminent en pointe. N'ayant pas été à même d'étudier les parties de la bouche dans les premiers, nous ne pousserons pas plus loin cet examen : nous décrirons donc d'abord un vrai Thyréoptère, d'après M. le Comte Dejean, puis une espèce que M. de Laporte a donnée comme le type de ses Eurydères. Les Thyréoptères sont propres à l'ancien continent, de même que les Eurydères ; mais ces derniers paraissent exclusivement relégués dans l'île de Madagascar, où ils sont assez nombreux.

1. Etym. θυρεὸς, bouclier ; πτερὸν, aile. — Syn.? *Eurydera*, Laporte

1. LE THYRÉOPTÈRE MARQUÉ DE JAUNE.

Thyreopterus flavo-signatus. Dej. [1]

Il est d'un brun noirâtre, et un peu velu. Ses élytres, légèrement striées, sont marquées de points enfoncés dans les intervalles des stries : chacune d'elles est ornée d'une tache jaune assez grande, de forme irrégulière et placée vers la base, et leur suture en présente une seconde vers l'extrémité, qui s'étend, de chaque côté, d'une manière aussi peu régulière. Le dessous du corps est un peu roussâtre. Les cuisses sont jaunes, mais leur bout est noir, ainsi que les pattes.

On trouve cet insecte au Sénégal. Il a de quatre à cinq lignes de long et de deux à trois de large.

2. LE THYRÉOPTÈRE ARMÉ. (Pl. 8, fig. 2.)

Thyreopterus armatus. Lap. [2]

Tout l'insecte est d'un brun foncé. Les élytres sont faiblement striées et ornées de deux taches communes de couleur orangée, placées sur leur suture : la première est située près de la base, et sa forme est irrégulière, la seconde se rapproche de l'extrémité, et elle représente un demi cercle. Le bout de chaque

1. Spec., t. V, pag. 446.
2. *Eurydera armata*, Mag. de Zoologie, t. I, n.º 36. — Voyez pour les autres espèces : Dejean, Spec., t. V ; — Guérin, Mag. de Zoologie, t. II, n.º 22 ; — Gory, Annal. de la Société Entom., t. II, pag. 202 et 203 ; — Klug, Descript. des Insectes de Madagascar

élytre est terminé par une épine assez longue et un peu relevée. Les antennes, les pattes et le dessous du corps sont ferrugineux.

On trouve ce joli insecte à Madagascar. Il est long de sept lignes et large de près de trois.

9.° LES PÉRICALES. — *Pericalus*. MAC-LEAY.

Ce sous-genre se distingue par son *menton*, qui n'a pas de dent ou de lobe intermédiaire saillant. La *lèvre supérieure* est échancrée. Les antennes sont longues et atteignent à peu près les deux tiers du corps. Le corselet est plus large en avant qu'en arrière et les élytres sont assez larges.

On ne connait que deux espèces de Péricales.

1. LE PÉRICALE CICINDÉLOIDE.

Pericalus cicindeloides. MAC-LEAY[1].

Il est bleu, avec le devant de la tête, la bouche et les pattes, noirs. Les palpes sont ferrugineux et les antennes obscures. Les élytres sont faiblement striées : elles présentent à leur extrémité quelques poils longs et rares. Sa longueur est d'un peu plus de quatre lignes.

On le trouve à Java.

1. Annul. javan., Ed. Lequien, pag. 113, pl. 4, fig. 2.

2. LE PÉRICALE A GOUTTELETTES.

Pericalus guttatus. CHEVROLAT[1].

Ce bel insecte est d'un noir bleu : il a les élytres parsemées de taches d'un rouge un peu orangé, au nombre de dix sur chacune. La tête est couverte de stries longitudinales, et le corselet présente au contraire des stries transversales.

On le trouve à Java. Il est long de cinq lignes environ et large de deux.

10.° LES CATASCOPES. — *Catascopus.* KIRBY.[2]

Les Catascopes sont des insectes élégans, ornés de couleurs métalliques, et dignes d'être comparés aux Agras et aux plus belles espèces de Cicindelètes. On les trouve dans les parties les plus méridionales de l'Inde, à la Nouvelle-Hollande, au Sénégal et même au Brésil. On peut les reconnaître à leur *lèvre* avancée, cachant presque toutes les mandibules : le bord de cette lèvre est dentelé, comme dans les Cicindelètes. Leurs *palpes* sont minces et terminés par un article cylindrique ou un peu ovalaire. Ils ont le *menton* découpé en trois lobes, dont celui du milieu est peu avancé. Les *tarses* sont composés d'articles presque cylindriques, et semblables, à ce qu'il parait, dans chacun des sexes : leur face inférieure est garnie de poils qui ne forment pas

1. Mag. de Zool. de M. Guérin, t. II, n.° 46.
2. Étym. χατασχοπος, qui va à la découverte.— Syn. *Carabus,* Fabricius Wiedemann.

une brosse serrée, comme dans la plupart des autres genres d'insectes carnassiers.

On ne connait qu'un petit nombre de Catascopes. On croirait à voir leurs couleurs métalliques et leur forme gracieuse, que ce sont des insectes destinés à vivre au grand jour : leurs tarses semblent indiquer qu'ils se tiennent plutôt à terre que sur les feuilles des arbres. Cependant, selon M. Lacordaire, le Catascope du Brésil se trouve dans les troncs d'arbres vermoulus, et sa démarche est peu agile.

1. LE CATASCOPE FACIAL.

Catascopus facialis. WIED. [1]

C'est un joli insecte d'un vert brillant en dessus, avec les côtés cuivreux. Les pattes et le dessous du corps sont noirs, mais les cuisses ont une teinte de vert peu brillant. La bouche et les antennes sont noires; la dernière moitié de celles-ci est d'un roux obscur. Les stries des élytres sont ponctuées. Les cinquième et sixième intervalles, à partir de la suture, sont plus élevés que les autres et en même temps plus étroits. Sa longueur est de sept lignes et sa largeur de deux et demie.

On le trouve aux Indes orientales, et particulièrement dans l'île de Java.

---

1. *Carabus facialis,* Zool. Magas., t. I, pag. 165.

2. LE CATASCOPE LATÉRAL. (Pl. 8, fig. 5.)

Catascopus lateralis. Br.

Il ressemble beaucoup au précédent; mais, outre qu'il est moins grand, la bande cuivreuse des côtés est plus rouge et s'étend jusqu'au bord extérieur, au lieu de ne couvrir que les septième et huitième intervalles. Le corselet est plus large, et les élytres sont tronquées un peu moins obliquement. Sa longueur est de quatre lignes et un quart et sa largeur d'une et demie.

Ce joli insecte se trouve à la Nouvelle Hollande.

3. LE CATASCOPE DU BRÉSIL.

Catascopus Brasiliensis. Dej. [1]

C'est la seule espèce de ce genre que l'on trouve en Amérique. Elle est en dessus d'un vert bronzé obscur, et en dessous d'un brun presque noir. Les pattes sont de cette dernière couleur; l'abdomen seul est d'un brun rougeâtre. Les stries des élytres sont peu profondes et faiblement ponctuées; les intervalles qui les séparent sont égaux. Sa longueur est de six lignes et sa largeur de deux.

[1] Spec., t. V, pag. 454; et Icon. des Coléopt. d'Europe, t. I, pl. 19. fig. 4. — Voyez pour les autres espèces : le tome XIV des Transactions de la Société Linnéenne de Londres; — le Species de M. le Comte Dejean; — les Annulosa Javanica de M. Mac-Leay, dont une des espèces, le *C. quadri-maculatus*, a été décrite depuis sous le nom de *quadri-signatus* dans le tome I des Annales de la Soc. Entom. de France, pag. 392; — la Centurie de Carabiques de M. Gory, insérée dans le tome II du même recueil; — et enfin, les Etudes Entomologiques de M. de Laporte.

Il a été pris dans les environs de Rio-Janeiro, par M. Lacordaire, sous des écorces en décomposition.

Observation. D'après M. Mac-Leay il faut ajouter à ce genre le *Carabus splendidulus* de Fabricius (Syst. Eleuth., t. I, pag. 184). Il a la tête, le corselet et les antennes ferrugineux; les élytres sont striées, brunes, avec une bordure cuivreuse, très brillante; le corps est ferrugineux.

On le trouve au Bengale.

11.° LES EUCHEILES. — *Eucheila.* DEJ. [1].

Ce sous-genre peut aisément se distinguer de tous les autres par le dernier article de ses *palpes labiaux*, qui est élargi ou triangulaire; par sa *lèvre supérieure*, très grande, presque ovale et qui cache entièrement les mandibules. Il n'y a point de dent au milieu de l'échancrure du *menton*; les élytres sont en carré alongé.

On ne connait également qu'une seule espèce de ce sous-genre. Elle vient du Brésil, et se trouve dans les environs de Rio-Janeiro.

L'EUCHEILE A LÈVRE JAUNE.

Eucheila flavilabris. DEJ. [2].

La couleur de cet insecte est un vert bronzé plus brillant sur la tête; la lèvre supérieure et les pattes sont jaunes. De nombreux points enfoncés couvrent

1. Etym. εὖ, bien, beau; χεῖλος, lèvre.
2. Spec., t. V, pag. 456; et Icon. des Coléopt. d'Europe, t. 1, pag. 8, fig. 3.

toute la surface du corps et sont rangés sur les élytres en stries presque régulières ; ces élytres ont aussi trois lignes élevées et peu marquées. Longueur, un peu plus de trois lignes ; largeur, une ligne et un quart.

GENRE DRÉPAN.

DREPANUS. ILLIGER.

Nous ne connaissons ce genre singulier que par les descriptions et les figures qu'en ont publiées les auteurs. Il n'a point l'aspect d'un Carabique, mais bien plutôt celui d'une Nitidule ou d'un Ips, insectes de la tribu des Clavicornes ; ce qui est dû tant à sa forme plus convexe, qu'à son corselet rebordé sur les côtés ; à sa tête large, sessile, et non pas rétrécie en arrière ; et enfin, à ses pattes qui sont fort courtes. Il présente de plus un caractère unique dans ce groupe, c'est que les *palpes maxillaires* sont fort courts et ne dépassent pas le bout de la mâchoire. Le dernier article des *palpes labiaux* est très large et en triangle. Les crochets des *tarses* ne sont pas dentelés en dessous.

M. Kirby, l'un des premiers entomologistes d'Angleterre, a fait connaître ce genre dans le tome XIV des Transactions Linnéennes de Londres, sous le nom de *Pseudomorphe,* qu'il substitua à celui de *Hétéromorphe :* ce dernier se trouve encore mentionné dans l'explication de la planche qui accompagne le Mémoire intéressant de M. Kirby. De son côté, M. le Comte Dejean a établi dans le tome I de son Iconographie, sous le nom d'*Axinophore*, un genre qui présente les mêmes caractères, et ce savant a reconnu depuis, qu'Illiger l'avait publié long-temps auparavant sous le nom de *Drépan,* dans le sixième volume de son Magasin Entomologique. Nous n'avons pas vu ce dernier ouvrage, et nous ne savons pas quelle espèce Illiger a décrite. Nous connaissons seulement le type du genre Pseudomorphe de M. Kirby, qui n'est pas le même que le Drépan décrit par M. le Comte Dejean. Ce savant en fait connaître une troisième espèce sous le nom de *Drépan de Lacordaire,* et enfin M. Gray, dans le *the animal kingdom*, a figuré sous le nom d'*Axinophorus Brasiliensis* un insecte qui parait se rapporter aux *Morios,* genre de la race des Scaritides. Il n'a aucun des caractères des Drépans et ses palpes maxillaires sont trop longs pour qu'on puisse le laisser avec eux.

Les Drépans semblent avoir quelques rapports avec les Lébies, par leurs élytres un peu tronquées, et par le bout de leur ventre qui est large et obtus. C'est du moins auprès de ce genre qu'ils se placent le mieux.

1. LE DRÉPAN INCERTAIN.

Drepanus excrucians. KIRBY [1].

On le croit originaire de l'Amérique du Nord. Son corps est lisse, un peu velu et roux. Le labre présente

1. *Pseudomorpha excrucians*, Linn., Trans., t. XIV, pag. 100, pl. 3, fig. 3, (avec les détails de la bouche).

en avant quatre points enfoncés d'où partent autant de poils raides. Les élytres sont d'un brun couleur de poix : de faibles points enfoncés forment sur leur surface des stries régulières; leur bord extérieur est roux. La longueur du corps est de cinq lignes.

2. LE DRÉPAN DE LECONTE.

Drepanus Lecontei. Dej. [1].

Il est long de trois lignes et demie et large d'une et demie. Il a la tête et les élytres d'un brun foncé, le corselet roux, les palpes, les antennes et les pattes un peu plus clairs, et le dessous du corps d'un rouge ferrugineux.

Il se trouve dans l'Amérique du Nord.

3. LE DRÉPAN DE LACORDAIRE.

Drepanus Lacordairei. Dej. [2].

Sa couleur est un brun foncé, qui se rapproche de celle de la poix; les palpes, les antennes et les pattes sont d'un roux obscur. Sa longueur est de quatre lignes et sa largeur de près de deux.

Ces deux espèces ont, comme la première, les stries des élytres formées de points peu profonds et peu rapprochés.

1. Spec., t. V, pag. 435. — *Axinophorus Lecontei*, Id., Icon., t. I, pag. 176, pl. 19, fig. 2.

2 Spec., t. V, pag. 436.

CINQUIÈME FAMILLE.

LES BRACHINIENS.

Les curieux insectes dont nous allons esquisser l'histoire, nous montrent combien la nature est variée dans les moyens qu'elle emploie, pour arriver à la conservation des êtres les plus faibles ; et comment elle a pourvu à leur défense, alors même que rien ne dénote à l'extérieur les armes dont elle les a munis. Les Brachiniens sont presque tous d'une taille petite, qui les exposerait à devenir la proie des plus forts, et les autres insectes carnassiers trouveraient en eux une nourriture trop facile ; mais leur ventre renferme des organes qui sécrètent une liqueur caustique, vaporisable, d'une odeur très pénétrante, et qui produit sur la peau une tache semblable à celle qu'y ferait de l'acide nitrique. Cette liqueur, lancée par les plus grandes espèces, cause même une sensation pénible, une véritable brûlure, lorsqu'on saisit ces insectes avec les doigts. Aussi, lorsqu'il s'agit de se soustraire à une attaque ou de s'emparer d'une victime, ils lâchent par l'anus une bouffée de cette matière éthérée, qui produit sur l'économie des autres insectes un effet aussi prompt que pernicieux ; ce qui leur permet ou de les fuir ou même de s'en emparer, pendant le moment de trouble qui en est la suite immédiate.

Cette propriété singulière a valu aux Brachiniens le nom vulgaire de *canonniers*, qui exprime assez bien le caractère le plus remarquable de ces petits animaux. Rien n'est plus curieux que de voir les petites explosions qu'ils produisent aussitôt qu'on les prend. Le bruit qui se fait entendre, après la sortie de la liqueur sous forme d'un petit nuage blanchâtre, est facilement appréciable; et si l'on a, par malheur, placé un de ces insectes à portée des yeux, on ne tarde pas à devenir plus prudent, la douleur que l'on éprouve ôtant l'envie de recommencer cette épreuve. Cependant, si l'on excite plusieurs fois de suite un Brachine, la faculté détonnante semble diminuer graduellement, et ce n'est qu'après un peu de repos qu'il parvient à la recouvrer.

Il était nécessaire, pour contenir les glandes qui servent de réservoir au liquide détonnant, que le corps eût une certaine épaisseur. C'est en effet ce qui distingue cette famille des autres Brachinides, et surtout des Lébiens, dont le corps est toujours très plat. Le corselet aussi a acquis plus d'alongement, mais il n'est pas cylindrique comme dans les Odacanthiens : sa forme est un peu celle d'un cœur qui serait tronqué aux deux bouts. Les tarses, toujours entiers, servent encore à les faire reconnaître. Leurs élytres sont en carré long, mais elles ont plus de largeur vers le bout qu'à la base; et tantôt elles sont tronquées d'une manière un peu oblique, tantôt elles sont avancées, de sorte qu'elles couvrent l'abdomen, comme cela se voit dans quelques autres genres de Brachinides. Avant de décrire les différens groupes que l'on a établis dans cette famille, nous allons en présenter les caractères les plus saillans dans le tableau suivant.

TABLEAU

DE LA DIVISION DE LA FAMILLE DES BRACHINIENS,

EN GENRES ET EN SOUS-GENRES.

ELYTRES	tronquées................ BRACHINUS.
	entières; corselet en cœur, droit en arrière. OZOENA
	entières; corselet très élargi, un peu avancé en arrière.......... *TRACHELIZUS.*

GENRE BRACHINE.

BRACHINUS. WÉBER [1].

La forme de ces insectes est assez alongée : leurs antennes sont presque aussi longues que leur corps; leur corselet présente en arrière un rétrécissement qui lui donne un aspect gracieux; leurs élytres sont un peu aplaties, assez larges et en carré long, et se terminent un peu obliquement dans la plupart. Tous ces caractères avaient paru suffisans à M. Wéber, un des élèves de Fabricius, pour autoriser la création d'un genre aux dépens de ceux des Carabes de Linnée, qui présentent les propriétés que nous venons de décrire. Fabricius et les autres entomologistes adoptèrent cette coupe, que Bonelli essaya plus tard de subdivi-

---

1. Étym. βραχύνω, je racourcis. — Syn., *Carabus*, Linnée, Olivier; *Aptinus*, Bonelli, Latreille, Dejean; *Pheropsophus*, Solier.

ser d'après la présence ou l'absence des ailes membraneuses sous les élytres, et de la dent du menton. Il
laissa le nom de Brachine aux espèces ailées, dont le
menton est dépourvu de dent, et les autres reçurent
la dénomination d'*Aptines.*

Tout récemment encore, un autre entomologiste,
M. Solier, de Marseille, poussa plus loin les observations
de Bonelli, et proposa sous le nom de *Phéropsophe* un
nouveau genre, qu'il caractérisa par l'épaisseur un peu
plus grande du dernier article des palpes. Les Phéropsophes de cet auteur renferment les plus grandes espèces de Brachines, dont le type est le Brachine aplani
que nous décrirons plus loin ; et de plus, une espèce
de la seconde division des Brachines de M. le Comte
Dejean : ce dernier les avait partagés d'après le plus
ou le moins d'élévation des côtes des élytres et avait
adopté le genre Aptine de Bonelli. M. Solier partage
aussi cette manière de voir, mais il place parmi ses
vrais Brachines deux espèces qui appartiennent, sous
tous les rapports, à la division des Aptines. Il se
fonde pour cela, sur l'absence ou la présence d'une
dent au menton. Mais il faut le dire, tous ces caractères ont si peu d'importance, leur observation est si
incertaine, que l'on ne peut les admettre que comme
un moyen de grouper les espèces d'une manière plus
commode. Nous décrirons donc quelques Brachines,
en plaçant en tête ceux que l'absence d'ailes sous les
élytres a fait regarder comme des Aptines : ils sont
tous de couleur noire, sinon en entier, au moins en
grande partie ; puis ensuite nous ferons connaître les
espèces de notre pays, que tous les auteurs ont regar-

dées comme des Brachines; et enfin, nous placerons à leur suite deux insectes qui appartiennent au groupe des Phéropsophes.

Les Brachines en général se trouvent sous les pierres et presque toujours en petites réunions; on les rencontre aussi dans les décompositions végétales : dans ce cas ils sont plus nombreux. M. Chevrolat, entomologiste distingué de la Capitale, après avoir renfermé dans un bocal un grand nombre de Brachines appartenant à plusieurs espèces, a observé à sa grande surprise, qu'ils ne se sont point attaqués entre-eux; ce qui semble prouver que ces insectes ont des habitudes moins voraces que le reste des carnassiers. Ceux-ci, en effet, s'entredévorent toujours lorsqu'on vient à les mettre ensemble.

1. LE BRACHINE BALISTE.

Brachinus balista. AHRENS. [1]

Il est d'un noir brillant, à l'exception du corselet qui est d'un rouge de sang en dessus et sur les côtés. Les élytres présentent des côtes longitudinales assez fortes : les intervalles qui les séparent sont tout à fait lisses. Le bout des jambes et le dessous des tarses sont revêtus de poils courts et d'un roux doré.

On trouve cet insecte dans les parties de la France qui avoisinent les Pyrénées, et même en Espagne et en Portugal. Il a un peu plus de six lignes de longueur, sur deux et demie de largeur.

1. Fauna Insectorum Europæ, fasc. VIII, n.º 5. — *Aptinus balista*, Dej. Spec., t. I, pag. 292; et Icon. t. I, pl. 16, fig. 3.

2. LE BRACHINE MUTILÉ.

Brachinus mutilatus. Fab. [1].

Cet insecte est moindre que le précédent, et s'en distingue de plus par la disposition de ses couleurs. Tout son corps est noir : les pattes seules et les premiers articles des antennes sont rougeâtres ; le reste des antennes est brun. Les côtes des élytres sont larges, moins élevées que dans le Brachine baliste, et les intervalles qui les séparent, sont vaguement ponctués. Sa longueur est de cinq lignes et demie et sa largeur d'un peu plus de deux.

On le trouve, sous les pierres, dans les montagnes de l'Autriche.

3. LE BRACHINE DES ALPES.

Brachinus Alpinus. Dej. [2].

On reconnait facilement cet insecte à sa couleur générale qui est noire : les palpes seuls et la dernière moitié des antennes sont roussâtres. On aperçoit quelques points très rares entre les stries des élytres. Il n'a que quatre lignes de longueur, et pas tout à fait deux de largeur.

On le prend dans les parties de la France qui avoisinent les Alpes, mais il n'est pas commun.

1. Syst. Eleuth., t. I. pag. 215. — *Aptinus mutilatus*, Dej. Spec., t. I. pag. 293; et Icon., t. I pag. 16, fig. 3.

2 *Aptinus Alpinus.* Spec., t. V. pag. 409; et Icon., t. I, pl. 16, fig. 4

4. LE BRACHINE DES PYRÉNÉES.

Brachinus Pyræneus. DEJ. [1]

De même que le Brachine mutilé, cet insecte a le corps noir, tandis que les pattes et les premiers articles des antennes sont rougeâtres; mais sa taille est beaucoup moindre, sa forme plus étroite et plus alongée : le rétrécissement du corselet en arrière est plus sensible et les côtes des élytres sont plus minces et plus aiguës.

On le trouve dans le département des Pyrénées Orientales, où il est assez répandu; au lieu que le Brachine mutilé ne se prend qu'en Autriche. Il a quatre lignes de longueur et une et demie de largeur.

5. LE BRACHINE BELLIQUEUX.

Brachinus bellicosus. DUFOUR [2]

Il s'éloigne des précédens par ses couleurs. Les élytres sont d'un brun légèrement vert et le dessous du corps est presque noir. La tête, le corselet et les antennes sont d'un roux ferrugineux; les pattes tirent un peu sur le jaune. Les côtes des élytres sont faibles, et les intervalles qui les séparent présentent une ponctuation assez fine et peu serrée.

On le trouve en Espagne et dans le midi de la

1. *Aptinus pyræneus,* Spec., t. I, pag. 295; et Icon., t. I, pl. 16, fig. 7.
2. Annal. des Sc. phys., t. VI, pag. 320. — *Aptinus jaculans,* Dej. Spec., t I, pag. 296; et Icon., t. I, pl. 16, fig. 8.

France, où il est assez rare. Il a de quatre à cinq lignes de longueur et d'une et demie à deux lignes de largeur.

6. LE BRACHINE CRÉPITANT.

Brachinus crepitans. LIN.[1]

Le corps et les pattes de cet insecte sont d'un jaune rougeâtre : le ventre est brun et les élytres sont d'un beau vert, qui se change quelquefois en bleu. Les côtes des élytres sont très faibles, et leur surface est parsemée de petits points enfoncés. Les deuxième et troisième articles des antennes sont d'un brun foncé.

On trouve cet insecte dès les mois d'avril et même de mars, sous les détritus des végétaux, sous les pierres, et sous tout autre corps : il est assez commun dans toute l'Europe et aux environs de Paris. Sa longueur varie entre trois et quatre lignes, et sa largeur est d'une et un quart à une et demie. Cet insecte résiste aux attaques des plus gros carnassiers, tels que le Calosome inquisiteur que nous ferons bientôt connaître : on a remarqué qu'il pouvait renouveler alors jusqu'à vingt fois ses explosions odoriférantes, tandis que plusieurs des espèces précédentes n'en peuvent produire que douze environ. Quand ses forces sont épuisées, si le danger continue de se faire craindre, il essaie de reproduire ses décharges; mais au lieu d'un nuage ou d'une vapeur blanchâtre, il ne

---

1. *Carabus crepitans*, Fauna Suecica, n.º 272. — *Brachinus crepitans* Dej., t. I, pag. 318; et Icon., t. I, pl. 17, fig. 4.

sort plus de son ventre qu'un liquide brun ou jaunâtre, comme dans presque tous les autres Carabiques.

7. LE BRACHINE INCERTAIN.
Brachinus incertus. BR. [1].

La disposition des couleurs est la même dans cette espèce que dans le Brachine crépitant, mais elle en diffère par les antennes dont la teinte est brune, à l'exception des deux premiers articles qui sont plus pâles.

On la trouve en France, et jusqu'ici on l'avait confondue avec la précédente. Sa taille est à peu près la même.

8. LE BRACHINE A ANTENNES SANS TACHES.
Brachinus immaculicornis. DEJ. [2].

Il ressemble aux deux précédens par les couleurs, si ce n'est qu'il a le ventre et le dessous du corps d'un brun ferrugineux. Les antennes n'ont pas de taches brunes sur les premiers articles; tous ceux qui suivent le troisième sont un peu plus obscurs. Les élytres sont larges, aplaties, d'un bleu légèrement nuancé de vert : toute leur surface est couverte de très-petits points enfoncés, et leurs côtes sont à peine sensibles.

---

1. *Brachinus obscuricornis,* du même, Revue Entom. de M. Silbermann, t. II, pag. 110. Ce dernier nom a dû être changé, parce qu'il avait été donné par M. Ménétriés à une espèce décrite auparavant.

2. Spec., t. II, pag. 466; et Icon., t. I, pl. 17, fig. 5.

On trouve cette espèce dans le midi de la France et en Espagne. Elle a la même longueur que les deux précédentes, mais elle est un peu plus large.

9. LE BRACHINE A ANTENNES NOIRES.

Brachinus nigricornis. DEJ.[1]

On reconnaît aisément ce joli insecte à ses antennes dont les deux premiers articles sont rougeâtres, les deux suivans noirs, et tous les autres d'un brun foncé. La tête, le corselet et les pattes sont rougeâtres; le ventre et la poitrine sont noirs, et les élytres vertes. Les côtes de ces élytres sont fortes et les intervalles qui les séparent sont à peine ponctués.

Cette espèce est rare; elle se trouve dans le midi de la France, en Grèce, daus la Russie méridionale et même en Sibérie. Elle a trois lignes et demie de longueur, sur une et demie de largeur.

10. LE BRACHINE A EXPLOSIONS.

Brachinus explodens. DUFT.[2]

Cette espèce est une des moindres. Sa couleur est bleue ou verte sur les élytres, noire sur la poitrine et le ventre, et rougeâtre sur les autres parties du corps. Comme dans le Brachine crépitant, les troisième et quatrième articles des antennes sont presque

---

1. Spec., t. V, pag. 429, et Icon., t. I, pl. 17, fig. 3.
2. Fauna Austriæ, t. II, pag. 234. — Dej., Spec., t. I, pag. 320, et Icon., t. I, pl. 17, fig. 7.

entièrement bruns. Les côtes des élytres sont peu élevées, et leur surface est toute couverte de petits points enfoncés. Elle a deux lignes et demie de longueur et un peu plus d'une ligne de largeur.

Cet insecte n'est pas très rare autour de Paris.

11. LE BRACHINE PÉTILLANT.

Brachinus psophia. DEJ. [1]

Ce qui distingue cette espèce de toutes les autres, c'est qu'elle est entièrement rougeâtre, à l'exception des élytres qui sont d'un vert un peu bleuâtre. Les côtes de ces élytres sont assez fortes, et leur ponctuation est plus profonde que dans les précédentes.

On la trouve dans le midi de la France, en Italie et dans la Russie méridionale; sa longueur est le plus souvent de deux à trois lignes, mais elle en atteint quelquefois jusqu'à cinq et même au-delà.

12. LE BRACHINE BOMBARDE.

Brachinus bombarda. DEJ. [2]

Il ressemble tout-à-fait au précédent, mais la base des élytres est ornée d'une tache en triangle, qui est de la même couleur que le reste du corps.

Il habite également le midi de la France, et de plus l'Espagne et le Portugal. Il a de trois à quatre lignes de longueur.

1. Spec., t. I, pag. 321; et Icon., t. I, pl. 18, fig. 1.
2. *Ibid.*, t. I, pag. 322; et Icon., t. I, pl. 18, fig. 2.

13. LE BRACHINE PISTOLET.

Brachinus sclopeta. FAB. [1].

Ce petit insecte est de la taille du Brachine à explosions. Il en diffère par deux caractères seulement : la poitrine et le ventre sont rougeâtres et les élytres ont un trait de cette même couleur sur la base de la suture.

Il est plus commun aux environs de Paris que les autres espèces. Les élytres sont quelquefois vertes, mais le plus ordinairement elles sont bleues.

14. LE BRACHINE EXHALANT.

Brachinus exhalans. ROSSI. [2].

C'est le plus joli de nos Brachines de France. Sa couleur est rougeâtre comme dans les précédens ; le ventre et la poitrine sont noirs, mais le milieu de cette dernière partie est jaunâtre. Les élytres sont d'un bleu verdâtre, et chacune d'elles est ornée de deux taches jaunes et arrondies, qui sont placées près du bord extérieur ; la première à la base et la seconde un peu avant l'extrémité. Les côtes des élytres sont peu saillantes. Sa longueur varie entre une et demie et trois lignes.

1. *Carabus sclopeta*, Entom., Syst., t. 1, pag. 136. — *Brachinus sclopeta*, Dej., Spec., t. I, pag. 322; et Icon., t. I, pl. 18, fig. 3.

2. *Carabus exhalans*. Mantissa insect., t. 1, pag. 84, pl. I, fig. b. — *Brachinus exhalans*, Dej., Spec., t. I, pag. 324; et Icon., t. I, pl. 18, fig. 5.

On le trouve dans le midi de la France et en Italie; mais il est assez rare.

15. LE BRACHINE A ÉPAULES JAUNES.

Brachinus humeralis. AHRENS. [1].

Cette espèce se trouve encore dans le midi de la France, et ses couleurs la rapprochent des Brachines exotiques. Elle est jaune avec les élytres seulement brunes; le bout de ces élytres et une tache alongée qui s'étend le long du bord extérieur, depuis la base jusque près de l'extrémité, sont aussi de la couleur du reste du corps. Les côtes des élytres sont plus élevées que dans les précédens. Sa longueur varie de trois et demie à cinq lignes.

16. LE BRACHINE APLANI.

Brachinus complanatus. FAB. [2].

Nous décrivons cette espèce et la suivante comme types des Brachines dont on a formé dernièrement le genre Phéropsophe, qui veut dire *porte-bruit*. Ce sont les plus grandes qui soient connues. La couleur du Brachine aplani est un jaune un peu roux : ses élytres sont noires, mais leur bord extérieur, leur extrémité, une petite tache sur l'angle de la base, et une bande de forme irrégulière sur le milieu, sont de la couleur du reste du corps. Les côtes des élytres sont fortes, et les intervalles qui les séparent sont couverts d'une

1. Faun. Ins. Eur., fasc. 1, n.º 9. — *Brachinus causticus*, Dej., Spec., t. 1, pag. 313 ; et Icon., t. 1, pl. 17, fig. 2.

2. *Carabus complanatus*, Entom., Syst., t. 1, pag. 144. — *Brachinus complanatus*, Dej., Spec., t. 1, pag. 311.

infinité de petites stries longitudinales, qui leur donnent un aspect légèrement rugueux. Il a huit lignes de longueur, sur trois de largeur.

On le trouve à Cayenne.

17. LE BRACHINE OBLIQUE. (Pl. 8, fig. 4.)

Brachinus obliquus. BR. [1]

Cet insecte ressemble au précédent, pour la taille et la disposition des couleurs ; mais la bande du milieu des élytres est plus étroite, et sa direction est oblique au lieu d'être transversale.

On le trouve au Brésil. Sa taille est la même que celle du Brachine aplani.

Observation. Dans le troisième volume de l'Entomographie de la Russie, M. Fischer a formé un genre particulier, sous le nom de *Mastax*, (du mot grec μάςαξ, mâchoire) avec le *Brachine des thermes*, décrit par M. Steven et depuis par M. le Comte Dejean. Ce genre a pour caractère essentiel la forme du dernier article des palpes, qui est plus gros que le précédent, et se termine en pointe. La lèvre supérieure est échancrée ; les mandibules sont fortes et dentées, et la forme générale est un peu différente de celle des

1. Voyez pour les autres espèces de ce genre, le species de M. le Comte Dejean ; — la Centurie de Carabiques de M. Gory ; — le Delectus animalium articulatorum de M. Perty, (Voyage de MM. Spix et Martius) ; — les Symbolæ physicæ de M. Ehremberg ; — le Magasin de M. Germar ; — les Etudes Entomologiques de M. de Laporte ; — l'Entomographie de la Russie, de M. Fischer qu'il faut consulter aussi, pour les genre Cyminde, Dromie et Lébie ; — les *Annulosa Javanica* de M. Mac-Leay ; — enfin le Catalogue des objets recueillis au Caucase, par M. Ménétriés, où l'on trouve aussi la description d'une nouvelle espèce de Cyminde

autres Brachines. Nous ne pensons pas que l'on doive admettre cette nouvelle coupe, parce que l'ensemble de ses caractères ne diffère pas essentiellement de ceux des vrais Brachines.

Nous placerons, auprès des Brachines, d'après M. de Laporte, deux sous-genres que nous n'avons pas vus en nature, mais qui doivent sans doute faire partie de notre famille des Zuphiens, à cause de la longueur du premier article de leurs antennes. Ce sont :

1.º LES PSEUDAPTINES. — *Pseudaptinus*. LAP. [1].

Ils ont la forme des petites espèces de la division des Aptines de M. le Comte Dejean. Leur *lèvre supérieure* est avancée et cache presque entièrement les mandibules; leurs *palpes maxillaires* sont très longs, et leur dernier article s'élargit beaucoup à l'extrémité, tandis que le même article des *palpes labiaux* est presque cylindrique. Le corselet est très alongé et en forme de cœur. Les élytres sont tronquées obliquement à l'extrémité.

La seule espèce dont se compose ce sous-genre est

LE PSEUDAPTINE A ANTENNES BLANCHES.

Pseudaptinus albicornis. LAP. [2].

Il est d'un brun presque noir et faiblement ponctué. Les six premiers articles des antennes sont ob-

---

1. Etym. ψευδὸς, faux, ajouté au mot d'*Aptinus*.
2. Etud. Entom., pag. 57.

scurs, et les autres d'un blanc jaunâtre. Les élytres sont fortement striées. L'abdomen ou ventre est rougeâtre. Les pattes et les parties de la bouche sont jaunes.

On trouve cet insecte au Brésil. Il a deux lignes de longueur, et trois quarts de ligne de largeur.

2.° LES ARSINOÉS. — *Arsinoe*. LAP. [1]

Ce sous-genre se rapproche du précédent par la grandeur du premier article des *antennes*, qui est plus long qu'aucun des autres. Le dernier article de ses *palpes* est tronqué à l'extrémité. La *lèvre supérieure* est assez grande, plus large que longue. Le *menton* présente une dent très forte au milieu de son échancrure. Le corselet est transversal, court, un peu en cœur, et muni d'un large bord sur les côtés.

On n'en connaît également qu'une seule espèce,

L'ARSINOÉ A QUATRE GOUTTELETTES.

Arsinoe quadriguttata. LAP. [2]

Elle est d'un brun rougeâtre avec la tête noire, excepté le front qui est de la couleur générale, ainsi que les parties de la bouche et le premier article des antennes. Les élytres sont noires et fortement striées; elles offrent chacune deux taches jaunes, l'une à la base et alongée, l'autre avant l'extrémité et arrondie. Le bout de l'abdomen est noir, ainsi que les jambes et le bout des cuisses; tout l'insecte est ponctué.

1. *Arsinoé*, nom de la fable.
2 Étud. Entom., pag. 58.

Cette espèce vient de Madagascar. Sa longueur est de quatre lignes et demie, et sa largeur d'une ligne et demie.

GENRE **OZÈNE**.

OZOENA. OLIVIER [1].

La forme des insectes de ce genre n'est plus la même que celle des Brachines : leurs élytres, entières et aussi longues que le ventre, leur donnent un aspect différent. Cependant ils s'en rapprochent tout-à-fait par la propriété qu'ils partagent avec eux, d'émettre par l'anus des jets d'une vapeur caustique, qui sert à éloigner leurs ennemis. Cette particularité remarquable semblerait avoir été connue du naturaliste qui a décrit la première Ozène, car ce mot signifie en grec sentir, répandre une odeur. Cependant, on l'oublia depuis, sans doute parce qu'il ne s'arrêta pas à la faire remarquer, et ce n'est que dans ces dernières années qu'elle a été signalée par M. Lacordaire, dont le nom se rattache à toutes les observations que l'on a faites sur les insectes de l'Amérique.

Le corselet des Ozènes est court, à la manière de celui des Lébies, mais il n'est pas prolongé en arrière : il a un peu la forme d'un cœur, et, sous ce rapport, ainsi que par la forme de ses *antennes*, il se rapproche du premier genre de la famille suivante, les Helluos. Au

---

1. Etym. ὄζω, sentir; répandre une odeur.

lieu d'être filiformes, comme dans les Brachines, ces organes sont formés d'articles gros, presque carrés et qui s'élargissent de plus en plus, à mesure qu'ils approchent de l'extrémité (*pl.* 8, *fig.* 5. *a.*)

Leur *lèvre supérieure* est peu avancée, plus large que longue, entière, ou un peu échancrée en avant. Leurs *cuisses* de devant présentent quelquefois une dent à la partie inférieure ; l'échancrure de leurs jambes antérieures est placée avant le milieu : ces jambes sont arquées dans quelques espèces.

Le genre Ozène a été établi par Olivier, dans le Dictionnaire des Insectes de l'Encyclopédie méthodique. M. le Comte Dejean n'a pas connu l'espèce décrite par cet auteur, et il a placé avec elle plusieurs insectes qui en diffèrent tous par l'échancrure de la lèvre supérieure. M. Gray, dans la partie entomologique du règne animal anglais, a formé sous le nom de *Goniotropis,* un genre qui nous semble correspondre exactement à celui d'Olivier. En effet, dans l'un et dans l'autre la lèvre est entière. Il en résulte que les Ozènes peuvent se partager en deux divisions, selon que le labre est entier ou échancré : dans la première division, les cuisses de devant sont quelquefois munies d'une dent, et quelquefois cette dent leur manque ; dans la seconde, la dent parait toujours exister.

En général, ce genre est remarquable par une saillie qui se trouve auprès du bout des élytres ; souvent aussi leur base est munie d'une petite dent.

1. L'OZÈNE A PATTES DENTÉES.

Ozæna dentipes. OLIV.[1]

Elle est d'un noir luisant, qui passe un peu au brun. Ses élytres sont régulièrement striées, et l'on remarque quelques petits points enfoncés entre les stries. Son corselet présente quelques points enfoncés. Sa longueur est de dix lignes et sa largeur de deux et un tiers.

On la trouve à Cayenne.

2. L'OZÈNE DU BRÉSIL.

Ozæna brasiliensis. GRAY[2].

Elle est longue de neuf lignes. Sa couleur est un brun luisant, presque noir; les tarses, et la suture des élytres sont d'un brun plus clair; tout le corps est finement ponctué; les jambes de devant sont un peu arquées.

La patrie de cet insecte est le Brésil.

3. L'OZÈNE A GROSSE TÊTE.

Ozæna megacephala. LAP.[3]

Elle n'a pas de dents aux cuisses antérieures, ce qui doit la rapprocher de la première espèce. Ses jambes de devant sont encore plus courbées que dans l'Ozène

1. Encycl. méth., t. VIII, p. 620.
2. *Goniotropis Brasiliensis*, the anim. Kingd., t. I, pag. 274, pl. 12, fig. 2, avec tous les détails grossis.
3. Étud. Entom., pag. 54.

du Brésil. Sa couleur est noire en dessus et d'un brun couleur de poix en dessous. Elle a la tête fort grosse et parsemée de points enfoncés, excepté en avant, où elle est tout-à-fait lisse, ainsi que la lèvre supérieure. On remarque sur les élytres des côtes élevées et longitudinales dont les intervalles présentent deux séries de points enfoncés. Sa longueur est de sept lignes et sa largeur de deux.

Elle se trouve aux Indes orientales.

4. L'OZÈNE DITOMOÏDE. (Pl. 8, fig. 5.)

Ozæna ditomoides. Br.

La dénomination que nous assignons à cette espèce, vient de la ressemblance qu'elle offre avec les insectes appartenant à un sous-genre que nous ferons connaître plus loin sous le nom de *Ditome.* Sa couleur est un brun luisant, presque tout-à-fait noir en dessus et légèrement ferrugineux en dessous. Les pattes sont d'un brun ferrugineux. Les cuisses antérieures présentent à leur milieu une saillie en forme de dent obtuse. La tête est lisse et marquée de deux impressions entre les yeux. Les élytres sont plus courtes, plus ovalaires que dans les autres espèces de ce genre, arrondies à la base et à l'extrémité, et surmontées de côtes longitudinales très fortes dont les intervalles sont ponctués d'une manière peu distincte; cependant vers le bord extérieur, on remarque deux rangées de points plus profonds.

Cette jolie espèce se trouve à Madagascar. Elle a quatre lignes et demie de longueur, sur un peu moins de deux lignes de largeur.

5. L'OZÈNE LISSE.

Ozæna levigata. Dej. [1]

Ainsi que l'indique son nom, cette espèce est entièrement lisse. Sa couleur est une teinte ferrugineuse assez claire, qui devient plus obscure et presque brune sur les élytres et le milieu des antennes. Le bord extérieur des élytres et leur suture, sont un peu plus pâles que le reste de leur surface. Lorsqu'on examine l'insecte avec une forte loupe, on aperçoit quelques points enfoncés sur la tête et le corselet, et l'on distingue sur les élytres quelques stries fort légères que forment de très petits points peu éloignés entre eux.

Cette jolie Ozène se trouve au Brésil. Sa longueur est de quatre lignes, et sa largeur d'une ligne et demie environ.

Nous placerons, auprès des Ozènes, deux sous-genres.

1.° LES TRACHÉLIZES. —*Trachelizus*. Solier. [2]

Qui ont été formés tout récemment dans un mémoire manuscrit que M. Solier a confié à M. Audouin afin qu'il fût inséré dans notre travail. Ils diffèrent des Ozènes par la forme de leur *corselet*, qui est très large, fortement échancré au bord antérieur, arrondi sur les

---

1. Spec. t. V, pag. 513; et Icon. t. I, pl. 25, fig. 4. — Voyez, pour les autres espèces : le Species de M. le Comte Dejean, et les Études Entomologiques de M. de Laporte.

2. Etym.? τραχηλίζω, tordre, renverser la tête.

côtés et légèrement prolongé en arrière, à peu près à la manière des Lébies. Les élytres sont renflées, et présentent, comme dans les Ozènes, une saillie vers le bout. La *lèvre supérieure* est échancrée. Les cuisses de devant ne sont pas dentées, mais elles offrent une excavation qui occupe plus de la moitié de leur longueur (Pl. 8, fig. 6, *a*.)

La seule espèce connue est,

LE TRACHÉLIZE ROUX. (Pl. 8, fig. 6.)

Trachelizus rufus. SOLIER.

Ainsi que l'indique son nom, cet insecte est entièrement roux. Sa tête est lisse ; son corselet présente quelques rides transversales très légères ; ses élytres ont des stries très faibles et presqu'entièrement effacées.

On le trouve au Brésil. Sa longueur est de sept lignes, et sa largeur de trois environ. Il n'existe, à notre connaissance, que dans la collection de M. Solier de Marseille, qui a bien voulu nous le communiquer.

2.° LES ICTINES. — *Ictinus*. LAP. [1]

Ce sont des Ozènes plus longues et plus étroites que les autres, qui ont le dernier article des *antennes* renflé, plus large que les précédens, tronqué à l'extrémité et aminci de chaque côté en forme de lame. Leur *lèvre supérieure* est transversale, étroite, et a ses

---

1. Etym. *Ictinus*, nom de la fable.

angles antérieurs arrondis. Leur corselet est muni sur les côtés d'un bord très large , et n'est point avancé en arrière comme dans le sous-genre précédent.

L'ICTINE TÉNÉBRIOÏDE.

Ictinus Tenebrioides. LAP. [1].

Il est d'un brun presque noir et finement ponctué. La tête présente entre les yeux deux impressions longitudinales. Les élytres sont marquées de stries longitudinales assez nombreuses. La bouche est un peu rougeâtre.

On le trouve à Cayenne. Il a dix lignes de longueur sur deux et un tiers de largeur.

SEPTIÈME FAMILLE.

LES GRAPHIPTÉRIENS.

Ces insectes ont la languette plus développée que ceux des familles précédentes ; elle est toute de consistance cornée, et s'avance souvent entre les palpes, sous la forme d'une saillie ovalaire. Dans toutes les autres familles, cette languette est, au contraire, tout-à-fait membraneuse.

Les Graphiptériens se composent de deux genres

1. Etud. Entom., pag. 54 ; pl. 2, fig. 3.

principaux, les *Helluos* et les *Anthies*, aux dépens desquels on a formé les *Graphiptères*, qui prètent leur
nom à toute cette famille. Leur corselet est en forme
de cœur tronqué : tantôt il est court comme dans les
Lébiens, et tantôt il est plus alongé et plus rétréci en
arrière ; c'est alors surtout qu'il représente assez bien
la figure d'un cœur. Les élytres sont la plupart du
tems alongées et sans échancrure sensible ; c'est là ce
qui caractérise les Anthies. Tantôt ces élytres sont arrondies, presque aussi larges que longues, et tronquées au bout : c'est ce qu'on voit dans les Graphiptères qui n'en sont qu'un démembrement ; dans d'autres
cas, enfin, ces élytres sont plus longues que larges,
tronquées au bout et presque en carré long : tels sont
les Helluos. La distinction de ces trois coupes sera
saisie facilement au moyen du tableau suivant :

TABLEAU

DE LA DIVISION DE LA FAMILLE DES GRAPHIPTERIENS,

EN GENRES ET EN SOUS-GENRES.

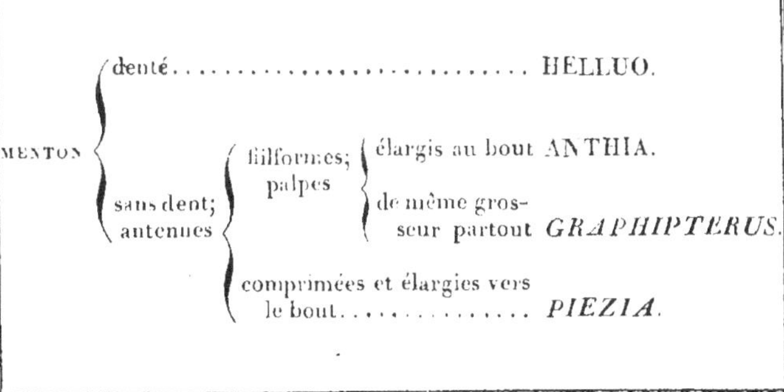

GENRE HELLUO.

HELLUO. BONELLI.

Les insectes qui composent ce genre sont généralement peu connus à cause de leur rareté. Ils se trouvent à la Nouvelle-Hollande, aux Indes orientales, au Sénégal et dans les deux Amériques. Tout ce que l'on sait, concernant leurs habitudes, c'est qu'ils vivent sous les pierres. Quelques espèces exhalent une odeur analogue à celle de presque tous les Carabiques, mais beaucoup plus forte que dans la plupart d'entre eux.

On reconnait facilement les Helluos à la forme aplatie de leur corps, et surtout à celle de leurs élytres, qui représente un carré long. Le bout de ces élytres est tronqué; mais quelquefois il n'est pas coupé d'une manière aussi brusque, et il s'arrondit un peu. Le *menton* présente une dent au milieu de son échancrure. Les *palpes maxillaires* sont terminés par un article un peu élargi et presqu'en forme de triangle. La *lèvre supérieure* est avancée au milieu, ce que l'on ne retrouve dans aucun autre genre de Carabiques, et les *antennes* sont composées d'articles épais, qui sont tantôt d'égale grosseur d'un bout à l'autre, et tantôt élargis vers l'extrémité. Il faut remarquer que la forme de la lèvre supérieure et celle des antennes, présentent quelques différences, sur lesquelles plusieurs entomologistes ont établi des genres que nous allons indiquer : toutefois ils nous paraissent devoir être regardés comme de simples divisions.

Le genre Helluo a été formé par Bonelli [1] sur une espèce de la Nouvelle-Hollande, que Latreille avait placée avec les Anthies, en la distinguant par le nom de *tronquée*. En effet, les vraies Anthies n'ont point les élytres coupées carrément à l'extrémité. La lèvre de cet insecte, avancée au milieu (*pl.* 9, *fig.* 1, *a.*); ses antennes, légèrement comprimées et d'égale grosseur aux deux bouts (*fig.* 1, *b.*); forment les caractères auxquels on put d'abord reconnaître les Helluos. Mais, depuis que des découvertes récentes eurent fait connaître un plus grand nombre d'espèces de ce genre, on remarqua que d'autres ont la saillie de la lèvre en forme de dent aiguë (*fig.* 1, *c.*) : tels sont les *Pleuracanthes* de M. Gray [2]; et que d'autres encore ont cette lèvre en carré, avec les palpes labiaux plus élargis que les maxillaires (*fig.* 1, *d.*): ce sont les *Planétès* de M. Mac-Leay [3]. Quelques-unes, séparées par M. de Laporte, sous le nom de *Helluomorphes* [4], tiennent le milieu entre les deux divisions précédentes par leur lèvre arrondie et en forme de demi-cercle : elles ont les antennes comprimées et très larges vers le bout. (*fig.* 1, *e.*) Il y a même une autre modification dans les formes de quelques espèces, dont on pourrait se servir, si l'on adoptait les mêmes principes de division : c'est celle où la lèvre supérieure est courte et tout-à-fait trans-

---

1. Observ. Entom. sur les Carabiques, insérées dans les Mém. de l'Acad des Sc. de Turin.

2. The anim. Kingdom. Ins., t. I, pag. 272.

3. Annulosa Javanica, Ed. Lequien, pag. 130

4. Études Entom, pag. 52.

versale; les élytres, dans ce cas, sont presque arrondies à l'extrémité.

Néanmoins, nous devons observer que ces différences, qui paraîtront peut-être remarquables, ne sont pas
également tranchées dans toutes les espèces d'Helluos.
Il est souvent impossible de leur assigner des limites
certaines, et l'on ne sait pas toujours à quelle division
se rapportent les espèces que l'on étudie. Il serait
même nécessaire d'établir quelques autres coupes, si
l'on voulait tenir compte de toutes les variations
qu'elles présentent. La lèvre, par exemple, offre tous
les degrés de développement, depuis la plus avancée,
jusqu'à celle dont la forme est tout-à-fait linéaire, c'est-
à-dire à bords exactement parallèles. Les antennes
varient également en longueur et en épaisseur, et l'on
observe tous les passages qui peuvent exister entre les
plus minces, et celles dont les articles sont larges et
très comprimés.

En conséquence, nous adoptons, avec M. le Comte
Dejean, le seul nom d'Helluo, pour toutes les espèces
dont les formes sont celles que nous venons d'expri-
mer. On en connait une vingtaine environ.

1. L'HELLUO A CÔTES. (Pl. 9, fig. 1.)

Helluo costatus. BONELLI[1].

C'est une belle espèce de la Nouvelle-Hollande,
dont la couleur est entièrement noire. La tête et le
corselet présentent quelques rugosités en travers et
de gros points enfoncés. On remarque sur les élytres
des côtes élevées et lisses, peu rapprochées, dont les

____

1. Obs. Ent. 2.ᵉ part., pag. 23.

intervalles sont couverts de plusieurs séries longitudinales de points enfoncés, parmi lesquelles deux surtout se distinguent par la profondeur et la largeur des points. La lèvre figure un carré long, dont on aurait coupé les angles antérieurs. Cet insecte a dix lignes de longueur sur trois de largeur.

2. L'HELLUO A COL COURT.

Helluo brevicollis. DEJ. [1].

Il est d'un noir luisant. Sa tête et son corselet sont marqués de quelques points profonds; ses élytres sont fortement striées, et dans chaque strie on remarque une série de gros points enfoncés; sa lèvre est avancée au milieu en manière de dent; ses antennes sont conformées à peu près comme dans l'espèce précédente, mais elles sont un peu plus courtes.

Cet insecte se trouve au Brésil. Il a sept lignes de longueur sur deux et demie de largeur.

3. L'HELLUO A ANTENNES LARGES.

Helluo laticornis. DEJ. [2].

C'est un joli insecte mi-partie de noir et de rouge: ses élytres sont noires, avec la base seule ferrugineuse, ainsi que la tête qui a un peu de brun en arrière;

---

1. Spec., t. V, pag. 403.
2. *Ibid.*, t. V, pag. 407. — Ajoutez les autres espèces du même ouvrage, et celles décrites par M. Mac-Leay, dans les Annulosa Javanica; — par M. Gray, dans le the Anim. Kingdom.; — par Eschscholtz, dans le Zoolog. Magas. de M. Wiedemann; — et par M. Gory, dans le t. II des Annales de la Soc. Entom. de France, et dans le t. II du Magasin de Zool. de M. Guérin; — enfin, par M. de Laporte, dans ses Etud. Entomologiques.

son corselet est également ferrugineux, comme la poitrine et les pattes; son ventre est noir, avec les côtés un peu rougeâtres; ses antennes s'élargissent de plus en plus vers le bout; sa tête et son corselet sont ponctués. Ses élytres, enfin, présentent des côtes dont les intervalles offrent trois rangées longitudinales de points enfoncés; mais ces rangées ne sont pas toujours très régulières.

On le trouve dans l'Amérique du nord, Il a un peu plus de six lignes de longueur sur deux à peu près de largeur.

GENRE **ANTHIE.**

ANTHIA. WEBER. [1].

Ces insectes peuvent être regardés comme les plus redoutables de tous les carnassiers. Leur taille au dessus de la moyenne, leurs proportions robustes, leurs pattes longues et fortes, leurs mandibules saillantes et qui atteignent, dans quelques mâles, une longueur beaucoup plus grande que dans aucune famille; tout en un mot, contribue à leur donner sur les autres insectes l'avantage de la force et de l'agilité. Organisés pour la course, les ailes ne leur seraient que d'un faible secours; aussi, la plupart du temps, leurs élytres sont soudées et il n'y a pas d'ailes au dessous. Les Anthies habitent de préférence les lieux sablonneux et

1 Etym. ἀνθίας, nom donné à un poisson dans Aristote.

déserts de l'Afrique et des Indes; elles se trouvent en plus grand nombre dans les environs du cap de Bonne-Espérance. Paraissant fuir la lumière, c'est presque toujours pendant la nuit qu'elles se mettent à la poursuite de leur proie.

Le corps des Anthies est orné de taches blanches qui ressortent agréablement sur le fond noir de leur couleur. Quelquefois, outre ces taches, leurs élytres sont entourées d'une bordure blanche qui les relève agréablement; quelques unes ont le corps sans autres taches que cette bordure; d'autres sont revêtues d'une livrée brune, sur laquelle ressortent des points d'un jaune ou d'un roux vif. Des sillons profonds et peu nombreux parcourent la surface des élytres, et souvent ces sillons sont garnis d'un duvet roussâtre. Le corselet est prolongé en arrière dans quelques mâles, et il s'avance sur la base des élytres en formant deux lobes arrondis. Dans les autres, ce corselet est en cœur, et ne se prolonge point en arrière.

La dilatation des *tarses antérieurs*, qui sont prolongés au côté interne dans les mâles, forme un des principaux caractères de ce genre. La *languette* s'avance toujours entre les palpes sous la forme d'un corps ovalaire (*pl.* 9, *fig.* 2, *a.*). Leur *menton* n'a point ce lobe intermédiaire que nous avons déjà désigné sous le nom de dent. Le bout de leurs *palpes* est un peu élargi et coupé brusquement. Leur *lèvre supérieure*, grande, avancée, coupée carrément et quelquefois dentelée, leur donne quelques rapports avec les Cicindelètes. Toutefois ces dentelures sont toujours peu nombreuses. Leurs élytres sont ovales et entières; quelquefois cependant elles ressemblent à celles de quelques

Helluos, par la forme élargie et tronquée de leur extrémité.

La larve des Anthies a peu d'analogie avec l'insecte parfait. Sa figure est celle d'un ver alongé, cylindroïde, et seulement un peu plus épais en avant qu'en arrière (*fig.* 2, *b.*). M. Lequien a décrit et représenté celle de l'Anthie à six gouttes, dans une Monographie de ce genre qu'il a insérée dans le Magasin de Zoologie de M. Guérin. Cette larve est noire et composée de treize anneaux ou segmens. Chacun de ces segmens, si l'on en excepte le premier et le dernier, est orné en arrière d'une bordure assez large et d'un rouge de sang. Le second segment du corps, ou le premier du thorax, présente une semblable bordure en avant. Le dernier de tous, ou le segment anal, est chargé de fortes rugosités et de nombreuses épines, et se divise en deux parties au bord postérieur. Le dessous du corps est mélangé de brun et de rougeâtre. La longueur totale de la larve est de près de quatre pouces, et sa largeur d'environ neuf lignes.

La tête présente de chaque côté un petit œil unique, placé derrière les antennes, qui ne sont composées que de deux ou trois articles. Les parties que l'on voit à la bouche sont : 1.° une lèvre supérieure petite, divisée en trois lobes et ciliée ; 2.° deux mandibules fortes, arquées, sans dentelures et trop courtes pour se croiser dans le repos ; 3.° deux mâchoires alongées et épaisses : leur palpe externe est formé de quatre articles dont le troisième est plus long que les autres, et le quatrième, fort petit, semble sortir du bout de cet article ; le palpe interne semble représenté par un article simple et cilié en dedans ; 4.° une lèvre inférieure soudée avec la mâchoire en forme de triangle alongé, et munie de deux palpes composés de trois articles chacun. Ainsi que dans les palpes maxillaires, le dernier article des labiaux est extrêmement petit.

Les segmens du thorax ressemblent à ceux de l'abdomen. Seulement chacun d'eux supporte une paire de pattes très courtes, dont les articles sont au nombre de quatre, en y comprenant le crochet fort et aigu qui les termine.

On ignore tout-à-fait la manière de vivre des larves de ce genre. Les insectes parfaits se composent d'une vingtaine d'espèces, dont quelques-unes se trouvent en Barbarie.

1. L'ANTHIE THORACIQUE.

Anthia thoracica. THUNBERG. [1].

C'est une des plus grandes de ce genre. Elle a environ vingt lignes de longueur sur sept de largeur. Tout son corps est noir. Ses élytres sont ornées en dehors d'une bordure étroite de poils jaunâtres, et de chaque côté du corselet on aperçoit une grande tache ovale, formée par des poils de la même couleur. Dans le mâle, les mandibules sont au moins aussi longues que la tête, et le corselet est prolongé en arrière sur la base des élytres.

On trouve cette espèce au Cap de Bonne-Espérance.

1. *Carabus thoracicus*, Nov. Insect. Spec., t. III, pag. 69, fig. 82. — Oliv. Entom., t. III, n.º 35, pag. 14, pl. 10, fig. 5, 6, mâle; — *Carabus fimbriatus*, Thumb., loc. cit., pag. 70, fig. 5. — Oliv., loc. cit., pag. 14, pl. 1, fig. 5; femelle.

2. L'ANTHIE A SIX GOUTTES. (Pl. 9, fig. 2.)

Anthia sexguttata. Fab. [1].

Ce bel insecte est un peu plus grand que le précédent. Le corselet est prolongé en arrière, dans le mâle, sous forme de deux lobes arrondis; mais les mandibules ne sont guère plus longues que celles de la femelle. Le corselet est orné de chaque côté d'une tache ovale de poils jaunâtres, qui est placée sur l'angle antérieur; chaque élytre présente aussi deux taches arrondies, de la même couleur, placées l'une au-dessus de l'autre.

Il habite les Indes orientales.

3. L'ANTHIE A DIX GOUTTES.

Anthia decemguttata. Lin. [2].

Elle est moindre que les précédentes. Sa longueur varie entre douze et dix-huit lignes. Les élytres ne sont plus lisses, mais chacune d'elles présente trois côtes saillantes et aiguës, dont les intervalles sont quelquefois garnis de poils serrés qui varient du jaune au roux foncé. Chaque élytre est ornée de cinq taches blanches arrondies, et souvent on n'en voit plus que deux. On trouve, du reste, tous les passages de ce

1. *Carabus sexguttatus*, Spec. Ins., t. I, pag. 236. — Oliv. Ent., t. III, n.º 35, pag. 15, pl. 1, fig. 6.

2. *Carabus decemguttatus*, Mus. Ludov. Reg. n.º 96.—Oliv. Ent. t. III, n.º 35, pl. 9, fig. 15. — Lequien, Mag. de Zool. de M. Guérin, t. II, n.º 14.

nombre au premier : quelquefois la forme de ces taches n'est plus la même, elles sont alors plus ou moins alongées. Tout l'insecte est noir; mais souvent le corselet présente une teinte ferrugineuse.

On trouve cet insecte au Cap de Bonne-Espérance, où il paraît très répandu.

4. L'ANTHIE DÉCHARNÉE.

Anthia macilenta. OLIV. [1]

Cette espèce des moindres pour la taille, est une des plus jolies par le peu de largeur de son corps et par les excavations profondes et serrées qui garnissent les intervalles des côtes de ses élytres : ces excavations disparaissent vers le bout, et sont réduites à de gros points enfoncés sur les bords latéraux. Une ligne de poils blanchâtres s'étend sur le milieu de la tête et du corselet, et on la retrouve aussi sur les deux extrémités des élytres. Sa longueur est de dix lignes, et sa largeur de trois.

On la trouve au Cap de Bonne-Espérance, où elle n'est pas commune.

On peut grouper autour des Anthies deux sous-genres :

---

1. *Carabus macilentus*, Ent., t. III, n.º 35, pag. 26, pl. 11, fig. 130. — Voyez, pour les autres espèces, une bonne Monographie de ce genre, qui a été donnée par M. Lequien, dans le Magasin de Zoologie de M. Guérin; et, de plus, les *Symbolæ physicæ* de M. Ehremberg, et les *novæ Insectorum Species* de Thumberg, où se trouve une espèce que l'on n'a pas citée depuis.

1.° LES PIÉZIES. — *Piezia.* Br. [1]

Elles se distinguent par leurs *antennes* comprimées, et dont les articles s'élargissent à mesure qu'ils approchent de l'extrémité. Leurs élytres sont aplaties, et ont une forme ovale alongée, qui leur donne quelques rapports avec les Graphiptères. Mais, dans ceux-ci, les élytres ne sont jamais sillonnées; dans les Piézies, au contraire, ces sillons sont nombreux, ainsi qu'on le remarque dans les dernières espèces d'Anthies. Toutefois, l'élargissement des élytres à leur bout postérieur, et la manière dont elles sont tronquées, leur donnent quelque ressemblance avec les Graphipthères.

La seule espèce connue est.

LA PIÉZIE AXILLAIRE.

Piezia axillaris. Dupont.

Elle est noire et entièrement couverte de points très serrés. La tête et le corselet sont ornés sur les côtés d'une bande de poils roux qui se prolonge sur la base des élytres, et celles-ci sont ornées de sillons garnis de poils roussâtres.

On la trouve au Cap de Bonne-Espérance; elle fait partie de la collection de M. Dupont qui a bien voulu nous la communiquer. Sa longueur est de dix lignes, et sa largeur de trois à trois et demie.

---

1. Etym. πιέζω, presser, à cause des antennes comprimées.

2.° LES GRAPHIPTÈRES. — *Graphipterus*. Lat. [1].

Ces insectes se distinguent des Anthies par leurs *palpes* qui ne s'élargissent pas au bout ; par leurs *tarses antérieurs*, qui sont simples dans les deux sexes, et par la forme élargie et tronquée de leurs *élytres*. Leurs *antennes*, minces dans toute leur longueur, empêchent qu'on ne les confonde avec le sous-genre précédent.

Les Graphiptères sont propres à toute l'Afrique, et l'on en trouve aussi dans la partie de l'Asie qui avoisine ce continent. Ils sont plus répandus dans le nord de l'Afrique que dans les régions opposées. Leurs mœurs sont les mêmes que celles des Anthies. M. Alexandre Lefebvre, qui les a observés en Egypte, a rectifié ce que nous savions touchant leurs habitudes. Ces insectes se trouvent, selon lui, pendant la plus grande chaleur du jour, au mois de mars. Ils courent dans le sable des terrains peu cultivés, ou plutôt sur la limite qui les sépare du désert. Ils se tiennent au pied des petits buissons, et c'est de là qu'ils se répandent aux alentours pour se livrer à la recherche de leur proie : jamais on ne les rencontre pendant la nuit. Le frottement de leurs cuisses de derrière, contre le bord de leurs élytres, produit un bruit tout particulier, que l'on peut comparer au mot *xéxé* qui serait très souvent répété. Ce bruit fait reconnaître la présence des Graphiptères qui échapperaient facilement aux yeux du naturaliste, s'il n'avait

---

1. Etym. γράφω, j'écris ; πτερόν, aile : à cause des dessins qui ornent les élytres.

le soin de les chercher dans leur retraite. Il paraît que ces insectes vivent en famille; aussi quelquefois les trouve-t-on en grande abondance.

La plupart des Graphiptères sont ornés de taches ou de lignes cendrées, sur un fond brun et quelquefois jaunâtre; quelques uns ont le corps tout noir et orné de taches blanches plus ou moins nombreuses, qui leur donnent un aspect des plus agréable. Tels sont, pour la plupart, ceux du nord de l'Afrique. Le nombre total des espèces connues s'élève à sept seulement.

1. LE GRAPHIPTÈRE A SCIE. (Pl. 9, fig. 3.)

Graphipterus serrator. FORSKAL. [1]

C'est la plus grande espèce de ce sous-genre. Elle a neuf lignes de longueur, sur cinq de largeur. Tout son corps est noir; les côtés du corselet sont bordés d'une bande longitudinale de poils très blancs. Les élytres sont également entourées d'une bordure blanche, qui se divise au côté intérieur en deux grandes dentelures : entre cette bande, chaque élytre présente encore cinq taches blanches, dont les trois plus voisines de la suture sont moindres que les autres.

On trouve ce bel insecte en Egypte.

---

1. *Carabus serrator,* Descript. anim., pag. 77. — *Carabus variegatus,* Fab. Ent. Syst., t. I, 143. — Var. *Graphipterus variegatus,* Dej. Spec., t. I, pag. 333.

2. LE GRAPHIPTÈRE A TROIS LIGNES.

Graphipterus trilineatus. Fab. [1]

Il est noir en dessous, et revêtu en dessus de poils d'un brun roussâtre; les côtés du corselet sont ornés d'une large bordure jaunâtre; les élytres ont aussi une bordure de cette même couleur, mais un peu plus étroite, et qui remonte le long de la suture jusque vers le côté intérieur: de plus, une ligne assez étroite et de la même couleur, descend depuis la base des élytres jusque vers leur extrémité, en s'écartant un peu plus de la suture à cette partie qu'à la base.

Cette espèce se trouve au Cap de Bonne-Espérance. Elle a de six à sept lignes de longueur sur deux et demie à trois de largeur.

DEUXIÈME RACE DES CARABIQUES.

LES FÉRONIDES.

La série des êtres que nous avons présentés, dans l'exposé que nous avons fait des caractères de la race

---

1. *Carabus trilineatus,* Spec. Ins., t. I, pag. 305. — Oliv. Ent. t. III, n.º 35, pag. 51, pl. 9, fig. 101. Pour les autres espèces, voyez: le Species de M. le Comte Dejean; les *Symbolæ physicæ* déjà cités plusieurs fois; les Études Entomologiques de M. de Laporte. — Il faut aussi consulter,

des Brachinides, nous montre combien la nature est quelquefois variée dans ses formes, et combien elle semble souvent avoir pris plaisir à diversifier les objets, tantôt en les ornant des couleurs les plus brillantes, tantôt en leur donnant les teintes les plus obscures. Les insectes que nous allons faire connaître, sous le nom de Féronides, sont loin de frapper les yeux par l'éclat de leur robe; presque tous sont revêtus des couleurs les plus sombres, et les nuances métalliques n'ont été accordées qu'à un fort petit nombre d'entre eux : c'est donc surtout par les variétés de leurs formes qu'ils peuvent captiver notre intérêt, et quelquefois aussi par la singularité de leurs habitudes.

Nous avons déjà vu que les Féronides ont une forme ovalaire, et que leurs élytres sont assez longues pour recouvrir le ventre en entier, ce qui sert à les distinguer des divers genres de Brachinides. On retrouve néanmoins une légère trace de l'échancrure plus ou moins profonde que présentent les élytres de ces derniers, dans la sinuosité qui se remarque toujours au bout de la même partie dans les Féronides. Il serait inutile de rappeler ici quels sont les autres caractères de cette race de Carnassiers, puisque nous les avons exposés en présentant ceux qui sont propres à tout le groupe des Carabiques. Nous ferons seulement remarquer, que les dentelures tantôt apparentes et tantôt nulles des crochets des tarses; la saillie plus ou moins

---

pour différens genres de Brachinides, l'excellent ouvrage de M. Stephens, ayant pour titre : Illustrations of British Entomology, où l'on trouvera les descriptions de plusieurs espèces de *Dromius, Lebia, Cymindis*. Depuis l'impression de la première partie de ce volume, il a paru, dans les Études Entomologiques de M. de Laporte, une troisième espèce de Trigonodactyle.

grande de la lèvre supérieure ; la forme de la dent ou
du lobe intermédiaire du menton , qui prend plus particulièrement le nom de dent lorsque c'est une proéminence étroite, et celui de lobe, au contraire, lorsque
cette proéminence est large et placée sur la ligne des
lobes latéraux ; enfin, le nombre des articles des tarses
élargis dans les mâles ; tels sont les caractères que
l'on emploie pour parvenir à la distinction des genres.
Mais il arrive ici , comme nous l'avons déjà observé
dans les Cicindelètes et dans les Brachinides, que plusieurs de ces genres ayant beaucoup de rapports entre
eux , peuvent constituer un petit groupe que nous
désignons sous le nom de famille. On remarque ,
parmi les Féronides, différentes séries de caractères,
qui permettent de les répartir en cinq familles :

1.º Les Pogoniens ;
2.º Les Dolichiens ;
3.º Les Platyniens ;
4.º Les Catadromiens ;
5.º Les Féroniens.

La première famille s'éloigne de toutes les autres,
par le nombre des articles dilatés que présentent les
tarses do devant dans les mâles ; on n'en compte jamais que deux et quelquefois même un seulement,
ainsi que nous le verrons lorsque nous parlerons des
sous-genres.

La deuxième famille, ainsi que les trois suivantes.
ont les trois premiers articles des tarses antérieurs
dilatés dans les mâles. Il faut donc avoir recours à
d'autres caractères pour les distinguer entre elles. Aussi
trouvons-nous. dans tous les Dolichiens. des tarses à

crochets garnis de dentelures plus ou moins nombreuses, tandis que, dans les trois autres familles, ces
crochets sont tout-à-fait simples.

Il reste donc à séparer, les unes des autres, chacune des trois dernières familles : nous y arriverons
par d'autres considérations. Dans les Platyniens, les
trois premiers articles des tarses antérieurs des mâles
sont alongés, et leur forme est peu triangulaire; dans
les deux groupes suivans, au contraire, ces mêmes
articles sont courts et conformés en triangle ou en
cœur. Les Catadromiens ont le menton très peu
échancré, et le lobe intermédiaire étant aussi avancé
que les latéraux, ce menton est dit trilobé. Dans les
Féroniens, le menton présente une échancrure profonde, au milieu de laquelle on remarque une dent
tantôt simple et tantôt bifide, ou qui manque même
quelquefois.

PREMIÈRE FAMILLE.

LES POGONIENS.

Les insectes compris dans cette famille, se rapportent presque tous au seul genre des *Pogones*. Ils
sont en général peu brillans; mais le noir n'est pas la
couleur qui leur a été le plus généralement assignée:
plusieurs sont revêtus d'une livrée jaune; d'autres
présentent les reflets métalliques du bronze; quelques

uns se font remarquer par une belle nuance de cuivre doré, mais ils font partie d'un sous-genre propre aux contrées méridionales du Nouveau-Monde, qui a reçu le nom de *Baripe*. Tous les Pogoniens, en général, paraissent vivre dans le voisinage des eaux douces ou salées, et se tiennent sous les pierres. Leur forme est assez aplatie, et leur taille généralement médiocre; cependant quelques Baripes atteignent, selon M. Lacordaire, d'assez grandes dimensions, puisqu'ils sont presque de la grandeur du *Procruste coriace*, dont nous parlerons plus loin, et que nous indiquerons comme le plus grand de tous les Carabiques de nos environs.

Nous avons dit que le caractère de la famille des Pogoniens consistait dans le nombre des articles des tarses des mâles, qui n'est que de deux et quelquefois même d'un seulement. Le corselet est généralement en cœur; mais, dans quelques sous-genres, il acquiert beaucoup de longueur : en général, il est à peine plus long que large, et sa partie postérieure est plus ou moins rétrécie dans chacun des sous-genres de cette famille. Les élytres sont plates et en carré long, avec l'extrémité arrondie : quelquefois leur base est plus étroite, ce qui leur donne une figure ovalaire. Nous allons présenter le tableau détaillé des caractères qui font distinguer entre eux les genres et les sous-genres dont nous avons à parler.

TABLEAU DE LA DIVISION DE LA FAMILLE DES POGONIENS,

EN GENRES ET EN SOUS-GENRES.

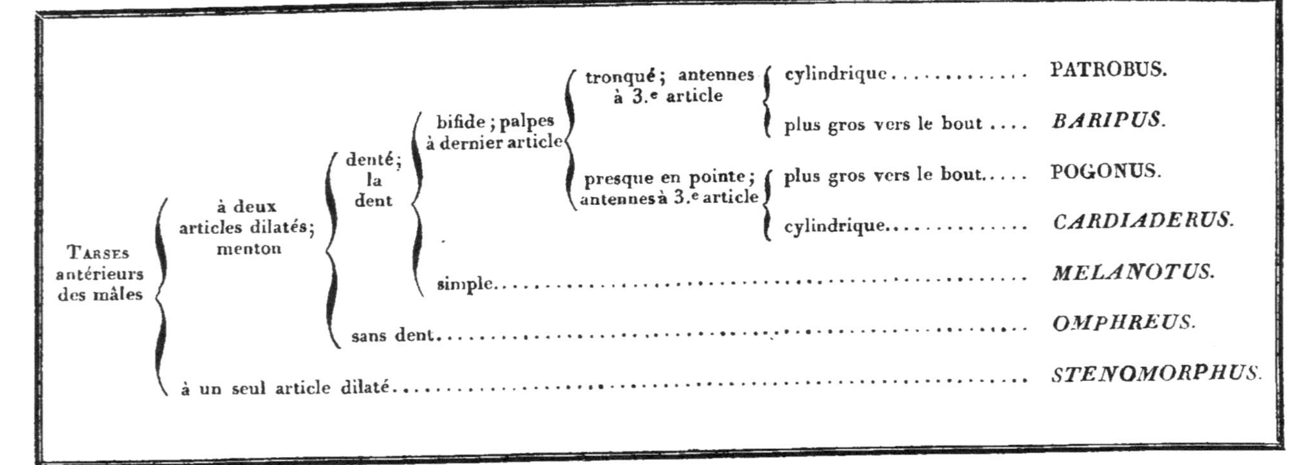

GENRE **PATROBE.**

PATROBUS. Dej.[1]

On désigne sous le nom de Patrobe, dont l'étymologie ne nous est pas très bien connue, des insectes que l'on rencontre sous les pierres, dont la forme plate est tout-à-fait appropriée à leur manière de vivre, et qui avaient été placés autrefois dans le grand genre des Carabes. Les mousses, les débris des végétaux en général, leur servent également de retraite. La France nous offre deux espèces de ce genre, dont nous donnerons la description ; les autres sont propres aux contrées septentrionales de l'Europe, et une seule se rencontre aux États-Unis.

Les caractères du genre Patrobe ont été publiés dans le Species de M. le Comte Dejean. Ils consistent dans la dilatation des deux premiers articles des *tarses* antérieurs des mâles (*pl.* 9, *fig.* 4, *a.*) ; dans la présence d'une dent bifide au milieu de l'échancrure du menton (*fig.* 4, *b.*) ; dans la forme des *palpes*, qui sont grêles, cylindriques et tronqués à l'extrémité ; et enfin, dans la grosseur presque égale du troisième article des *antennes*. La longueur de ces derniers organes, qui est à peu près égale aux deux tiers du corps, la

---

1. Etym. *Patrobus* ne serait-il pas pris pour *Petrobus*, qui est sous les pierres ; de πέτρος, pierre, et βιόω, vivre? ou viendrait-il de πατήρ, πατρός, père ; qui vit de son père ? — Syn. *Carabus*, Fab.; *Feronia*, Say.

forme alongée de la tête, celle en cœur du corselet, et la longueur des pattes, contribuent à donner à quelques espèces de Patrobes une physionomie assez élégante. Tel est en particulier,

1. LE PATROBE A AILES ROUSSES. (Pl. 9, fig. 4.)

Patrobus rufipennis. DEJ. [1]

Cet insecte a non seulement les élytres rousses, ainsi que l'indique son nom, mais la poitrine, le ventre et les pattes sont aussi de la même couleur; cependant ces dernières sont plutôt jaunes que rousses, et nous en dirons autant du bord inférieur des élytres. La surface de la tête et du corselet présente, sur les côtés, quelques gros points enfoncés; celle des élytres est parsemée, dans les intervalles des stries, d'une série presque régulière de semblables points. La lèvre supérieure, la bouche et les antennes, sont d'un brun rougeâtre et ferrugineux.

On trouve cette jolie espèce dans les parties de la France qui avoisinent les Pyrénées, ainsi qu'en Portugal et en Espagne. Elle est plus aplatic que les autres Patrobes, ce qui lui permet aussi de se loger sous les écorces. Sa longueur est de cinq lignes, et sa largeur de plus d'une et demie.

1. Spec., t. III, pag. 33; et Icon., t. II, pl. 106, fig. 4.

2. LE PATROBE A PIEDS ROUX.

Patrobus rufipes. FAB. [1]

Il a le corselet moins rétréci en arrière que le Patrobe à ailes rousses, et sa forme semble se rapprocher de celle des Pogones, dont nous allons bientôt nous occuper. Tout son corps est noir, replié sous le ventre qui présente des nuances ferrugineuses ; la lèvre supérieure, la bouche et les pattes sont de cette dernière couleur ; les antennes sont très obscures. La tête et le corselet paraissent lisses, et les élytres ne présentent d'autres points enfoncés que ceux du fond de leurs stries, qui sont petits et très rapprochés.

Sa longueur est de quatre lignes, et sa largeur d'une et demie environ. On le trouve dans presque toute l'Europe, mais il n'a jamais été pris, que nous sachions, aux environs de Paris.

Auprès des Patrobes, vient se placer le sous-genre des

BARIPES. — *Baripus.* DEJ. [2]

Qui se compose de brillans insectes beaucoup plus gros que les précédens, et qui vivent sur le bord des rivières de l'Amérique du Sud. On les distingue des

1. Ent. Syst., t. 1, pag. 138.—Dej. Spec., t. III, pag. 28 ; et Icon., t. II pl. 106, fig. 1. — Pour les autres espèces, voyez le Species de M. le Comte Dejean ; — le British Entomology de M. Curtis, t. IV, pag. 192 ; — les Illustr. of Brit. Entom. de M. Stephens, t. I.

2. Étym. βαρύς, lourd ; πούς, pied. — Syn. *Molops.* Germar.

Patrobes, dont ils présentent la plupart des caractères, par la forme du troisième article des *antennes*, qui est plus gros vers le bout qu'à sa base : ces antennes sont du reste plus courtes que la moitié du corps. Celui-ci n'est pas aplati comme dans les Patrobes, mais au contraire élevé ou bombé, et les élytres sont surmontées de côtes très élevées et qui, en les rendant inégales, fait varier agréablement l'éclat métallique dont elles sont revêtues.

Les deux espèces décrites par les auteurs, sont :

1. LE BARIPE DES RIVIÈRES.

Baripus rivalis. GERMAR. [1].

Sa couleur est un bronzé un peu cuivreux et même légèrement vert, mais le dessous du corps est obscur et presque noir, ainsi que les pattes. Les antennes et les palpes sont d'un roux foncé. La forme du corselet est presque celle d'un ovale, mais sa base et son extrémité sont tronquées. Les élytres sont très convexes et ornées de huit sillons dont le fond est d'un vert métallique.

On trouve cet insecte à Buénos-Ayres, et dans la partie méridionale du Brésil. Il est fort rare dans les collections ainsi que le suivant. Sa longueur est de six lignes, et sa largeur de deux et demie.

1. *Molops rivalis*, Coleopt. Spec. nov., pag. 21. — Dej. Spec., t. III, pag. 25.

2. LE BARIPE MAGNIFIQUE.

Baripus speciosus. DEJ. [1]

Cette belle espèce est plus grande que la précédente, puisqu'elle atteint jusqu'à dix lignes et au-delà de longueur, sur trois et demie de largeur. Elle a la tête et le corselet d'un noir bleuâtre, nuancés de cuivreux brillant. Les élytres sont de cette dernière couleur; leur suture est d'un noir bleuâtre, ainsi que les côtes dont elles sont surmontées, et qui sont au nombre de sept sur chaque élytre : le bord extérieur est bleu, et l'on remarque une belle ligne d'un vert doré entre le bord et la dernière côte. Le dessous du corps, celui des élytres et les pattes, sont d'un bleu très brillant.

Elle se trouve dans la province de Monte-Video, sur les bords de l'Uraguay, et dans les parties méridionales du Brésil.

GENRE POGONE.

POGONUS. DEJ. [2]

Les espèces, dont se compose ce genre, affectionnent le voisinage des eaux, comme les Baripes dont nous venons de parler, mais les eaux salées sont les seules qui leur conviennent. Aussi le plus grand nom-

---

1. Spec., t. V, pag. 70; et Icon.. t. II, pl. 102, fig. 4.
2. Étym. πώγων barbe. — Syn. *Platysma*, Sturm.; *Carabus*, Duftchmidt.

bre se rencontre-t-il sur les bords de la mer, et quelques uns dans le voisinage de certains lacs de l'Allemagne et de la Sibérie. Les Pogones sont des insectes assez agiles, toujours alongés, assez plats, de forme parallèle, ce qui est dû en partie au peu de rétrécissement du corselet en arrière. Leurs couleurs les plus ordinaires sont le vert et le bronzé, mais quelques uns sont en tout ou en partie jaunâtres. Le nom qu'ils portent est dû à la présence de quelques poils qui sont insérés sur la tête, soit au-dessus, soit au-dessous.

De même que dans les Patrobes, nous trouvons ici deux articles élargis aux *tarses* antérieurs des mâles, et une dent bifide au *menton ;* mais les *palpes* sont terminés par un article ovalaire et presque pointu (*pl.* 10, *fig.* 1, *a.*). La tête est courte et assez grosse ; le corselet semble plus large que long, et son bord postérieur est un peu plus étroit que l'antérieur ; les élytres sont en carré long avec l'extrémité arrondie. On connaît un assez grand nombre de Pogones, qui sont presque tous propres à l'Europe. Les caractères de ce genre ont été publiés pour la première fois par M. le Comte Dejean ; on l'avait auparavant confondu avec d'autre espèces, sous le nom général de Carabe, et, depuis, sous celui plus spécial de *Platysme,* dont nous aurons bientôt l'occasion de parler. Les Pogones qui se trouvent en France sont au nombre de huit ; nous allons en donner la description.

1. LE POGONE A AILES PALES. (Pl. 10. fig. 1.)

Pogonus pallidipennis. DEJ. [1]

C'est un jolie espèce dont la tête, le corselet, et tout le dessous du corps sont d'un vert bronzé brillant et orné de quelques reflets cuivreux; les élytres et les pattes sont d'un jaune pâle, la bouche et les antennes un peu plus foncés : on remarque sur les élytres une nuance de vert bronzé qui semble former une grande tache à leur milieu. Le fond des stries des élytres est vert ; le corselet présente, en avant et en arrière, des rides et des points assez nombreux.

On la trouve en grand nombre dans le midi de la France, sur les bords de la Méditerranée. Elle a trois lignes et demie de longueur, sur un peu plus d'une ligne de largeur.

2. LE POGONE LITTORAL.

Pogonus littoralis. DUFT. [2]

Il est en entier d'un vert brillant et orné en dessus d'un reflet bronzé ; les antennes et les parties de la bouche sont d'un roux foncé ; les côtés des élytres sont tout-à-fait verts. La surface du corselet présente quelques rides transversales, et son bord postérieur est couvert d'aspérités nombreuses. Les tarses, les jambes, et même la base des cuisses présentent une teinte de roux assez clair.

1. Spec, t. III, pag. 7 ; et Icon., t. II, pl. 103, fig. 1.
2. *Carabus littoralis*, Faun. Anstr., t. II, pag. 183. — Dej. Spec., t. III, pag. 11; et Icon., t. II, pl. 103, fig. 6.

On trouve cet insecte sur les bords de la Méditerranée, en France, et en Barbarie. Il a trois lignes de
longueur, sur une environ de largeur.

3. LE POGONE DES SELS.

Pogonus halophilus. Germ. [1].

Sa couleur est un vert obscur en dessous, et un
bronzé un peu cuivreux en dessus, avec les côtés des
élytres verts. La bouche et les antennes sont obscures
et presque noires. Les pattes sont d'un roux foncé,
orné d'un léger reflet bronzé sur les cuisses. La forme
de cette espèce est plus large que celle de la précédente ; les stries de ses élytres sont plus profondes ; la
surface de son corselet est moins fortement striée en
travers, et le bord postérieur présente des points enfoncés plus profonds et plus distincts.

Ce Pogone est assez répandu. On le rencontre en
France, sur les bords de la Méditerranée et de l'Océan ;
en Angleterre, sur les côtes ; et en Saxe, auprès
des lacs salés. Sa longueur varie entre deux lignes et
demie et trois lignes, et sa largeur est d'une ligne ou
un peu plus.

4. LE POGONE A PIEDS CENDRÉS.

Pogonus gilvipes. Dej. [2].

Il est moindre que les précédens, et sa couleur est
un vert bronzé brillant. Ce qui le fait aisément recon-

1. Faun. Ins. Europ. fasc. 10, n.º 1. — Dej. Spec., t. III, pag. 13 ; et
Icon., t. II, pl. 104, fig. 1.

2. Spec., t. III, pag. 14 ; et Icon., t. II, pl. 104, fig. 3.

naître, c'est la couleur jaune de ses pattes, de ses antennes et de sa bouche. Le bord postérieur du corselet présente des points très profonds, et sa surface est ornée de quelques stries en travers. La tête et le corselet sont plus brillans que dans aucune des espèces de ce genre.

On le trouve dans le midi de la France, en Italie, et sur la côte septentrionale de l'Afrique, en Barbarie. Sa longueur est de deux lignes et demie et quelquefois un peu plus; sa largeur d'une ligne environ.

5. LE POGONE DES RIVAGES.

Pogonus riparius. DEJ. [1].

Il ressemble beaucoup au Pogone des sels, et la couleur est absolument la même dans ces deux espèces. Ce qui distingue le Pogone des rivages, c'est qu'il est plus grand et que son corselet est à peine rétréci en arrière, au lieu que dans le premier, le bord postérieur du corselet est étranglé d'une manière très sensible.

Ce Pogone est commun sur les bords de la Méditerranée, en France et en Dalmatie. Il a trois lignes de longueur, sur une et un tiers de largeur.

6. LE POGONE MÉRIDIONAL.

Pogonus meridionalis. DEJ. [2].

Sa forme est la même que celle du Pogone des rivages, mais sa couleur est plus foncée que dans au-

---

1. Spec., t. III, pag. 16; et Icon., t. II, pl. 104, fig. 4.
2. *Ibid.*, pag. 17; et Icon., t. II, pl. 104, fig. 6.

cun des précédens : elle est d'un bronzé très obscur et presque noir, qui ne paraît verdâtre que sur les côtés et sous le corps, encore cette nuance est-elle plutôt celle de l'olive. Les jambes, les tarses, les antennes et la bouche sont d'un roux très foncé. Le corselet présente en arrière quelques points enfoncés assez profonds et assez rapprochés.

Il est commun en France et sur les bords de la Méditerranée. Sa longueur est de trois lignes, et sa largeur d'une et un quart.

7. LE POGONE GRÊLE.

Pogonus gracilis. DEJ. [1]

C'est une des plus jolies espèces de ce genre. Elle se rapproche beaucoup du Pogone à pieds cendrés et leurs couleurs sont presque absolument semblables, mais dans ce dernier, les élytres ont une teinte bronzée que n'offrent pas celles de notre Pogone, qui, d'ailleurs, est plus étroit, et dont le corselet est moins rétréci en arrière : en outre, son corps est plus plat, son corselet moins ponctué en arrière, et en général moins brillant ; enfin, les stries de ses élytres sont moins profondes ; ses pattes sont plus obscures et d'un roux foncé.

On rencontre ce Pogone sur les bords de la méditerranée, en France et en Italie. Il a deux lignes et demie de longueur, sur un peu plus de trois quarts de largeur.

---

1. Spec., t. III, pag. 18 ; et Icon., t. II, pl. 105, fig. 2.

8. LE POGONE TESTACÉ.

Pogonus testaceus. DEJ. [1]

Ce joli insecte est d'un jaune roussâtre, ou testacé, comme l'indique son nom, et ses élytres brillent en outre d'un éclat bronzé qui se remarque aussi sur le bord postérieur du corselet. La tête est d'un noir bronzé avec le vertex roussâtre ou testacé. Le ventre est presque brun. La forme du corps est plus parallèle que dans aucun des Pogones précédens.

On le trouve, comme la plupart des autres, sur les bords de la Méditerranée, en France et en Italie. Sa longueur est de deux lignes et demie, et sa largeur d'une environ.

Il nous reste à faire connaître quatre sous-genres qui se placent auprès des Pogones. Ce sont :

1.° LES CARDIADÈRES. — *Cardiaderus.* DEJ. [2]

Qui diffèrent des Pogones par leur *corselet* en cœur et plus alongé ; par leurs *antennes* plus longues, et dont le troisième article est cylindrique, au lieu que, dans les Pogones, cet article est plus gros vers le bout qu'à la base. Ces insectes paraissent avoir les mêmes habitudes que les Pogones ; ils se trouvent dans les déserts de la Sibérie, selon M. Fischer, et sur les bords de la mer, parmi les fucus, d'après M. Kryncki, auteur

---

1. Spec., t. III, pag. 20 ; et Icon., t. II, pl. 105, fig. 4.—Voyez, pour les autres espèces, ce même ouvrage et le Species de M. le Comte Dejean. De plus, le *British Entomology* de M. Curtis, t. I, pag. 47, et les Illustr. of Brit. Entom. de M. Stephens, t. Iᵉʳ.

2. Étym. καρδία, cœur, δέρη cou. — Syn. *Daptus*, Fischer.

d'une liste des Coléoptères qui se trouvent dans le midi de la Russie, et qui est insérée dans le tome cinquième du Bulletin de la société des naturalistes de Moscou.

On ne connaît qu'une seule espèce de ce sous-genre,

LE CARDIADÈRE JAUNATRE.

Cardiaderus chloroticus. FISCHER[1].

Qui est entièrement d'un jaune pâle, et dont les élytres sont marquées de stries longitudinales de points enfoncés. Sa longueur est de trois à quatre lignes, et sa largeur d'une à deux.

2.° LES MÉLANOTES. — *Melanotus.* DEJ.[2].

Ils diffèrent de tous les genres et sous-genres précédens par leur *menton* qui est pourvu d'une dent simple. Ce sont des insectes que l'on prendrait, au premier coup-d'œil, pour des Harpalides de la famille des Acinopiens, avec lesquels leur grosse tête leur donne quelques rapports ; mais les tarses ne laissent aucun doute sur leur véritable place. En effet, les deux premiers articles de ceux de devant sont un peu élargis, même dans les femelles (*pl.* 10, *fig.* 2, *a.*) ; tandis que ces mêmes articles aux pattes intermédiaires, sont aussi étroits que les autres. La lèvre supérieure est profondément échancrée (*fig.* 2, *b.*).

On connaît deux espèces de ce sous-genre.

1. *Daptus chloroticus*, Entom. de la Russie, t. II, pag. 10, pl. 46, fig. 8. — Dej. Spec., t. III, pag. 22 ; et Icon., t. II, pl. 105, fig. 6.
2. Étym. μέλας, noir, νῶτος, dos.

1. LE MÉLANOTE A FRONT IMPRESSIONNÉ. (Pl. 10, fig. 2.)

Melanotus impressifrons. Dej. [1]

Il est tout noir, luisant, et ses palpes sont rougeâtres ainsi que ses antennes. La partie de la tête qui est située entre les yeux est marquée de deux impressions profondes. Les stries des élytres sont lisses; la plus extérieure présente seule quelques gros points enfoncés, disposés en une série plusieurs fois interrompue.

On le trouve dans différentes provinces du Brésil, et en particulier dans celle des Mines. Sa longueur est de six à sept lignes, et sa largeur de deux et demie à trois lignes.

2. LE MÉLANOTE A PIEDS FAUVES.

Melanotus flavipes. Dej. [2]

Il est un peu moindre que le précédent, et il ne s'en distingue guère que par la couleur fauve des pattes, des antennes et des parties de la bouche.

On le rencontre dans les environs de Buénos-Ayres. Sa longueur est de cinq à six lignes, et sa largeur de deux à deux et demie.

3.° LES OMPHRÉES. —*Omphreus.* Dej. [3]

Le *menton*, qui est tout-à-fait dépourvu de dent, fait aisément reconnaître ce sous-genre parmi tous

1. Spect., t. V, pag. 701.
2. *Ibid.*, pag. 700; et Icon., t. II, pl. 102, fig. 3.
3. Etym. incertaine.

ceux de la même famille. Sa forme est d'ailleurs beaucoup plus alongée : les élytres sont aplaties et représentent un carré long ; le corselet est très long et un peu en forme de cœur. Les *palpes* ont le dernier article triangulaire. Le premier article des *antennes* est fort long. Ce dernier caractère rapproche les Omphrées des Sphodres, dont nous parlerons plus loin, et M. le Comte Dejean avait d'abord placé ces deux sous-genres l'un auprès de l'autre, avant de connaître les mâles des Omphrées.

La seule espèce de ce sous-genre est,

L'OMPHRÉE NOIR.

Omphreus morio. DEJ. [1]

Qui est entièrement noir, ainsi que l'indique son nom. Il a le corselet marqué de légères stries transversales ; celles des élytres sont peu profondes et le bord de ces mêmes élytres est orné d'une série de points enfoncés.

On trouve ce joli insecte au Montenegro.

Il a dix lignes de longueur, sur un peu plus de trois de largeur.

4.° LES STÉNOMORPHES. — *Stenomorphus.* DEJ. [2]

Ils se rapprochent beaucoup des Omphrées par leur forme, qui est encore plus étroite que dans ces derniers. Leur corselet est plus long, plus rétréci en arrière et plus large en avant ; leurs élytres sont tout-

---

1. Spec., t. III, pag. 94 ; et Icon., t. II, pl. 102, fig. 2.
2. Etym. στενός, étroit ; μορφή, forme.

à-fait parallèles. Le caractère essentiellement propre à ce sous-genre, c'est que les *tarses* antérieurs des mâles n'ont que le premier article dilaté. Le *menton* est tout-à-fait sans dent, de même que celui des Omphrées.

La seule espèce connue vit dans l'Amérique du nord, et se trouve aux environs de Carthagène.

LE STÉNOMORPHE RÉTRÉCI.

Stenomorphus angustatus. Dej. [1]

Il est entièrement noir. Son corselet présente quelques rides transversales; ses élytres sont marquées de stries profondes; ses antennes et ses pattes sont de la couleur de la poix. Sa longueur est de près de six lignes, et sa largeur d'une et demie.

DEUXIÈME FAMILLE.

LES DOLICHIENS.

Cette famille d'insectes, qui emprunte son nom du genre Dolique, autour duquel se groupent quelques sous-genres, se compose d'espèces dont la manière de vivre est assez uniforme. Elles se trouvent sous les pierres, dans les décombres en particulier, et jamais

[1] Spec., t. V, pag. 697; et Icon., t. II, pl. 102, fig. 1

autre part que sur la terre. Il faut cependant excepter le sous-genre des Onyptérygies, dont les tarses, garnis en-dessous de poils nombreux, semblent indiquer des habitudes différentes, ainsi que l'éclat des couleurs dont leur corps est revêtu, ce que l'on ne remarque jamais dans les insectes destinés à fuir la lumière. Tout porte à croire que les Onyptérygies courent sur les plantes ou sur les arbres ; mais comme ce sont des insectes rares, originaires du Mexique, on ne nous a pas encore signalé leurs habitudes.

Les Dolichiens se distinguent de toutes les autres Féronides par les crochets de leurs tarses, qui sont garnis en-dessous de dentelures plus ou moins nombreuses, dont la disposition ressemble quelquefois à celle des dents d'un peigne. C'est ce que l'on observe en particulier dans les Onyptérygies, où ce caractère est beaucoup plus prononcé. Quelquefois, au contraire, on ne peut apercevoir que deux ou trois de ces dentelures, placées à la base des crochets.

Le tableau suivant présentera les caractères distinctifs des genres et des sous-genres dont se compose cette famille, et que nous énumérerons rapidement[1].

---

1. Nous ne savons pas si l'on doit y comprendre le sous-genre *Dirotus* de M. Mac-Leay (Annul. Javan. Ed. Lequien, pag. 113), dont les caractères indiqués par l'Entomologiste anglais, ne permettent pas d'assigner la place avec certitude.

TABLEAU DE LA DIVISION DE LA FAMILLE DES DOLICHIENS,

EN GENRES ET EN SOUS-GENRES.

ÉPINE ou dent du menton —

- bifide; palpes labiaux à dernier article
  - élargi.. *SYNUCHUS.*
  - cylindrique; lèvre supérieure
    - entière.. *PRISTODACTYLA.*
    - un peu échancrée; 3.ᵉ article des antennes
      - de la longueur des suivans....... *CALATHUS.*
      - plus long que les suivans........ *PRISTONYCHUS.*
- simple; crochets des tarses
  - munis de quelques dentelures..................... DOLICHUS.
  - très fortement pectinés........................ *ONYPTERYGIA.*

Genre DOLIQUE.

DOLICHUS. Bonelli [1].

C'est Bonelli qui a réuni les espèces de ce genre en un groupe particulier, dont le caractère principal consiste dans l'épine ou la dent du *menton*. Cette dent est simple à l'extrémité (*pl.* 10, *fig.* 3, *a.*), au lieu que dans les sous-genres dont nous avons à parler, à l'exception des Onyptérygies, elle se divise en deux vers le bout. On distingue les Doliques des Onyptérygies, parce que ces dernières ont les crochets des *tarses* très fortement pectinés, et que dans les Doliques, les dentelures sont beaucoup plus courtes, plus fines et plus serrées (*fig.* 3, *b.*). Dans ceux-ci, les *palpes* sont tronqués et un peu élargis au bout; dans les autres, ils sont presque pointus.

Les Doliques sont des insectes alongés, aplatis et dont les couleurs sont noires ou fauves. Leur corselet est quelquefois presque carré, mais souvent aussi plus long que large, et aminci en arrière. Les élytres sont ornées de stries assez profondes dans quelques espèces. On les trouve presque toutes dans les environs du cap de Bonne-Espérance; une seule est propre à la France. Telle est :

1. Étym. δολιχὸς, long. — Syn. *Carabus*, Fabricius; *Harpalus*, Gyllenhal; *Agonum*, Germar.

LE DOLIQUE A ANTENNES FAUVES. (Pl. 10. fig. 3.)

Dolichus flavicornis. FAB. [1]

Il est d'un noir un peu brillant sur la tête et le corselet, et terne sur les élytres. La suture de ces dernières, est couverte d'une tache fauve très large à la base, qui se rétrécit jusqu'aux deux tiers de leur longueur, et qui a la figure d'un triangle alongé. Quelquefois cette tache manque tout-à-fait. Les bords latéraux du corselet sont fauves, ainsi que les pattes, les antennes et les palpes. Le dessous du corps est tout-à-fait noir. Les stries des élytres sont fines et très peu profondes.

Cet insecte se trouve dans les parties centrale et méridionale de la France et même en Italie et en Autriche. Sa longueur est de sept lignes, et sa largeur de deux et demie.

Les sous-genres qui avoisinent les Doliques, sont :

1.° LES ONYPTÉRYGIES. — *Onypterygia.* DEJ. [2]

Le nom que porte ce sous-genre est dû à la saillie des dentelures qui garnissent les crochets des *tarses*, et qui ont fait dire que les ongles ou crochets de ces tarses étaient comme ailés. Les Onyptérygies sont de

1. *Carabus flavicornis*, Ent. Syst., t. I, pag. 134. — Dej. Spec., t. III, pag. 37 ; et Icon., t. II, pl. 106, fig. 5. — Voyez, pour les cinq autres espèces connues, le Species de M. le Comte Dejean, et la Centurie de Carabiques de M. Gory, dans le t. II des Annales de la Société Entomologique de France.

2. Etym. ὄνυξ, ongle ; πτέρυξ, υγος, aile

très jolis insectes revêtus de couleurs métalliques brillantes. Nous donnons dans la planche 10, figure 4, *a.*, la
représentation grossie d'un de leurs tarses que l'on
ne saurait comparer qu'à ceux du genre Agra dont
nous avons déjà présenté l'histoire ; on peut voir, par
cette figure, que leur quatrième article est divisé profondément en deux lobes, et que les trois articles
qui précèdent sont alongés dans les mâles. Ce dernier caractère est propre à tous les sous-genres de
cette famille et de la suivante.

Trois espèces d'Onyptérygies sont décrites dans le
Species de M. le Comte Dejean, et toutes les trois viennent du Mexique. Il paraîtrait même que les deux
premières n'y sont pas fort rares. Cependant ces insectes sont encore très peu répandus dans les collections, et leurs habitudes sont tout-à-fait inconnues.

1. L'ONYPTÉRYGIE BRILLANTE. (Pl. 10, fig. 4.)

Onypterygia fulgens. DEJ. [1].

C'est un fort bel insecte, d'un vert un peu bleuâtre,
avec les élytres plus vertes et cuivreuses sur les côtés ;
ses antennes et ses pattes sont noires, mais ses cuisses
sont de la couleur du corps. Il a six lignes de longueur, sur deux de largeur.

1. Spec., t. V, pag. 348.

2. L'ONYPTÉRYGIE TRICOLORE.

Onypterygia tricolor. DEJ. [1]

Cette espèce est moindre et peut être moins brillante que la précédente, mais elle est néanmoins fort jolie. Sa couleur est un bleu métallique, et ses élytres sont d'un violet pâle, avec la base ou le tiers de sa longueur, d'un jaune roussâtre. Les pattes sont d'un brun presque noir, mais les cuisses sont du même bleu que le reste du corps. Elle a cinq lignes de longueur, et une ligne et demie de largeur.

3. L'ONYPTÉRYGIE D'HOPFNER.

Onypterygia Hopfneri. DEJ. [2]

Elle est d'un vert bronzé brillant, qui se change sur les élytres en rouge cuivreux obscur et presque brun. Les antennes, les jambes et les tarses sont noirs. Elle a six lignes de longueur, et deux lignes et un tiers de largeur.

2.° LES PRISTONYQUES. — *Pristonychus.* DEJ. [3]

Le nom que porte ce sous-genre est dû encore aux dentelures des crochets des tarses, qui sont bien moins saillantes que dans celui que nous venons de

1. Spec., t. V, pag. 349.
2. *Ibid.*, pag. 347.
3. Etym. πρίσις. scie; ὄνυξ, υχος, ongle.— Syn. *Carabus*, Fabricius; *Harpalus*, Gyllenhal; *Sphodrus*, Bonelli; *Læmostenus*, ejusd.; *Ctenipus*, Latreille.

faire connaître. Les Pristonyques se distinguent, dans cette famille, par la dent de leur *menton* qui est bifide (*pl.* 10, *fig.* 5, *a.*) ; par la forme cylindrique du dernier article de leurs *palpes ;* par l'échancrure légère de leur *lèvre supérieure* (*fig.* 5, *b.*) ; et, enfin, par la longueur du troisième article de leurs *antennes,* qui est plus grand qu'aucun des suivans. La couleur des Pristonyques est toujours bleue ou noire. On les trouve sous les pierres, tantôt dans les endroits arides, et tantôt dans les lieux plus humides et plus frais, tels que les caves. Quelques-uns se rencontrent aussi sous les écorces.

L'espèce la plus répandue est,

LE PRISTONYQUE TERRESTRE. (Pl. 10, fig. 5.)

Pristonychus terricola. PAYKULL [1].

C'est un insecte propre à différentes parties de la France et même aux environs de Paris, où on le rencontre sous les pierres, dans les carrières et autres lieux qui offrent des amas de décombres. Son corps

---

1. *Carabus terricola,* Monogr. Carab., n.º 17. — Dej. Spec., t. III, pag. 45; et Icon., t. II, pl. 107, fig. 1. Les autres espèces qui se trouvent en France sont les *Pristonychus Alpinus, oblongus, complanatus* et *venustus* du Species de M. le Comte Dejean; et même le *Cimmerius* du même auteur, qui n'est pas celui de M. Fischer. D'autres espèces étrangères se trouvent décrites dans le même ouvrage; — dans l'Entomographie de la Russie de M. Fischer; — dans le Catalogue des objets recueillis au Caucase, par M. Ménétriés ; — et, enfin, dans la Centurie de Carabiques de M. Gory (*Ann. Soc. Ent.,* t. II). L'espèce publiée dans la partie Entomologique de l'expédition de Morée, se rapporte au *Cimmerius* de M. le Comte Dejean, que nous appellerons *major*, pour ne pas faire un double emploi avec le nom de M. Fischer.

est d'un noir un peu brun, avec les élytres d'un bleu foncé, peu convexes, et ornées de stries longitudinales dont le fond est parsemé de points plus ou moins profonds. Les parties de la bouche, les antennes et les tarses sont d'un brun plus pâle que le reste du corps. Les jambes de la deuxième paire de pattes sont légèrement courbées au milieu.

Sa longueur est de cinq à huit lignes, et sa largeur de deux et un quart à trois et un quart.

5.° LES CALATHES. — *Calathus*. BONELLI [1].

Ce sous-genre a les mêmes caractères que le précédent, excepté que le troisième article des *antennes* n'est que de la longueur des suivans. Son corselet n'est plus en cœur, comme dans les Pristonyques, mais en carré un peu alongé : ses angles postérieurs sont larges et plats ; ses élytres, élargies, ont une forme ovalaire.

On trouve un assez grand nombre de Calathes dans les environs de Paris. Ils vivent de préférence sous les pierres, dans le commencement de l'été. Parmi eux nous citerons :

1. LE CALATHE A AILES PONCTUÉES.

Calathus punctipennis. GERMAR [2].

Il est d'un noir assez brillant, et ses élytres, dont les stries sont ponctuées dans toute leur longeur, pré-

---

1. Etym. χάλαθος, corbeille.—Syn. *Harpalus*, Gyllenhal ; *Carabus*, Fab.
2. Coléopt. Spec. nov., pag. 13. — *Calathus latus*, Dej. Spec., t. III, pag. 65 ; et Icon., t. II, pl. 110, fig. 2.

sentent, en outre, deux rangées de points plus profonds, le long des troisième et cinquième stries, à partir de la suture. Le bord postérieur du corselet est marqué d'un assez grand nombre de points semblables, et placés sans ordre. Les bords latéraux du corselet, les palpes, les antennes et les pattes sont d'un brun assez pâle, ainsi que le bord inférieur des élytres.

Cet insecte est plus répandu dans le midi de la France que dans les environs de Paris; on le rencontre aussi en Sicile et en Italie. Sa longueur est de cinq à six lignes, et sa largeur de deux et demie à trois.

2. LE CALATHE LARGE.

Calathus latus. LIN. [1].

Il ne diffère du précédent que par son corselet moins ponctué, sa forme un peu plus étroite et ses pattes plus pâles.

On le trouve en grand nombre dans les environs de Paris, sous les pierres, dans les lieux humides, et dans le midi de la France.

3. LE CALATHE A TÊTE NOIRE. (Pl. 10, fig. 6.)

Calathus melanocephalus. LIN. [2].

Cette petite espèce est extrêmement répandue, et ses couleurs varient beaucoup. Tantôt la tête et les

---

1. *Carabus latus*, Faun. Suec., n.° 2276; Fab. Ent. Syst., t. I, pag. 154. C'est le même que le *Carabus flavipes*, Payk. Monogr. Car. n.° 21, et que le *Carabus cisteloides* Illig. Col. bor., t. I, pag. 163; et Dej. Spec., t. III, pag. 65; Icon., t. II, pl. 110, fig. 4.

2. *Carabus melanocephalus*, Faun. Suec., n.° 795. — Dej. Spec., t. III,

élytres sont noires, avec le corselet ferrugineux ; tantôt les élytres sont roussâtres ; et quelquefois, enfin, tout le corps est de cette dernière couleur. Les stries des élytres sont fines et paraissent tout-à-fait lisses. Les antennes et les pattes sont d'un jaune un peu rougeâtre, et la poitrine est plus ou moins ferrugineuse. Le ventre est brun, et prend ordinairement la même teinte que les élytres.

On la trouve aux environs de Paris, sous les détritus des plantes, et dans le voisinage des eaux. Elle se rencontre aussi dans le midi de la France, sur les bords de la mer ; en Sicile, en Grèce, en Barbarie, et même en Perse, d'où Olivier l'a rapportée. Sa longueur est de trois à quatre lignes, et sa largeur d'une et un quart à deux environ.

4.° LES PRISTODACTYLES. — *Pristodactyla.* DEJ. [1]

Ce sous-genre, peu connu, a été formé par M. le Comte Dejean, sur un insecte de l'Amérique du Nord, qui diffère des deux sous-genres que nous venons d'étudier, par la forme de sa *lèvre supérieure*, qui n'a plus d'échancrure en avant. Pour les autres caractères, il se rapproche des Synuques que nous allons faire connaître ; mais dans ces derniers, *les palpes labiaux* se terminent par un article élargi et coupé obliquement.

La seule espèce connue est,

pag. 80 ; et Icon., t. II, pl. 112, fig. 5. Il faut y rapporter le *Carabus ochropterus*, Duft., Faun. Austr., t. II, pag. 124 ; Dej. Spec., t. III, pag 79 ; et Icon., t. II, pl. 112, fig. 4. — Pour les autres espèces, voyez les mêmes ouvrages, et, de plus, les Illustr. of British Entom. de M. Stephens ; — les Coleopt. Spec., novæ de M. Germar ; — l'Expédition scientifique de Morée.

1. Etym. πρίσις, scie ; δάκτυλος, doigt.

LE PRISTODACTYLE D'AMÉRIQUE.

Pristodactyla Americana. DEJ. [1]

Sa couleur est un brun presque noir. Son corselet est arrondi, et ses élytres ovales et un peu convexes, présentent des stries profondes, dont le fond est tout-à-fait lisse. Les antennes et les pattes sont d'un jaune rougeâtre.

Il est long de près de cinq lignes , et large seulement de deux.

5°. LES SYNUQUES. — *Synuchus.* GYLLENHAL [2].

Nous avons vu plus haut que ce sous-genre avait, dans la forme de ses *palpes labiaux*, un caractère propre à le faire distinguer de tous ceux de la même famille ; nous avons représenté un de ces palpes dans notre planche 11. figure 1 , *a.* Les Synuques s'éloignent des Pristonyques et des Calathes, par la forme arrondie de leur corselet, qui est à peu près aussi large que long. Leurs élytres sont en ovale alongé comme dans le reste de cette famille. On trouve ces insectes dans les bois et dans les montagnes, où ils se tiennent sous les écorces, dans les troncs d'arbres en décomposition, sous les feuilles sèches, dans les mousses, sous les pierres, et enfin à l'abri de quelque corps jeté à terre. On n'en connaît qu'une seule espèce, pro-

---

1. Spec., t. III , pag. 83 ; et Icon., t. II, pl. 115, fig. 1.

2. Etym.? συνεχὴς, fréquent. — Syn. *Taphria*, Latreille, Dejean ; *Agonum*, Sturm.; *Carabus*, Paykull.

pre également à la France, à l'Allemagne, à l'Angleterre et aux parties septentrionales de l'Europe.

LE SYNUQUE DES NEIGES. (Pl. 11, fig. 1.)

Synuchus nivalis. PANZER [1].

C'est un petit insecte d'un noir brillant, dont le
corselet présente des rides nombreuses et irrégulières,
et dont les élytres sont marquées de stries profondes
et sans points enfoncés. La bouche, les pattes et les
antennes sont d'un jaune rougeâtre, et le bord inférieur des élytres est brun.

Sa longueur est de trois lignes à trois lignes et demie,
et sa largeur d'une à une et demie.

TROISIÈME FAMILLE.

LES PLATYNIENS.

Quelques espèces de cette famille sont revêtues de
couleurs agréables et quelquefois même tout-à-fait
métalliques, mais le plus grand nombre n'a d'autres
titres à l'attention des observateurs, que des formes

1. *Carabus nivalis*, Faun. Germ. fasc. 37, n.º 19. — *Carabus rivalis*,
Illig. Col. bor., t. I, pag. 197. — *Synuchus rivalis*, Gyllenhal, Ins. Suec.,
pag. 77. — *Taphria rivalis*, Dej. Spec., t. III, pag. 85; et Icon., t. II,
pl. 115, fig. 2. — Ce mot *rivalis* est une corruption de *nivalis*.

élégantes. Le nom de Platyne, imposé à l'un des genres que nous allons étudier, indique le peu d'épaisseur du corps. Les élytres sont en effet très aplaties et figurent un ovale plus ou moins tronqué à l'un des bouts, celui qui est appliqué contre le corselet. Ce dernier est accompagné d'un bord assez large; il est de figure carrée, quelquefois en cœur, et quelquefois aussi, ses angles étant émoussés, il est presque tout-à-fait circulaire. Dans les mâles, ainsi que nous l'avons indiqué plus haut, les trois articles des tarses dilatés ont une forme alongée, ce qui fait distinguer cette famille de deux autres qui viennent après elle.

Les habitudes des Platyniens n'offrent rien de remarquable; ces insectes vivent dans les lieux humides et dans le voisinage des eaux. On les trouve au printemps et à l'automne, et l'on ne connaît pas leur forme dans les deux premiers états de leur vie.

Le tableau suivant présentera les traits distinctifs des coupes que l'on a établies, pour classer les nombreuses espèces qui composent cette famille.

TABLEAU DE LA DIVISION DE LA FAMILLE DES PLATYNIENS,

EN GENRES ET EN SOUS-GENRES.

Menton
- denté; 3.e article des antennes
  - aussi long que les deux suivans réunis; élytres
    - de la largeur du corps............................ SPHODRUS.
    - beaucoup plus larges que le corps................. *MORMOLYCE.*
  - plus court que les deux suivans réunis; 4.e article des tarses
    - aussi long d'un côté que de l'autre; cet article
      - profondément bilobé........ *CARDIOMERA.*
      - très peu échancré; lèvre supérieure
        - entière... PLATYNUS.
        - échancrée *DYSCOLUS.*
    - plus long en dehors qu'en dedans................. *LOXOCREPIS.*
- sans dent; corselet
  - alongé... *EULEPTUS.*
  - arrondi.. *OLISTHOPUS.*

GENRE SPHODRE.

SPHODRUS. CLAIRVILLE [1].

Ces insectes ont été séparés du reste des Carabes, par Clairville, dans son Entomologie Helvétique. Ils sont en général d'assez grande taille, et leur corselet rétréci en arrière, et qui prend un peu la forme d'un cœur, contribue à leur donner davantage cette forme alongée qui caractérise surtout leurs élytres. La tête elle-même est également alongée. Les *antennes* se font remarquer par le développement de leur troisième article, qui est aussi long que les deux suivans, et ce caractère suffit pour distinguer un Sphodre de tous les autres groupes de la famille des Platyniens.

Ce genre d'insectes a beaucoup d'analogie avec ceux de la famille précédente, que nous avons désignés sous le nom de Pristonyques, et pendant long-temps, ces derniers ont été réunis avec les Sphodres. Ce n'est que depuis l'observation des dentelures qui garnissent les crochets des tarses, qu'on les en a séparés ; et ce caractère est commode pour la classification, bien que, dans certains cas, il soit peu prononcé.

Les Sphodres habitent particulièrement les endroits obscurs. Une espèce se trouve de préférence dans nos caves, où elle se nourrit des différentes espèces de Cloportes qui y sont si répandues. Telle est :

1. Etym. σφοδρός, vif, alerte. — Syn. *Carabus*, Linnée, Fabricius, Pay-kull, etc., *Harpalus*, Gyllenhal.

LE SPHODRE A YEUX BLANCS.

Sphodrus leucophthalmus. Lin. [1]

Cet insecte est remarquable par la saillie du trochanter des cuisses postérieures, qui est fort long et
terminé en pointe dans les mâles, au lieu que, dans
les femelles, cette pièce est beaucoup plus courte et
simplement ovale. Tout le corps est d'un brun foncé,
presque noir, peu luisant. Le corselet présente quel-
rides en travers, et les élytres sont marquées de stries
peu profondes et très légèrement ponctuées.

On le trouve plus abondamment dans le midi de la
France, qu'aux environs de Paris. Dans ce dernier
pays, il semble même ne se tenir que dans les caves. On
le rencontе aussi en Espagne et en Barbarie, où il vit
sous les pierres, comme dans le midi de la France.
Sa longueur est de dix lignes environ, et sa largeur
d'un peu plus de quatre.

C'est auprès des Sphodres que l'on est convenu de
placer un insecte des plus curieux par son aspect singulier, et qui forme le sous-genre des :

1. *Carabus leucophthalmus*, Faun. Suec., n.° 784. — *Carabus spini-
ger*, Payk. Mon. Car., n.° 25. — Oliv. Ent., t. III, n.° 35, pag. 44, pl. 5,
fig. 58, et pl. 12, fig. 58, *b*. — *Carabus planus*, Fab. Ent. Syst., t. I,
pag. 133. — Dej. Spec., t. III, pag. 88; et Icon. t. II, pl. 114, fig. 1. —
Ajoutez les autres espèces de ces derniers ouvrages; celles du Novæ Insect.
Spec. de M. Germar; celles de l'Entomographie de la Russie de M. Fischer;
et, enfin, une espèce décrite dans le 1.er numéro du *Zoological Miscellany*
de M. Gray.

MORMOLYCES. — *Mormolyce*. HAGENBACH [1].

La forme extraordinaire par laquelle ils s'éloignent de tous les autres Carnassiers, provient de l'élargissement des élytres, dont le bord extérieur se dilate dans toute sa longueur, et se prolonge même au-delà de l'extrémité, de manière à donner à celle-ci l'aspect d'une échancrure. C'est cette dernière considération qui avait engagé MM. Lepeletier de Saint-Fargeau et Serville à placer les Mormolyces parmi les Brachinides ou Troncatipennes, à côté des Galérites, avec lesquelles ils peuvent bien avoir quelques rapports dans la longueur du corselet et du premier article des antennes. Du reste, leur corselet ne ressemble à celui d'aucun autre Carabique, à cause de sa figure irrégulière, et leur tête, plus longue que dans aucune espèce connue, contribue également à leur donner une physionomie toute particulière.

Les Mormolyces ont été signalés pour la première fois à l'attention des naturalistes en 1825, dans une brochure publiée à Nuremberg par M. Hagenbach. L'auteur de ce travail, après avoir représenté avec soin les différentes parties du corps de ces jolis insectes, n'osa pas prendre sur lui d'indiquer la place qu'ils doivent occuper dans la série des êtres, et laissa ce soin aux maîtres de la science. Ce fut Latreille qui les rapprocha des Sphodres, comme nous le fesons à son exemple, sur la considération de la longueur du troisième article des antennes, dont on ne retrouve l'analogue que parmi ces derniers insectes. Les Mor-

1. Etym. μορμολύκη. spectre.

molyces ont été représentés plusieurs fois en France, d'abord dans les *Annales des Sciences naturelles,* qui renferment un extrait du Mémoire de M. Hagenbach; puis ensuite dans l'*Iconographie du règne animal*, par M. Guérin; et enfin, dans celle des Coléoptères d'Europe, par MM. le Comte Dejean et Boisduval.

La seule espèce de Mormolyce connue est,

LE MORMOLYCE FEUILLE. (Pl. 11, fig. 2.)

Mormolyce phyllodes. HAGENBACH.

Dont le corps très aplati est d'un brun foncé et luisant, ainsi que les antennes et les pattes. Les côtés de l'abdomen sont plus pâles et d'un jaune roux; la membrane élargie des élytres est brune, plus claire que le corps, couverte d'inégalités qui forment comme des ondes obliques, et parmi lesquelles on distingue un réseau irrégulier formé par des nervures nombreuses qui rident toute la surface de la membrane. Les élytres sont striées et présentent sur leur milieu une série de gros tubercules. Le corselet est denté sur les côtés d'une manière irrégulière et la tête est très aplatie.

Il paraît que l'île de Java est la patrie de cet insecte surprenant, qui vit sous les écorces des arbres. Il atteint jusqu'à près de trois pouces de longueur, et un peu moins de deux pouces de largeur. La singularité de ses formes excita, pendant quelque tems, la curiosité des amateurs, et les premiers individus qui furent apportés à Paris se vendirent à un prix très élevé.

GENRE **PLATYNE.**

PLATYNUS. Bonelli[1].

Les insectes que nous comprenons sous le nom de Platynes, forment une nombreuse série d'espèces, dont la plus grande partie se rencontre en Europe. Leurs couleurs sont ordinairement peu variées, et quelques-unes seulement brillent des nuances métalliques de l'or, du cuivre et du bronze, tandis que toutes les autres sont brunes ou tout-à-fait noires. Leurs formes sont presque aussi régulières que leurs couleurs sont peu dissemblables, et il en résulte beaucoup de difficulté pour arriver à distinguer les espèces. C'est sans doute cette raison qui a porté quelques naturalistes à les multiplier, dans l'espoir que l'observation de caractères minutieux faciliterait leur étude ; mais comme ce travail n'en est devenu que plus difficile, nous nous contenterons de décrire quelques types bien naturels, afin d'éviter la discussion qu'entraînerait l'exposition de caractères, que l'habitude seule peut apprendre à apprécier.

Les Platynes sont des insectes amis de l'humidité, et que l'on rencontre toujours dans le voisinage des eaux, sur le bord des rivières en particulier. On peut les reconnaître à leur forme aplatie, ainsi que l'in-

---

1. Etym. πλατύνω, aplatir. — Syn. *Carabus*, Linnée, Fabricius, Oli- vier, etc.; *Anchomenus*, *Agonum*, Bonelli. Latreille, Dejean, etc.

dique leur nom ; à leur *lèvre supérieure* entière (*pl.* 11, *fig.* 3, *a.*) ; à l'avant-dernier article de leurs *tarses*, qui est échancré et ne se prolonge pas plus d'un côté que de l'autre ; et, enfin, au troisième article de leurs *antennes*, qui est plus court que les deux suivans réunis. Ainsi que dans le genre des Sphodres, le *menton* est muni d'une dent ou d'une saillie au milieu de son échancrure.

Le nom de Platyne a été donné par Bonelli, dans ses *Observations entomologiques*, à de petits Carabiques dont il avait formé la famille des *Platyniens*, en y comprenant les Cymindes, dont nous avons parlé plus haut. Leur principal caractère était d'être privés d'ailes. Ce même entomologiste avait établi, d'un autre côté, sous le nom d'*Anchoméniens*, une petite famille d'insectes à corps aplati, qui renfermait les *Anchomènes*, les *Agones*, les *Doliques* et les *Callistes*, genres formés par lui-même, et qui ont été adoptés jusqu'à ce jour. Latreille et M. le Comte Dejean ont rapproché, avec raison, les Anchomènes et les Agones des Platynes de Bonelli, et ont séparé ces derniers des Cymindes, avec lesquels ils n'ont pas de rapports. M. le Comte Dejean a aussi rejeté de ce groupe les Callistes, dont nous parlerons plus loin, et qui appartiennent à la race des Chlænides ou Patellimanes. Néanmoins, le groupe formé par ce naturaliste avec les Platynes, les Anchomènes et les Agones, ne peut constituer qu'un genre naturel, dans lequel les formes présenteront quelques différences propres à grouper des espèces. Ainsi, les Platynes n'ont de caractères, dans les ouvrages de Latreille et de M. le Comte Dejean, que dans la forme plane de leurs élytres et le peu de saillie de leur angle antérieur ; les Anchomènes se reconnaissent seulement à leurs élytres légèrement convexes, et dont les angles sont saillans : cette différence n'est due qu'à l'absence ou la présence des ailes ; enfin, les Agones ne se distinguent que parce que les angles de leur corselet sont nuls, ce qui leur donne une forme orbiculaire. Ces différences sont de trop peu d'importance pour former des coupes génériques, et nous ne les considérons que comme des moyens d'établir trois sections dans le seul genre des Platynes.

α. LES PLATYNES VRAIS.

1. LE PLATYNE A PATTES ROUGES. (Pl. 11, fig. 3.)

Platynus erythropus. DEJ. [1]

C'est un des plus grands insectes de ce genre, et en même temps l'un des plus élégans. Sa couleur est un noir luisant, qui se change en brun sous le ventre, et en jaune rougeâtre sur les pattes et les antennes. Le corselet est alongé, rétréci en arrière, muni sur les côtés d'un bord relevé, le long duquel on remarque une longue impression, et orné en travers de plusieurs rides très légères. Les élytres sont marquées de stries lisses et dont les intervalles, alternativement plus larges et plus étroits, sont marqués, de deux en deux, d'une double série de points enfoncés.

On le trouve dans l'Amérique septentrionale. Il a sept lignes de longueur, et pas tout-à-fait trois de largeur.

1. Spec., t. III, pag. 97.

2. LE PLATYNE A FOSSETTES.

Platynus scrobiculatus. Fab. [1].

Il est plus large et moins alongé en proportion que le précédent, et sa couleur est un brun plus ou moins foncé, mais un peu plus pâle en dessous; ses pattes et ses antennes sont rougeâtres. Les bords du corselet sont ponctués, et les stries des élytres, dont les intervalles sont égaux, semblent dépourvues de points enfoncés, mais l'intervalle le plus voisin du bord extérieur en présente une rangée bien visible, comme cela a lieu dans presque tous les autres Carabiques.

On trouve cette espèce en Autriche, dans les bois humides et les montagnes. On la rencontre peut-être également en France, mais non pas dans les environs de Paris, où l'on ne connaît aucune espèce de cette division. Elle a quatre lignes et demie de longueur et deux environ de largeur.

β. LES ANCHOMÈNES.

3. LE PLATYNE A COL ÉTROIT.

Platynus angusticollis. Fab. [2].

Cet insecte est entièrement noir, le bout des antennes et les pattes sont seulement d'un brun foncé. Le corselet, quoique plus court que celui du précédent, est néanmoins d'une forme gracieuse à cause du

---

1. *Carabus scrobiculatus*, Syst. Eleuth., t. I, pag. 178. — Dej. Spec., t. III, pag. 100; et Icon., t. II, pl. 115, fig. 6.
2. *Carabus angusticollis*, Syst. Eleuth., t. I, pag. 182. — Dej. Spec., t. III, pag. 104; et Icon., t. II, pl. 116, fig. 3.

rétrécissement qu'il présente en arrière, et sa surface est ornée de rides transversales fort légères. Les élytres sont marquées de stries très-profondes, dont le fond semble presque lisse, et dont les intervalles sont couverts d'une granulation fine et serrée, que l'on ne peut mieux comparer qu'au travail d'une peau de chagrin; mais on ne l'aperçoit qu'à l'aide de verres grossissans.

On le trouve dans différentes parties de la France et en particulier aux environs de Paris, sous les feuilles tombées dans les bois, sous les pierres au bord des rivières, etc. : on le rencontre également dans les parties septentrionales et méridionales de l'Europe. Sa longueur est de cinq lignes et sa largeur de deux seulement.

4. LE PLATYNE BLEU.

Platynus cyaneus. DEJ. [1].

C'est un insecte élégant, dont la couleur est un bleu foncé et brillant, qui devient plus obscur sous le ventre où il se change même un peu en vert. Les antennes et les pattes sont noires. Le corselet, outre des rides transversales, présente de chaque côté, en arrière, une impression large et profonde où les rides sont aussi plus marquées. Les élytres sont assez faiblement striées, et l'on distingue quelques points assez gros entre la troisième et la quatrième strie. La suture est plus ou moins verte.

On trouve cette jolie espèce dans les départemens

---

[1]. Spec., t. III. pag. 106; et Icon., t. II, pl. 116, fig. 4.

de la France qui sont situés auprès des Pyrénées. Elle a de quatre à cinq lignes de longueur, sur deux environ de largeur.

5. LE PLATYNE VERT. (Pl. 11, fig. 4.)

Platynus prasinus. THUNBERG [1].

Cette espèce est une des plus agréables pour la disposition des couleurs. La tête et le corselet brillent d'une belle nuance verte, et les élytres, dont le fond est ferrugineux, sont ornées en arrière d'une grande tache du même vert, qui se prolonge en avant sur toute la suture. Les antennes sont rouges à la base et brunes dans le reste de leur longueur. Ses pattes sont d'un jaune rougeâtre. Le ventre, au contraire, et la poitrine sont noirs et embellis par un léger reflet vert. Les élytres présentent des stries peu profondes, et le corselet des points fort petits, dans les deux impressions qui longent son bord extérieur.

Les environs de Paris offrent quelquefois en grand nombre cet insecte élégant, que l'on rencontre sous les pierres ou sous les touffes d'herbes, dès le premier printemps. On le trouve aussi dans le reste de l'Europe, sur les bords de la Méditerranée et jusqu'en Arabie. Il a ordinairement trois lignes de longeur, sur une ou une et demie de largeur.

1. *Carabus prasinus*, Nov. Ins. Spec., t. IV, pag. 74, fig. 87. — Dej., Spec., t. III, pag. 116; et Icon., t. II, pl. 17, fig. 1.

γ. LES AGONES.

6. LE PLATYNE BORDÉ.

Platynus marginatus. LIN. [1]

Le vert est le fond de la couleur de cet insecte, et il se change en cuivreux le long de la suture des élytres. Le bord extérieur de cette dernière est d'un jaune très pâle ou blanchâtre: et les pattes sont mi-parties de jaune pâle et de brun. Les antennes sont tout-à-fait noires. Les stries des élytres sont peu profondes, et quelques points se remarquent entre la seconde et la troisième. Le corselet présente quelques rides et deux enfoncemens profonds en arrière.

C'est un des plus jolis insectes de cette division. Il n'est pas rare au bord des rivières. Sa longueur est de quatre lignes et sa largeur de deux environ.

7. LE PLATYNE D'AUTRICHE.

Platynus Austriacus. FAB. [2]

Le vert est encore la couleur générale de cet insecte, mais ses élytres ne sont pas bordées de blanchâtre; sa tête et son corselet brillent d'une belle nuance dorée, et la suture de ses élytres est ornée d'une large bande cuivreuse. Le bord extérieur des élytres est aussi de

---

1. *Carabus marginatus*, Faun. Succ., n.º 804. — Dej. Spec., t. III, pag. 133; et Icon., t. II, pl. 118, fig. 1.

2. *Carabus Austriacus*, Syst. Eleuth., t. I, pag. 198. — Dej. Spec., t. III, pag. 137; et Icon., t. II, pl. 118, fig. 4.

cette dernière couleur. Les antennes et les pattes sont noires.

Aussi commun que le précédent, ce Platyne se trouve dans les mêmes endroits, et paraît répandu dans la plus grande partie de l'Europe. Il a quatre lignes de longueur sur une et demie de largeur.

8. LE PLATYNE MODESTE.

Platynus modestus. STURM. [1]

On ne distingue ce Platyne du précédent que par la couleur de la suture des élytres, qui n'est pas ornée d'une bande cuivreuse. Aussi peut-on le regarder comme une simple variété. La taille est la même, et on le rencontre dans les mêmes endroits.

9. LE PLATYNE A SIX POINTS. (Pl. 11, fig. 5.)

Platynus sex-punctatus. LIN. [2]

C'est un des plus brillans insectes de France. Sa forme est la même que celle des deux précédens, et, comme eux, il est vert, mais un peu plus brillant, et ses pattes sont également vertes. Son corselet est orné d'une nuance légèrement bleuâtre, et ses élytres brillent du plus beau rouge cuivreux; leurs bords seuls restent verts et leur suture est brune.

1. Deutl. Faun., t. V, pag. 205. — Dej Spec., t. III, pag. 138; et Icon, t. II, pl. 118, fig. 4.

2. *Carabus sex-punctatus,* Faun. Suec., n° 807. — Dej Spec., t. III, pag. 140; et Icon., t. II, pl. 118, fig. 5.

Il est très abondant au commencement de l'été sur le bord des rivières et des eaux douces en général, et il se tient sous des débris de végétaux ou sous des pierres. On le trouve dans la plus grande partie de l'Europe. Il est à peu près de la même grosseur que les deux espèces qui précèdent.

10. LE PLATYNE A POINTS RARES.

Platynus parum-punctatus. FAB. [1]

C'est encore une espèce de couleur verte, mais cette couleur est bronzée, sans aucun mélange d'or ni de cuivre. Les pattes et les antennes sont brunes. Le corselet est un peu plus vert que le reste du corps. Les élytres sont marquées de trois points enfoncés entre la seconde et la troisième strie.

Elle est aussi répandue que les trois précédentes. Sa taille et ses habitudes sont à peu près les mêmes.

11. LE PLATYNE LUGUBRE.

Platynus lugubris. DUFT. [2]

Autour de cette espèce viennent se grouper beaucoup d'autres Platynes qui en diffèrent quelquefois

1. *Carabus parum-punctatus*, Ent. Syst. t. I, pag. 157. — Dej. Spec., t. III, pag. 143; et Icon., t. II, pl. 119, fig. 1.
2. *Carabus lugubris*, Faun. Austr., t. II, pag. 137. — Dej. Spec., t. III, pag. 155; et Icon., t. II, pl. 120, fig. 4. — Voyez, pour les autres espèces de Platynes en général, le Species de M. le Comte Dejean; — les Insectorum Species novæ de M. Germar; — le Delectus animal. de MM. Spix et Martius; — le Magasin Entomologique de M. Germar; — le British Ento-

fort peu ; aussi ne suivrons-nous pas plus loin les différences que l'on a remarquées entre les diverses espèces
connues. Celle que nous décrivons ici est toute noire,
sans aucun reflet métallique, et ses élytres sont marquées de stries assez profondes.

Elle est tout-à-fait de la même taille que les précédentes, et on la trouve abondamment dans presque
toutes les parties de l'Europe.

Observation. On peut considérer comme variété
de cette espèce le *Carabus viduus* des auteurs, qui
ne diffère du *lugubris* que par un reflet bronzé obscur qui se remarque sur les élytres.

Les sous-genres qui viennent se grouper auprès du
genre des Platynes, sont :

1.° LES CARDIOMÈRES. — *Cardiomera*. BASSI. [1]

Qui diffèrent des vrais Platynes, tant par l'avant-
dernier article de leurs *tarses*, dont l'échancrure, très
profonde, le fait paraître divisé en deux lobes qui
embrassent une grande partie de l'article suivant, que
par la dent de l'échancrure du *menton*, qui est double
ou bifide. Telle est,

mology de M. Curtis ; — les Illustr. of British Entom. de M. Stephens ; —
l'Entomographie de la Russie, par M. Fischer ; — le Deutschlands Fauna
de M. Sturm ; — les Insecta Suecica de M. Gyllenhal ; — le Catal. des
objets recueillis au Caucase par M. Ménétriés ; — le t. II des Trans. de la
Soc. Américaine de Philadelphie ; — enfin, les Etudes Entomologiques de
M. de Laporte.

1. Etym. καρδία, cœur ; μέρος, division. Peut-être à cause de la forme du
corselet.

LA CARDIOMÈRE DE GÉNÉE.

Cardiomera Genei. Bassi. [1]

Elle est d'un brun foncé ou de couleur de poix. Son corselet est carré et un peu rétréci en arrière. Ses élytres sont striées et chacune d'elles ne présente que deux points peu profonds. Ses palpes et ses antennes sont roux.

On la trouve aux environs de Palerme, en Sicile, Elle a un peu plus de cinq lignes de longueur.

2.° LES DYSCOLS. — *Dyscolus*. DEJ. [2]

Les jolis insectes qui composent ce sous-genre sont remarquables par leurs couleurs métalliques. Aucun ne se trouve en Europe. On les reconnaît à leur *lèvre supérieure*, qui présente une échancrure en avant (*pl.* 12, *fig.* 1, *a.*).

LE DYSCOL A COU BLEU. (Pl. 12, fig. 1.)

Dyscolus cyanicollis. Br.

Presque tout le corps de ce joli insecte est d'un très beau bleu violet, en y comprenant même les pattes et la base des antennes. Les élytres seules sont d'un

---

1. Annales de la Soc. Entom. de France, t. III, pag. 320, pl. 3, fig. B.
2. Etym. δύσκολος, difficile. — Voyez le Species de M. le Comte Dejean, pour les autres espèces de ce sous-genre, ainsi que les Etudes Entomologiques de M. de Laporte.

vert bronzé un peu cuivreux, et leur bord extérieur est bleu comme le reste du corps; elles présentent quelques stries formées par des points enfoncés peu profonds.

Cet insecte précieux est propre à la Nouvelle-Grenade. Il a environ cinq lignes de longueur sur un peu plus de deux lignes de largeur.

3.° LES LOXOCRÉPIS. — *Loxocrepis*. ESCHSCH. [1]

Ce sous-genre a été formé par Eschscholtz sur un insecte que M. Mac-Leay avait placé avec les Lébies, dans la subdivision des *Lamprias* de Bonelli, que nous n'avons pas adoptée. Le caractère des Loxocrépis consiste dans la forme de l'avant-dernier article des *tarses*, qui se prolonge en dehors beaucoup plus qu'en dedans (*pl.* 12, *fig.* 2, *a.*); mais ce caractère ne se voit qu'aux deux dernières paires de pattes. La seule espèce connue vient de l'île de Java. Elle est très rare dans les collections de France, et nous ne la connaissons que dans celle du Muséum de Paris.

LE LOXOCRÉPIS A TÊTE ROUSSE. (Pl. 12, fig. 2.)

Loxocrepis ruficeps. MAC-LEAY [2].

Presque tout cet insecte est d'un roux jaunâtre; le bout des cuisses seulement est brun, et les élytres

1. Etym. λοξὸς, oblique; κρηπίς, chaussure, et par extension, pied : à cause de l'obliquité d'un des articles des tarses. — Syn. *Lamprias*, Mac-Leay.

2. *Lamprias ruficeps*, Annulosa Javanica, Ed. Lequien, pag. 126. — Esch. zool. Atlas, fasc. 2, pag. 6, pl. 8, fig. 3.

sont d'une belle couleur bleue ou violette. Le corselet est aussi long que large et un peu arrondi sur les côtés. Les stries des élytres sont assez profondes.

Sa longueur est de trois lignes ou au-delà, et sa largeur d'une seule environ.

4.° LES EULEPTES. — *Euleptus*. KLUG. [1].

Ce sont de jolis insectes dont la forme alongée leur a valu le nom qu'ils portent. Ils se distinguent des autres genres et sous-genres de la famille des Platyniens par leur *menton*, qui est tout-à-fait dépourvu de dent au milieu de son échancrure. Ils paraissent propres à l'île de Madagascar. La seule espèce connue est,

L'EULEPTE A GENOUX NOIRS. (Pl. 12, fig. 3.)

Euleptus geniculatus. KLUG. [2].

Tout son corps est d'un noir peu brillant, mais qui paraît orné de quelques reflets presque soyeux sur les côtes des élytres : ces côtes et les stries qu'elles séparent sont tout-à-fait lisses. Le corselet est plus long que large, un peu rétréci en arrière, et muni d'un bord relevé étroit et très aigu, que l'on observe aussi autour des élytres ; la surface du corselet est finement striée en travers. Le bord inférieur des élytres est brun, et quelquefois le ventre offre aussi cette couleur. Les pattes sont jaunes, avec le bout des cuisses noir ; les jambes sont quelquefois brunes.

1. Etym. εὖ, beau, bien ; λεπτός, étroit.
2. Descript. des Ins. de Madagascar, pag. 43, pl. 1, fig. 8, avec les détails de la bouche.

Observation. Il paraît que la tête et le corselet sont légèrement bronzés lorsque ces insectes sont frais. Ceux que nous avons entre les mains ne présentent pas du tout cette nuance métallique.

5.° LES OLISTHOPES. — *Olisthopus.* DEJ. [1]

Ce sous-genre se compose de quelques espèces dont le type, que nous allons décrire, avait été réuni pendant quelque tems aux Agones, qui forment une subdivision du genre des Platynes, tel que nous le comprenons. Les Olisthopes ont un caractère commun avec les Euleptes, c'est d'avoir l'échancrure du *menton* dépourvue de dent. Leur corselet tout-à-fait arrondi et la forme ovalaire de leurs élytres, les font distinguer aisément de ces derniers. Ils sont propres aux parties méridionales de l'Europe, et se trouvent sous les pierres, dans les lieux humides, à la manière des Platynes.

L'OLISTHOPE ARRONDI.

Olisthopus rotundatus. PAYK. [2]

Sa couleur est un brun roussâtre et brillant, qui prend une teinte plus ferrugineuse sur le corselet et légèrement bronzée sur les élytres. Les pattes et la

---

1. Etym. ὀλισθος, glissant; πᾶς, pied. — Syn. *Carabus*, Paykull; *Harpalus*, Gyllenhal; *Agonum*, Sturm; *Odontonyx*, Stephens.

2. *Carabus rotundatus*, Monogr. Car. n.° 24. — Dej. Spec. t. III, pag. 177; et Icon., t. II, pl. 123, fig. 1. — Pour les autres espèces, voyez ces deux derniers ouvrages; les Illustr. of British Entom. de M. Stephens, et la partie Entomologique de l'Expédition scientifique de Morée.

base des antennes sont d'un jaune pâle. Une tache ferrugineuse peu distincte se remarque sur l'angle extérieur de la base des élytres. Les côtés du corselet sont marqués de points nombreux et profonds ; les stries des élytres sont lisses et assez marquées.

Cet insecte n'est pas rare en France, mais il est peu répandu dans les environs de Paris. Il a un peu plus d'une ligne de largeur et pas tout-à-fait trois de longueur.

QUATRIÈME FAMILLE.

LES CATADROMIENS.

Nous avons à faire connaître ici quelques insectes dont on ignore absolument les habitudes, parce qu'ils sont tous étrangers à l'Europe. Nous réunissons, sous le nom de Catadromiens, un petit groupe de Féronides qui se distinguent des autres par le peu de profondeur de l'échancrure de leur menton : ce qui a fait dire à M. le Comte Dejean que ce menton est trilobé, lorsqu'il existe une dent au milieu de cette échancrure ; parce qu'alors la saillie, appelée dent, est aussi avancée que les lobes latéraux. Les trois premiers articles des tarses antérieurs des mâles ne sont pas alongés comme ceux des Platyniens ; ils prennent une forme triangulaire, comme dans les genres de la famille des Féroniens, dont nous présenterons bientôt les caractères.

Les Catadromiens sont des insectes peu connus et rares dans les collections ; l'Amérique, l'Afrique et l'Asie sont les trois parties du monde d'où on les a rapportés jusqu'ici. Ils renferment les plus belles espèces de toute la race des Féronides, et il semble que tous les avantages leur aient été accordées de préférence ; tant ceux de la taille, car les plus grands Carabiques se trouvent dans cette famille, que ceux de la beauté des couleurs. En effet, les nuances métalliques, si rares dans les Féronides, se montrent ici dans tout leur éclat, et souvent elles sont associées aux teintes agréables du plus beau violet, qui semblent réservées aux espèces des pays les plus chauds. Nous verrons, cependant, que les derniers Catadromiens n'ont rien qui les fasse remarquer, et que, bien qu'ils appartiennent à des contrées favorisées des plus beaux dons de la nature, ils semblent remplacer là les espèces sans éclat de nos pays plus froids.

Le tableau suivant résumera les caractères à l'aide desquels on peut les partager en plusieurs sous-genres, qui se groupent autour de celui des Catadromes [1].

---

1. C'est peut-être dans cette famille qu'il faut placer les sous-genres *Anaulacus* et *Hypharpax* de M. Mac-Leay (Annul. Javan.), qui semblent avoisiner les *Distrigus*.

TABLEAU DE LA DIVISION DE LA FAMILLE DES CATADROMIENS,

EN GENRES ET EN SOUS-GENRES.

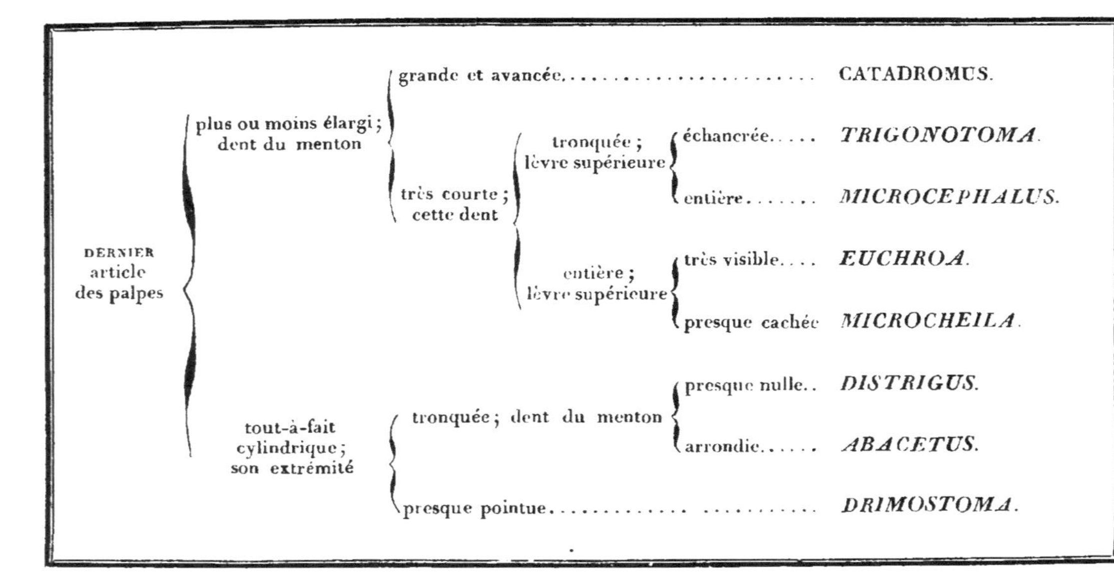

Genre CATADROME.

CATADROMUS. Mac-Leay[1].

Les Catadromes sont propres à l'île de Java, et peuvent être regardés comme les plus grands de tous les Carabiques. Leur aspect est le même que celui de quelques espèces du genre des Féronies, que nous ferons connaître bientôt sous le nom d'Omasées; mais un caractère facile à saisir les en éloigne, c'est que le lobe intermédiaire de leur *menton* est ovale et entier (*pl.* 12, *fig.* 4, *a.*), au lieu que dans les Féronies, ce lobe est toujours bifide à l'extrémité. Les *palpes* sont terminés par un article long et un peu plus gros vers le bout qu'à la base (*fig.* 4. *b.*) La *lèvre supérieure* est très courte, et beaucoup plus large que longue.

La seule espèce connue avait été décrite par Olivier. sous le nom générique de Carabe; c'est M. Mac-Leay qui en a formé un genre séparé. dans son ouvrage intitulé *Annulosa javanica*. Nous en donnerons ici la description.

LE CATADROME TÉNÉBRIOÏDE. (Pl. 12, fig. 4.)

Catadromus Tenebrioïdes. Oliv.[2]

La couleur générale de l'insecte est noire; les bords du corselet et des élytres sont d'un beau vert qui orne

1. Etym. κατὰ, δρόμω, pour τρέχω. courir. — Syn. *Carabus*, Olivier.
2. *Carabus Tenebrioïdes.* Ent. t. III, n.° 35. pag 17. pl. 6, fig. 67.—

également le dessous du corselet. La tête est marquée de deux impressions longues et profondes: en arrière du corselet on en voit deux autres dont la forme est presque arrondie; enfin, les élytres sont couvertes de stries lisses dont le fond est du même vert que les bords. Une série de points enfoncés se remarque sur le dernier intervalle.

La longueur de ce bel insecte est de près de trois pouces, et sa largeur de neuf lignes environ.

Auprès des Catadromes doivent se placer les sous-genres que nous allons mentionner.

1.º LES TRIGONOTOMES. — *Trigonotoma.* DEJ. [1].

Ce sous-genre, auquel nous réunissons celui de *Lestique,* qui n'en diffère peut-être pas d'une manière suffisante, se compose d'insectes originaires de l'île de Java et du continent Indien; ils sont ornés de couleurs très brillantes et presque toujours métalliques, sur la tête et le corselet. Le dernier article de leurs *palpes* affecte une forme triangulaire beaucoup plus prononcée dans les mâles que dans les femelles. La dent de leur *menton* est très courte et tronquée, au lieu d'être entière comme dans les Catadromes, et s'avance au niveau des lobes latéraux; c'est là ce qui fait surtout reconnaître ce sous-genre. Enfin, la *lèvre supérieure* plus large que longue, est échancrée au bord antérieur (*pl.* 12, *fig.* 5, *b.*).

Mac-Leay, Annul. Javan. Ed. Lequien, pag. 115. — Dej. Spec., t. III, pag. 187; et Icon., t. II, pl. 124, fig. 2.

1. Etym. τρίγωνος, triangulaire; τομή, section, article : à cause de la forme des palpes — Syn *Omaseus,* Mac-Leay ; *Lesticus?* Dej.

Les Trigonotomes, qui avaient été fort rares jusqu'à ces derniers temps, commencent à se répandre dans les collections. On en connaît aujourd'hui dix espèces. Le type de ce sous-genre est,

1. LE TRIGONOTOME A COL VERT. (Pl. 12, fig. 5.)

Trigonotoma viridicollis. Mac-Leay[1].

Ce joli insecte est noir, avec une nuance de violet obscur sur les élytres, et une belle couleur verte sur la tête et le corselet. Celui-ci présente en arrière, de chaque côté, deux impressions entre lesquelles on remarque de petits points enfoncés, et les stries des élytres sont garnies elles-mêmes d'une rangée de semblables points.

On le trouve à l'île de Java. Sa longueur est de neuf à dix lignes, et sa largeur de trois à quatre.

2. LE TRIGONOTOME INDIEN.

Trigonotoma Indica. Br.[2].

On distingue cet insecte du précédent, auquel il ressemble beaucoup, par les angles postérieurs du corselet qui sont aigus, et par sa forme plus rétrécie

1. *Omaseus viridicollis,* Annul. Javan. Ed. Lequien, pag. 115. — Dej. Spec., t. III, pag. 184.

2. *Trigonotoma viridicollis,* Guérin, Icon. du Règne anim. Ins., pl. 6, fig. 2. — Voyez, pour les autres espèces, le Species de M. le Comte Dejean, et les Études Entomologiques de M. de Laporte. Dans ce dernier ouvrage, on trouve la description de huit Trigonotomes différens; mais l'un d'entre eux, *T. violacea,* appartient au genre Féronie.

en arrière. La couleur de la tête et du corselet est un vert nuancé de violet, et les élytres sont d'un violet moins obscur. Les stries de ces dernières sont plus profondes et plus ponctuées, et l'on remarque plusieurs rides transversales entre les deux impressions des angles postérieurs du corselet.

Cette jolie espèce ne se trouve pas à Java, mais bien sur le continent de l'Inde, où elle a été recueillie par MM. Diard et Duvaucel. Sa longueur est de près d'un pouce, et sa largeur de quatre lignes environ.

Observation. Les Lestiques de M. le Comte Dejean ne paraissent différer des Trigonotomes que par leur corselet plus étroit en arrière, et peut-être aussi par leurs antennes plus longues, quoique dans la figure de l'*Iconographie* on ne remarque aucune différence entre eux sous ce dernier rapport.

2°. LES MICROCÉPHALES. — *Microcephalus.* DEJ.[1]

Les jolis insectes que l'on désigne sous ce nom sont remarquables par l'élargissement du dernier article de leurs palpes, qui figure un triangle à base large (*pl.* 13, *fig.* 1, *a.*). Leur *menton* ressemble à celui des Trigonotomes, mais leur *lèvre supérieure* n'est pas échancrée comme dans ces derniers : elle est un peu plus longue et moins large. Les Microcéphales sont originaires du Brésil ; on n'en connaît qu'une seule espèce :

---

1. Etym. μικρός, petit ; κεφαλὴ, tête. — Syn. *Cynthia,* Latreille. — *Nota.* Le sous-genre *Dicœlindus* de M. Mac-Leay (Annul. Javan.), paraît bien voisin des Microcéphales, mais nous ne l'avons pas vu en nature.

LE MICROCÉPHALE A COU DÉPRIMÉ. (Pl. 15, fig. 1.)
Microcephalus depressicollis. DEJ.[1]

Cet insecte est en-dessus d'un violet foncé, et en-dessous d'un noir assez brillant, qui colore également les pattes et la base des antennes : le reste de celles-ci est revêtu de poils gris, et les tarses sont garnis de poils ferrugineux. Les palpes ont une nuance de brun un peu rougeâtre ; le corselet est plus large que long, aplati ou déprimé, et marqué en arrière de deux sillons profonds outre celui du milieu. Les stries des élytres sont bien marquées et les intervalles qui les séparent sont tout-à-fait lisses.

Sa longueur est de huit lignes, et sa largeur de trois et demie.

5.º LES EUCHROAS. — *Euchroa*. BR.[2]

Ce sont encore de très jolis insectes, remarquables par l'éclat de leurs couleurs, ainsi que l'exprime leur nom, et qui ressemblent beaucoup aux Microcéphales. Mais ceux-ci ont tous les palpes extérieurs terminés par un article élargi, au lieu que dans les Euchroas, les *palpes maxillaires* sont tout-à-fait cylindriques. La *lèvre supérieure* est carrée, un peu plus large que longue, et divisée en deux par une ligne longitudinale (*pl.* 15. *fig.* 2, *a.*). Nous ne connaissons également qu'une espèce de ce sous-genre, et elle provient des mêmes contrées.

1. Spec., t. III, pag. 199 ; et Icon., t. II, pl. 125, fig. 4.
2. Étym. εὖ, beau, bien ; χρόα, couleur.

L'EUCHROA A COL BRILLANT. (Pl. 13, fig. 2.)

Euchroa nitidicollis. Br.

Elle a le dessous du corps noir, ainsi que les pattes et les tarses; les palpes et les antennes sont ferrugineux. La couleur des élytres est un beau violet foncé, et celle de la tête et du corselet un cuivreux doré très brillant. La forme de ce dernier est la même que dans les Microcéphales, mais sa surface est ornée de rides transversales très légères, et l'on remarque un gros point enfoncé près de chacun des angles postérieurs. Les stries des élytres sont profondes et les intervalles qui les séparent sont tout-à-fait lisses.

Sa longueur est de près de sept lignes, et sa largeur de deux et demie environ.

4.º LES MICROCHEILES. — *Microcheila.* Br. [1]

Ces insectes se font remarquer par le peu de saillie de leur *lèvre supérieure,* qui laisse à découvert les mandibules presqu'en entier; aussi ces dernières paraissent-elles plus saillantes qu'à l'ordinaire, et la lèvre n'apparaît alors que comme une petite ligne en travers (*pl.* 13, *fig.* 3, *a.*). La dent du *menton* est entière, et en forme de saillie aiguë. Les *palpes labiaux* sont terminés, comme dans les Euchroas, par un article élargi et triangulaire.

On ne connaît qu'une espèce de ce sous-genre. Elle est propre à l'île de Madagascar.

1. Étym. μικρός, petit; χεῖλος, lèvre.

LE MICROCHEILE BRUN. (Pl. 13, fig. 3.)

Microcheila picea. Br.

Ainsi que l'indique son nom, cet insecte est d'un brun semblable à de la poix et quelquefois un peu ferrugineux ; ses pattes même semblent être plutôt de cette dernière couleur. Sa tête est ponctuée et rugueuse en avant. Son corselet, dont la longueur est moindre que la largeur, est assez convexe, arrondi sur les côtés, muni d'un bord assez large et un peu anguleux en arrière. Ses élytres sont en ovale alongé ; leur surface est convexe, et présente des stries fines et peu profondes que forment des points enfoncés fort petits et très rapprochés.

Sa longueur est de cinq à six lignes, et sa largeur d'une et demie à deux et demie.

3.° LES DISTRIGUES. — *Distrigus.* DEJ. [1]

Ce sous-genre et les deux suivans renferment des insectes très peu connus et assez rares dans les collections. Ils n'ont même rien qui puisse attirer l'attention, soit dans leurs formes, soit dans leurs couleurs, généralement très obscures. Les Distrigues ont leurs caractères dans la forme cylindrique de leurs *palpes*, et dans le peu de saillie de la dent du *menton*, qui est petite et à peine visible.

Ces insectes se trouvent aux Indes orientales et à l'île de Madagascar.

1. Etym. *δίς*, deux ; *στρίξ*, *στριγός*, strie ; à cause des deux impressions du corselet. — Voyez, pour les espèces de ce genre, le Species de M. le Comte Dejean.

LE DISTRIGUE A DEUX PUSTULES.

Distrigus bipustulatus. Br.

Tout son corps est d'un noir brillant, avec les antennes et les pattes ferrugineuses ; chaque élytre est ornée, vers le bout, d'une petite tache arrondie de cette dernière couleur. Le corselet est presque lisse : il offre seulement en arrière deux petites impressions alongées, et les élytres sont marquées de stries assez profondes, dont le fond est tout-à-fait lisse.

On trouve cet insecte à Madagascar. Il a quatre lignes de longueur sur une et trois quarts de largeur.

6.° LES ABACÈTES. — *Abacetus.* DEJ. [1].

Ils ne diffèrent des précédens que par la dent du *menton,* qui est plus distincte et de forme arrondie. Du reste, leurs couleurs sont les mêmes, et ils se trouvent également dans l'ancien continent, au Sénégal en particulier, et à l'île de Madagascar.

L'ABACÈTE CRÉNELÉ.

Abacetus crenulatus. DEJ. [2].

Il est d'un noir brillant, et ses élytres sont marquées de stries dont le fond est garni de points qui les font paraître crénelées. Les palpes sont d'un brun pâle,

---

1. Etym. ἀβακής-ετος, triste, nocturne.
2. Spec., t. V, pag. 743. — Voyez, pour les autres espèces, ce même ouvrage et les Etudes Entomologiques de M. de Laporte.

ainsi que les antennes et les tarses. Le corselet est plus étroit en arrière que dans le sous-genre précédent.

On le trouve au Sénégal. Il a quatre lignes et demie de longueur, sur deux environ de largeur.

7.° LES DRIMOSTOMES. — *Drimostoma.* Dej. [1]

On reconnaît ce sous-genre à la forme alongée et presque pointue du dernier article de ses *palpes* : tandis que, dans les deux sous-genres précédens, ces organes étaient tronqués, ils sont ici presque terminés en pointe, et plus longs que l'article qui vient immédiatement avant eux. La dent de leur *menton* est conformée comme dans les Abacètes, et, de même que dans ces derniers, leur corselet est un peu rétréci en arrière.

Les Drimostomes se trouvent au Sénégal, à l'île de Madagascar et dans quelques parties de l'Amérique.

LE DRIMOSTOME A PIEDS BRUNS.

Drimostoma fuscipes. Br.

La couleur du corps, en-dessous, est un brun foncé et un peu luisant; celle du dessous est un peu rougeâtre sur les côtés et les pattes : les antennes et les palpes sont entièrement de cette dernière nuance. Le corselet est figuré un peu en cœur, et marqué en arrière de deux impressions profondes. Les stries des

1. Etym. δριμύς, pointu; στόμα, bouche. — Voyez pour les autres espèces de ce sous-genre, le Species de M. le Comte Dejean, et la Description des Insectes de Madagascar, par M. Klug. Dans ce dernier ouvrage, on trouve la représentation des parties de la bouche et la figure de deux espèces.

élytres sont assez marquées, et leur fond présente une
série de très petits points enfoncés.

On trouve cette espèce à Cayenne. Elle a trois lignes
et demie de longueur sur une et demie de largeur.

CINQUIÈME FAMILLE.

LES FÉRONIENS.

Nous trouvons dans les insectes dont se compose
cette famille, une nouvelle preuve de la faiblesse de
nos moyens, quand il s'agit de suivre la marche de la
nature, et nous verrons, en présentant l'esquisse des
coupes que l'on a établies, pour nous guider parmi les
nombreuses espèces de Féroniens, combien les caractères qu'on leur a assignés ont quelquefois peu de
valeur. Cependant il est impossible de ne pas reconnaître des groupes assez naturels, des réunions d'insectes semblables, ayant tous le même port, le même
aspect et des habitudes qui semblent les mêmes dans
tous. Ces Féroniens vivent à terre, sous les pierres ou
les décombres, et beaucoup d'entre eux se rencontrent
au milieu des campagnes ou dans les chemins de nos
bois. Quelques-uns sont revêtus de couleurs métalliques assez belles, et ceux-là surtout se livrent en plein
jour à la chasse des autres insectes. Néanmoins le plus
grand nombre, recouvert d'une livrée toute noire,

n'offre de prise aux yeux des observateurs qui essaient de les distinguer, que par les légères variations de leurs formes, et par les stries ou les points dont ils sont marqués. Nous verrons aussi combien l'appréciation minutieuse des légères différences que peuvent présenter les insectes, lorsqu'on vient à les comparer, a quelquefois entraîné les Naturalistes qui s'y adonnèrent de préférence, à subdiviser sans cesse les divisions déjà faites, et à augmenter ainsi les difficultés en multipliant toujours le nombre des recherches à faire, quand on veut les suivre dans leurs travaux. Cette considération nous a donc engagés à n'admettre que les divisions qui nous semblent d'une application facile, et à rejeter, au contraire, celles qui demandent une comparaison, pour ainsi dire superflue, d'organes ou de parties qui varient trop peu dans leurs formes pour que l'on puisse en retirer des caractères positifs, les seuls qui puissent être d'une véritable utilité. Que sert-il, en effet, de diviser et de subdiviser sans cesse, de substituer toujours un nom générique à un autre? La nomenclature n'est-elle pas destinée à nous fixer sur les êtres qui font le sujet de nos observations, et non pas à devenir elle-même toute la science? Il faut avouer qu'aujourd'hui cette nomenclature si aride, et capable de détourner d'une étude aussi attrayante que celle de l'Entomologie, semble être le but constant des efforts de presque tous les Naturalistes.

Les caractères auxquels on peut reconnaître les Féroniens ont été exposés plus haut. Ils consistent dans la forme triangulaire des articles des tarses dilatés que présentent les deux pattes de devant des mâles, et dans la profondeur de l'échancrure du menton. Cette famille se compose essentiellement du grand genre Féronie, dont les autres ne sont, pour ainsi dire, que les dépendances. Les seules larves que l'on connaisse appartiennent au sous-genre des Zabres. Elles ont la forme d'un ver blanc, assez court et épais, qui vit dans la terre, à peu de profondeur, et qui se construit là une coque dans laquelle il subit ses transformations. C'est M. Germar qui nous a fait connaître les transformations de ces insectes, dans le premier volume de son Magasin d'Entomologie. On présume, par analogie, que les larves des autres Féroniens ont une manière de vivre semblable, mais on n'en a pas encore acquis la certitude. Leur séjour dans la terre, pendant les deux premiers états de leur vie, rend leur étude fort difficile ; et, comme le dit de Géer, dont nous citerons souvent par la suite les intéressantes observations sur les mœurs des Insectes ; c'est un obstacle qui s'opposera long-tems aux recherches des observateurs, et ce n'est que le concours de circonstances favorables qui pourra les mettre à même de les surprendre dans le détail de leurs habitudes.

Le tableau suivant présente les caractères sur lesquels on a fondé la distinction des genres et des sous-genres.

PALPES maxillaires à dernier article

- cylindrique; mandibules
  - courtes; dernier article des palpes labiaux
    - cylindrique .... FERONIA.
    - très élargi .... MYAS.
  - saillantes; jambes antérieures
    - avancées en dehors et plus longues qu'en dedans .... CNEMACANTHUS.
    - point avancées; éperons des jambes de devant
      - égaux; dernier article des palpes labiaux
        - ovalaire; dent du menton
          - saillante; lèvre supérieure
            - entière .. BROSCUS.
            - échancrée STOMIS.
          - presque nulle .... ABARYS.
        - élargi; dent du menton
          - simple ... RHATHYMUS.
          - bifide .... STRIGIA.
      - inégaux; l'extérieur
        - très long .... HETERACANTHA.
        - très court .... ZABRUS.
- ovalaire, c'est-à-dire renflé au milieu; tarses des mâles
  - sans appendice en dessous .... AMARA.
  - garnis d'un appendice dentelé .... LOPHIDIUS.

GENRE FÉRONIE.

FERONIA. LAT. [1]

Le mot de Féronie a été inventé par Latreille pour sauver, en quelque sorte, l'Entomologie de la confusion qui était le résultat des travaux récens de plusieurs Naturalistes. Ce groupe de la grande tribu des Carnassiers, que l'on connaît sous le nom de Carabiques, avait été, pendant long-temps, désigné par le nom générique de Carabe. On s'aperçut enfin que le nombre des espèces, qui devenait de plus en plus considérable, rendrait impossible leur détermination, et l'on essaya de les répartir en un certain nombre de coupes ou de genres naturels. Quelques-uns, déjà formés par M. Weber, élève du célèbre Fabricius, avaient été généralement adoptés, parce qu'ils séparaient de la grande masse, des espèces faciles à rapprocher entre elles par des caractères certains. Tels furent les *Brachines,* les *Anthies,* dont nous avons présenté l'histoire, les *Tachypes* (depuis les vrais Carabes), et les *Calosomes,* dont nous nous occuperons bientôt. Fabricius lui-même avait déjà isolé les *Elaphres,* qui sont le type d'une des races de cet ouvrage, et depuis il sépara les

1. Etym.? *Feronia,* Déesse des bois. — Syn. *Platysma, Pterostichus, Abax, Molops, Pœcilus, Melanius, Percus,* Bonelli; — *Argutor, Steropus, Cophosus, Omaseus,* Dejean; — *Omalosoma,* Vigors; — *Camptoscelis,* Dejean; — *Cheporus,* Latreille; — *Sogines,* Stephens.

Cychres, les *Galérites,* les *Agras,* les *Odacanthes* et
les *Dryptes.*

Malgré toutes ces divisions, il en restait encore
d'autres à former, lorsque Bonelli s'occupa de rema-
nier tous les Carabiques. Il publia le résultat de ses
travaux, fruit d'une patience et d'une sagacité rares,
dans les Mémoires de l'Académie des sciences de
Turin, et les nouvelles coupes qu'il établissait furent
présentées avec leurs caractères, dans un grand tableau
synoptique. Malheureusement pour ce prodigieux travail, la plupart de ces caractères étaient d'un emploi
difficile, et plusieurs même étaient si peu importans qu'on ne pouvait les appliquer d'une manière
certaine à toutes les espèces connues. La difficulté devenait plus grande encore, à mesure qu'on en décou-
vrait de nouvelles. Ce fut alors que Latreille, dans la
première édition du Règne animal de Cuvier, réunit,
sous le nom générique de Féronie, la plus grande
partie des genres de Bonelli. Mais c'est surtout M. le
Comte Dejean qui, par l'appréciation plus exacte des
formes de ces animaux, a limité cette coupe à des espèces réellement analogues entr'elles, et en a retiré
des genres que Latreille y avait placés, et qui font
partie de la race des Chlænides ou Patellimanes ainsi
que d'autres qui, par les dentelures de leurs tarses,
appartiennent à la famille des Dolichiens de cet ouvrage, et même à la race des Harpalides, que nous
étudierons prochainement.

Les Féronies renferment donc, aujourd'hui, les
genres que Bonelli avait formés sous les noms de
Platysme, Ptérostique, Abax, Molops, Pœcile, Mélanie
et *Percus.* Quelques autres avaient été indiqués dans

les collections de l'Allemagne, et M. le Comte Dejean les a adoptés dans son Spécies, comme divisions du même genre Féronie ; ce sont : les *Argutors*, les *Stéropes* et les *Cophoses*. Quant aux *Omasées*, ils ne sont autre chose que les Mélanies de Bonelli, et nous citerons de préférence ce dernier nom, qui a été publié avant l'autre.

L'aspect général, les formes, la disposition des stries, des impressions et des points, donnent aux différens groupes dont se composent les Féronies, l'apparence d'autant de divisions particulières bien distinctes entre elles. Mais, si l'on vient à examiner un certain nombre d'espèces, on reconnaît aisément, d'une part, que les formes passent d'une division à l'autre par une transition presqu'insensible, et de plus que chacune de ces divisions présente des caractères que l'on retrouve aussi dans les divisions voisines. Le plus saillant de ces caractères, celui qui est presque uniquement propre aux Féronies, c'est d'avoir au milieu de l'échancrure du *menton* une dent bifide à l'extrémité. En outre, la forme cylindrique et quelquefois même un peu élargie des articles de leurs *palpes*, et leurs *mandibules* arquées, peu saillantes et lisses, servent encore à les éloigner des sous-genres que nous placerons à leur suite.

Nous allons dire un mot maintenant des variations de formes que l'on observe parmi les Féronies, et que nous désignerons, à l'exemple de M. le Comte Dejean, sous des noms qui ne seront pour nous que des signes de divisions ; et nous donnerons, en même temps, la description de quelques-unes des espèces qui s'y rapportent.

α. **LES POECILES** de Bonelli.

Ils ont le corselet presque carré, quelquefois un peu en cœur, les articles des antennes comprimés, et ceux de la base surmontés d'une espèce de carène, les palpes composés d'articles assez minces, dont le dernier est cylindrique. Ces insectes sont ornés souvent de couleurs métalliques, quelquefois aussi ils sont bleus ou noirs : leur démarche est très agile, et on les rencontre en plein jour, pendant la plus grande chaleur.

I. LA FÉRONIE PONCTUÉE.

Feronia punctulata. FAB. [1]

Elle est toute noire, et dans les femelles la couleur des élytres est plus terne encore que dans les mâles, ce que l'on observe également dans les autres espèces de cette division. La tête est finement ponctuée ou rugueuse ; le corselet présente de légères rides en travers et quelques petits points enfoncés en arrière. Les stries des élytres sont formées de points rapprochés et très peu profonds : auprès de la troisième strie, on aperçoit sur chaque élytre trois points plus gros que les autres. Dans cette espèce, comme dans la plupart des autres Féronies, la femelle est plus large que le mâle.

Cet insecte est rare aux environs de Paris ; on le

1. *Carabus punctulatus,* Ent. Syst., t. 1, pag. 150 ;—Panz. Faun. Germ. fasc. 30, n° 10 ; — Dej. Spec., t. III, pag. 206 ; et Icon., t. II, pl. 126. fig. 1.

rencontre plus fréquemment dans les provinces orientales de la France, et dans une grande partie de l'Allemagne. Sa longueur est de six lignes environ, et sa largeur de deux à deux et demie.

Observation. Cette espèce est le type d'un genre particulier pour M. Stephens, qui lui donne le nom de *Sogines* (dans ses Illustr. of British Entom., tom. I, pag. 111). Ce groupe ne diffère de celui des Pœciles, selon le Naturaliste anglais, que par sa forme plus déprimée, sa lèvre supérieure étroite, ses mandibules faiblement striées, et la présence d'une ligne élevée aux angles postérieurs du corselet. Ces caractères ne nous semblent pas suffisans pour établir une division qui corresponde à celle des Pœciles.

2. LA FÉRONIE CUIVREUSE. (Pl. 13, fig. 4.)

Feronia cuprea. LIN. [1].

Cette espèce est une des plus belles, et en même tems des plus répandues. Elle est, en dessus, d'un beau vert cuivreux, plus ou moins rougeâtre, et, en dessous, d'un vert très obscur. Les pattes et les antennes sont noires, et les deux premiers articles de celles-ci sont toujours d'un jaune rougeâtre. Le corselet présente des rides en travers, et une granulation assez forte en arrière. Les élytres sont marquées de stries peu profondes et très finement ponctuées.

Quelques individus de cette espèce forment une variété que les auteurs ont décrite sous le nom de *Ca-*

---

[1]. *Carabus cupreus*, Faun. Suec., n.° 801.—Dej. Spec., t III, pag. 307; et Icon. t. II, pl. 126, fig. 2.

rabe bleuâtre[1]. Elle est, en dessus, d'un bleu violet plus ou moins brillant.

Une autre variété, propre à la Russie méridionale et à la Grèce, est mentionnée dans le Species de M. le Comte Dejean, sous le nom de *Feronie à pattes rouges*[2]. Elle est, en dessus, d'un violet brillant, et ses pattes sont entièrement rougeâtres.

On peut sans doute considérer comme une troisième variété, la *Féronie coureuse* de M. le Comte Dejean[3], qui a encore les deux premiers articles des antennes rouges, et dont la couleur est aussi un beau bleu violet. Elle a le corselet un peu plus étroit en arrière.

Toutes ces variétés se trouvent, ainsi que le type de l'espèce, dans les endroits secs et souvent à l'ardeur du soleil. La troisième seule n'a pas été prise en France, et la dernière semble propre aux parties méridionales de ce pays. Leur longueur varie de quatre à six lignes, et leur largeur d'une et demie à deux et demie.

5. LA FÉRONIE MI-PARTIE.

Feronia dimidiata. OLIV.[4].

C'est encore une très belle espèce dont la tête et le corselet sont d'un rouge cuivreux brillant, et les ély-

---

1. *Var. Carabus cærulescens*, Lin., *ibid.*, n.° 800; — Dej., *ibid.*, pag. 207.

2. *Feronia erythropus*, Dej. Spec., t. III, pag. 210.

3. Ibid. *Feronia cursoria*, pag. 210; Icon., t. II, pl. 126, fig. 3.

4. *Carabus dimidiatus*, Ent., t. III, n.° 35, pag. 72, pl. 11, fig. 121. — Dej. Spec., t. III, pag. 213; et Icon., t. II, pl. 126, fig. 4.

tres vertes. Le ventre, les pattes et les antennes sont noirs, et les deux premiers articles de celles-ci sont rougeâtres, avec un trait noir en dessus. Le corselet présente quelques rides et en arrière plusieurs points enfoncés; les élytres sont marquées de stries dont le fond présente aussi de semblables points.

Une variété que M. le Comte Dejean a désignée sous le nom de *bronzée*[1], est remarquable par sa nuance obscure, sur les élytres en particulier.

Il existe une autre variété d'un bleu violet plus ou moins brillant et dans laquelle les antennes paraissent noires. Ce qui peut la faire rapporter à cette espèce, c'est la forme un peu rétrécie du corselet en arrière, et la profondeur du double sillon qu'il présente à chacun des angles de cette partie, ainsi que la forme du corps qui est un peu plus convexe. Tels sont les caractères par lesquels cette espèce se distingue de la précédente.

Elle est à-peu-près aussi répandue que la Féronie cuivreuse, et la variété bleue semble propre au midi de la France. La longueur du corps est de cinq à sept lignes, et sa largeur de deux à deux et trois quarts environ.

4. LA FÉRONIE GRACIEUSE.

Feronia lepida. LESKE[2].

Le nom que porte cette espèce indique qu'elle mérite de fixer l'attention. Elle se fait remarquer par

1. *Var. ænea*, Dej. Spec., t. III, pag. 215.
2. Iter, t. I, pag. 17, pl. *a*, fig. 6. — Fab. Mant. Ins. t. I, pag. 200 — Dej. Spec., t. III, pag. 218; et Icon., t. II, pl. 127, fig. 2.

sa forme étroite, par les stries de ses élytres qui sont plus profondes que dans les espèces précédentes, et aussi par la double impression des angles postérieurs du corselet qui est plus marquée; le corselet lui-même est un peu plus rétréci en arrière. La couleur de cet insecte est ordinairement un vert plus ou moins cuivreux et quelquefois bleuâtre, et dans les femelles la nuance verte est ornée d'un reflet presque soyeux qui la rend moins cuivreuse, et qui est également sensible dans la variété bleue. Le dessous du corps et les pattes sont d'un noir légèrement bronzé. Les antennes sont noires, et ont, comme la Féronie mi-partie, les deux premiers articles rougeâtres et marqués en dessus d'un trait noir.

Une variété de ce joli insecte a été regardée à tort comme une espèce distincte[1]. Elle est d'un bleu violet plus foncé; les stries de ses élytres sont quelquefois marquées de points enfoncés, et les deux premiers articles des antennes sont tantôt noirs et tantôt rougeâtres. Elle se trouve dans le midi de la France et de l'Europe. La variété bleue semble être plus répandue dans les provinces méridionales de la France, et la variété verte, au contraire, se rencontre dans le reste de cette contrée. La taille de cette espèce varie de cinq à sept lignes, et sa largeur de deux à trois environ.

---

1. *Pœcilus Koyi*, Germar, Ins. Spec. nov. pag. 16. — *Pœcilus viaticus*. Dej. Spec., t. III, pag. 216; et Icon., t. II, pl. 127, fig. 1.

5. LA FÉRONIE REMBRUNIE.

Feronia infuscata. DEJ.[1]

C'est une jolie espèce, moindre que toutes les précédentes, et dont la couleur est en dessus un vert bronzé obscur, et en dessous un noir peu brillant. Les pattes et les antennes sont toutes noires. Le corselet est un peu en forme de cœur, c'est-à-dire plus étroit en arrière, ce que l'on ne voit pas dans les espèces précédentes, et sa surface est tout-à-fait lisse : des deux sillons des angles postérieurs, l'interne est presque le seul qui soit visible. Les élytres sont très aplaties ; leurs stries sont assez marquées et présentent quelques points enfoncés. Le dessous du corps est tout couvert de points enfoncés très nombreux.

Cet insecte est propre au midi de la France, à l'Espagne et au Portugal. Il a cinq lignes de longueur sur deux et demie de largeur.

6. LA FÉRONIE A COU PONCTUÉ.

Feronia puncticollis. DEJ.[2]

Cette petite espèce a un caractère particulier dans les points qui garnissent le milieu du corselet dans toute sa longueur, et qui sont groupés en arrière entre les deux impressions profondes que l'on remarque à cette partie. La forme du corselet est presque celle

1. Spec., t. III, pag. 224 ; et Icon., t. II, pl. 128, fig. 2.
2. Spec., t. I. pag. 228 ; et Icon., t. II, pl. 128, fig. 5.

d'un cœur tronqué en avant et en arrière. Les élytres sont aplaties comme dans l'espèce précédente, et leurs stries sont marquées de quelques points enfoncés. Tout l'insecte est d'un noir légèrement bleuâtre, et le dessous du corps est couvert d'une ponctuation très serrée.

On trouve cet insecte dans le midi de la France et de l'Europe. Sa longueur est de cinq lignes, et sa largeur d'un peu plus de deux et demie.

β. **LES ARGUTORS** de M. le Comte Dejean.

Ces insectes n'ont pour caractères que d'être de très petite taille. Quelques-uns se rapprochent pour la forme de certaines espèces de la première division, et d'autres ont l'aspect élargi du sous-genre des *Amares* dont nous nous occuperons bientôt. Leurs couleurs sont le brun, le noir ou le bronzé très obscur. Leur corps est long et plat, leur corselet quelquefois presque carré, et quelquefois un peu en cœur ; leurs antennes sont un peu plus grosses vers le bout, et leurs palpes assez minces. On les trouve sous les pierres, dans le voisinage des eaux, et plus fréquemment dans les parties orientales et méridionales de la France qu'aux environs de Paris. Quelques espèces appartiennent au reste de l'Europe, d'autres au nord de l'Afrique, à l'Amérique et même aux Indes Orientales. Nous allons présenter les caractères de quelques-unes des espèces de France.

7. LA FÉRONIE PRINTANNIÈRE.

Feronia vernalis. Panz.[1].

C'est une petite espèce revêtue d'une livrée noire et brillante, et dont le premier article des antennes et les pattes sont d'un rouge très foncé. La forme du corselet est celle d'un carré un peu élargi au milieu, et on remarque vers ses angles postérieurs une double impression et quelques points enfoncés. Les stries des élytres sont assez profondes et paraissent à peine ponctuées.

On trouve cet insecte aux environs de Paris dès le commencement du printemps, ainsi que l'indique son nom, mais il est assez rare. Sa longueur est de trois lignes, et sa largeur d'une environ.

8. LA FÉRONIE A PIEDS ROUGES. (Pl. 13, fig. 5.)

Feronia rubripes. Dej.[2].

Cette Féronie est en dessus d'un vert bronzé, et en dessous d'un noir assez brillant. Elle a les premiers articles des antennes d'un rouge obscur et les pattes d'un jaune rougeâtre. Le corselet est en cœur, c'est-à-dire qu'il est rétréci en arrière, où il ne présente de chaque côté qu'une seule impression et quelques points enfoncés placés sur le milieu. Les stries des

---

1. *Carabus vernalis*, Faun. Germ. fasc. 30, n.º 17. — Dej. Sp. c., t. III, pag. 241; et Icon., t. II, pl. 129, fig. 1.

2. Spec., t. III, pag. 248; et Icon., t. II, pl. 129, fig. 2.

élytres sont assez profondes et paraissent tout-à-fait lisses.

On trouve cet insecte dans le midi de la France, et de plus en Portugal et sur la côte de Barbarie. Il a trois lignes de longueur et une seulement de largeur.

9. LA FÉRONIE A LONG COU.

Feronia longicollis. DUFT. [1]

Par l'ensemble de ses couleurs, cette espèce se rapproche de la Féronie printannière, mais sa forme est plus étroite et son corselet a une forme carrée, élargie au milieu et plus rétrécie en arrière. L'une des deux impressions de ce même corselet est beaucoup plus profonde, et les points enfoncés que l'on aperçoit à l'entour sont moins nombreux. Les antennes sont ferrugineuses dans toute leur longueur. Les pattes sont d'un rouge très foncé comme dans cette même Féronie.

On la trouve dans quelques parties de la France, mais elle y est assez rare. Elle est plus fréquente en Allemagne. Sa longueur est de trois lignes, et sa largeur d'une seulement.

10. LA FÉRONIE DÉPRIMÉE.

Feronia depressa. DEJ. [2]

Elle est plus large que les précédentes, et en même tems plus aplatie, ainsi que l'indique son nom. Sa

1. *Carabus longicollis*, Faun. Aust., t. II, pag. 180.— *Platysma longicollis*, Sturm. Deutsl. Faun., t. V, pl. 116, fig. *d.*—*Feronia negligens*, Dej. Spec., t. III, p. 249; et Icon., t. II, pl. 129, fig. 3.

2. Spec., t. III, pag. 257; et Icon., t. II, pl. 131, fig. 1.

couleur est un brun très foncé et brillant ; ses palpes, ses antennes et ses pattes sont ferrugineux, et les cuisses sont presque noires. La figure du corselet est celle d'un carré plus large que long, et son bord postérieur présente de chaque côté deux sillons dont l'interne est beaucoup plus marqué. Les stries des élytres sont profondes et paraissent tout-à-fait lisses.

Cette espèce se trouve particulièrement dans le midi de la France, en Grèce et en Barbarie. Elle a près de quatre lignes de longueur, et environ une et demie de largeur.

11. LA FÉRONIE AMAROÏDE.

Feronia amaroïdes. Dej. [1]

Le nom de cette espèce vient de la ressemblance qu'elle présente avec quelques insectes du sous-genre des Amares, par sa forme large et aplatie. Sa couleur est un brun très foncé ou un noir assez brillant. Ses palpes et ses antennes sont d'un ferrugineux très obscur, et ses cuisses sont même presque tout-à-fait noires. Son corselet, plus large que long, est un peu plus étroit en arrière, où il offre, de chaque côté, deux impressions peu arrêtées et quelques petites stries longitudinales. Les élytres sont faiblement striées et marquées de points enfoncés.

Cette espèce est très abondante dans les départe-

---

1. Spec., t. III, pag. 266 ; et Icon., pl. 132, fig. 3.—*Feronia abaxoïdes,* Dej. Spec , t. III, pag. 267 ; et Icon., pl. 132, fig. 4.—*Nota.* C'est peut-être à côté de cette division que doit se placer le genre *Platyderus* de M. Stephens (British Entomology, t. I, pag. 101.)

mens de la France qui avoisinent les Pyrénées. Elle a quatre lignes et demie de longueur, et deux environ de largeur.

Observation. Nous réunissons à la Féronie amaroïde, celle que M. le Comte Dejean a nommé *Abaxoïde*, et qui ne présente aucune différence véritablement appréciable.

γ. **LES MÉLANIES** de Bonelli, ou **LES OMASÉES** des autres auteurs.

Les Mélanies méritaient ce nom, lorsqu'il leur a été appliqué, parce qu'alors toutes les espèces connues étaient noires; aujourd'hui, nous en connaissons plusieurs de la Nouvelle-Hollande qui sont violettes, et d'autres du Chili qui sont ornées d'un reflet bronzé. Toutes les Mélanies sont d'une assez grande taille, à l'exception de deux ou trois seulement; elles se trouvent ordinairement sous les pierres et sont assez peu agiles. Leur corps est alongé et assez aplati; leur corselet, en carré un peu plus large que long, est rétréci en arrière, et leurs angles postérieurs forment souvent une petite saillie ou dentelure qui n'est guère appréciable que dans les espèces d'Europe. Le dernier article de leurs palpes est quelquefois un peu élargi.

12. LA FÉRONIE A YEUX NOIRS.

Feronia leucophthalma. FAB. [1]

Elle est d'un noir brillant. Les angles postérieurs de son corselet forment une saillie assez forte, et l'im-

---

[1] *Carabus leucophthalmus, Ent. Syst.,* t. I. pag. 132. — *Carabus me-*

pression qui existe auprès de ces angles est profonde et marquée de points enfoncés assez nombreux. Les élytres sont alongées et leurs stries lisses et profondes : entre la seconde et la troisième on remarque deux points enfoncés.

Cet insecte est très répandu dans la plus grande partie de l'Europe, et en particulier aux environs de Paris. Sa longueur est de sept ou huit lignes, et sa largeur de deux et demie à trois.

13. LA FÉRONIE NOIRE.

Feronia melas. CREUTZ [1].

On distingue cet insecte du précédent par la forme rétrécie de son corselet en arrière, et par celle plus ovalaire de ses élytres. Les impressions des angles postérieurs du corselet sont plus profondes et beaucoup moins ponctuées. Les élytres sont plus convexes, et leurs stries semblent quelquefois légèrement ponctuées.

Cette espèce se trouve dans le midi de la France, en Allemagne et en Italie. Sa longueur varie entre sept et neuf lignes, et sa largeur entre deux et demie et trois environ.

---

lanarius, Illig. Col. bor., t. I, pag. 163. — *Feronia melanaria,* Dej. Spec., t. III, pag. 271 ; et Icon., t. II, pl. 133, fig. 3.

1. *Carabus melas,* Entom. vers., t. I, pag. 114, pl. 2, fig. 18. — Dej. Spec., t. III, pag. 273 ; et Icon., t. II, pl. 133, fig. 5.

14. LA FÉRONIE NÈGRE.

Feronia nigrita. FAB. [1]

Cette espèce est remarquable par sa petite taille. Elle ressemble, pour la forme, à la Féronie à yeux blancs, mais outre la différence que présente la taille des deux insectes, celui qui nous occupe, a les stries ponctuées et trois points enfoncés entre la seconde et la troisième.

Elle est très commune dans presque toute l'Europe. Sa longueur est de cinq à six lignes, et sa largeur de une et demie à deux environ.

15. LA FÉRONIE COULEUR DE CHARBON.

Feronia anthracina. ILLIG. [2]

Elle ressemble beaucoup à la Féronie nègre. Elle s'en distingue cependant par la forme de son corselet. qui est un peu plus rétrécie en arrière, et qui ne présente pas de dent aux angles postérieurs.

Elle est aussi répandue que la précédente, et sa taille est ordinairement la même.

16. LA FÉRONIE TRÈS NOIRE. (Pl. 13, fig. 6.)

Feronia aterrima. PAYK. [3]

On reconnaît aisément cette jolie espèce à la grosseur des trois points que présente chacune de ses ély-

1. *Carabus nigrita*, Ent. Syst., t. I, pag. 158. — Dej. Spec., t. III, pag. 285; et Icon., t. II, pl. 134, fig. 4.

2. *Carabus anthracinus*, Col. bor., t. I, pag. 181. — Dej. Spec., t. III, pag. 286; et Icon. t. II, pl. 134, fig. 5.

3. *Carabus aterrimus*, Monogr. Carab., n.° 78. — Dej. Spec., t. III, pag. 290; et Icon., t. II, pl. 135, fig. 5.

tres. Son corselet est muni d'un bord très large, et ses angles sont arrondis : l'impression des angles postérieurs est faiblement ponctuée. Les stries des élytres sont fines et formées de points enfoncés très légers. La couleur de l'insecte est un noir très brillant en dessus.

Elle se trouve dans le nord de la France. Sa longueur est de six lignes, et sa largeur de deux et demie environ.

♂. **LES STÉROPES** de M. le Comte Dejean.

On peut appliquer à ce groupe les considérations que nous avons présentées au sujet des Mélanies. On reconnaît les Stéropes, qui leur ressemblent sous beaucoup de rapports, à la forme plus arrondie du corselet en arrière, et à la figure plus ovale et plus convexe des élytres.

17. LA FÉRONIE ÉLÉGANTE.

Feronia concinna. STURM. [1].

Elle est d'un noir assez brillant. Son corselet présente, de chaque côté, en arrière, une impression double dont le fond est un peu rugueux. Les stries des élytres sont lisses, peu profondes, et l'intervalle qui sépare la seconde de la troisième, est marqué d'un ou de plusieurs points enfoncés, qui sont placés au-delà du milieu.

On la trouve assez communément en France, dans

1. *Molops concinnus*, Deutl. Faun., t. IV, pag. 175, pl. 104, fig. c. — Dej. Spec., t. III, pag. 293; et Icon., t. II, pl. 138, fig. 1.

les bois et les montagnes ; elle se rencontre aussi dans quelques autres parties de l'Europe. Elle a sept ou huit lignes de longueur, sur deux et demie ou trois de largeur.

18. LA FÉRONIE HUMIDE. (Pl. 14, fig. 1.)

Feronia madida. FAB. [1]

On distingue cette espèce de la précédente, à laquelle elle ressemble beaucoup, par la couleur des cuisses, et quelquefois du reste des pattes, qui est d'un rouge ferrugineux.

Sa taille est la même, et elle se trouve aussi dans toute la France, mais plus particulièrement dans les parties méridionales.

ɛ. LES PLATYSMES de Bonelli.

Le groupe que l'on désigne sous ce nom se compose presque tout entier d'espèces étrangères à l'Europe, et dont les teintes sont généralement métalliques et obscures.

On les reconnaît au rétrécissement du corselet en arrière. Leur corps est plat et alongé.

19. LA FÉRONIE A MAINS COULEUR DE POIX.

Feronia picimana. DUFT. [2]

Sa couleur est un brun foncé en dessus, et un brun plus pâle et un peu rougeâtre en dessous. Les

---

1. *Carabus madidus*, Mant. Ins., t. I, pag. 199. — Dej. Spec., t. III, pag. 294 ; et Icon., t. II, pl. 136, fig. 2.

2. *Carabus picimanus*, Fauna Austriæ, t. II, pag. 159. — Dej. Spec., t. III, pag. 310 ; et Icon., t. II, pl. 131, fig. 1

pattes sont de cette dernière nuance. Le corselet présente de chaque côté en arrière une impression double et un peu rugueuse. Les stries des élytres sont faiblement ponctuées, et l'intervalle qui sépare la seconde de la troisième est marqué de deux ou trois points enfoncés.

On trouve cet insecte en France et en Allemagne, mais il est assez rare partout. Sa longueur est de six lignes, et sa largeur de deux environ.

20. LA FÉRONIE A POINTS OBLONGS.

Feronia oblongo punctata. PAYK.[1]

Cet insecte est en dessus de couleur de bronze et brun en dessous. Les côtés de la poitrine semblent cependant un peu métalliques. Les pattes et les palpes sont d'un brun assez pâle. Le corselet présente des rides transversales très faibles, et l'on remarque une forte impression assez longue auprès de chaque angle postérieur. Les stries des élytres semblent lisses, et l'intervalle qui sépare la seconde de la troisième est marqué de plusieurs points très gros et placés irrégulièrement.

On le rencontre dans les bois, et il paraît assez répandu dans presque toute l'Europe. Sa longueur est de quatre lignes et demie, et sa largeur de deux.

1. *Carabus oblongo-punctatus*, Monogr. Carab., n.º 33. — Dej. Spec. t. III, pag. 317 ; et Icon., t. II, pl. 140, fig. 3.

ζ. **LES COPHOSES** de M. le Comte Dejean.

Ces insectes se font remarquer par leur forme alongée. Telle est :

21. LA FÉRONIE CYLINDRIQUE. (Pl. 14, fig. 2.)

Feronia cylindrica. HERBST[1].

Cette espèce est peut-être la plus remarquable de tout le genre des Féronies. Elle a le corselet en carré un peu plus large en avant qu'en arrière, et on remarque vers chacun de ses angles postérieurs une impression très profonde : il présente en outre des rides transversales assez marquées. Les stries de ses élytres sont assez profondes et paraissent tout-à-fait lisses.

On trouve ce joli insecte en Hongrie, où il paraît assez répandu. Il a de sept à dix lignes de longueur et de deux à trois de largeur.

Observation. Les variations de taille que présente cette espèce avaient engagé quelques Entomologistes à en reconnaître plusieurs. C'est pour cela qu'ils avaient nommé *Feronia magna* la plus grande, et *Feronia filiformis* celle de moindre taille. Il est reconnu aujourd'hui que ces variétés appartiennent à la même espèce.

η. **LES OMALOSOMES** de M. Vigors.

Ce groupe renferme les plus grandes espèces de Féronies. Elles se font remarquer par la saillie de leur

1. *Carabus cylindricus,* Archiv., pag. 132, pl. 29, fig. 3 — Dej. Spec., t. III, pag. 335 ; et Icon., t. II. pl. 141, fig. 2.

lèvre supérieure, qui est en carré plus large que long (*pl.* 14, *fig.* 3, *a.*); par le dernier article de leurs palpes qui est élargi à l'extrémité (*fig.* 3, *b.*); par leur corselet sinueux sur les côtés, et en forme de cœur tronqué aux deux bouts; et, enfin, par leurs élytres plates et surmontées de côtes ou de lignes élevées assez saillantes. Toutes les espèces connues semblent propres à la Nouvelle-Hollande et à l'île de Madagascar.

22. LA FÉRONIE A COL STRIÉ. (Pl. 14, fig. 3.)

Feronia striatocollis. Br.

C'est une belle et grande espèce, remarquable par les rides nombreuses que présente son corselet en travers; chacune de ces rides est en outre sillonnée par une infinité de petites lignes longitudinales. La tête offre quelques rugosités en avant et deux impressions très profondes. Les élytres sont surmontées de six côtes élevées et lisses, dont la plus extérieure forme une carène latérale qui est plus élevée que le bord même. Les intervalles qui séparent ces six côtes sont couverts d'une multitude de petites rugosités qui semblent affecter une direction longitudinale et parallèle aux côtes. Le dessous du corps est tout-à-fait lisse.

On la trouve à Madagascar. Sa longueur est de vingt lignes, et sa largeur de six et demie pour le mâle, et sept pour la femelle. Elle a été rapportée par M. Goudot.

25. LA FÉRONIE A COL LISSE.

Feronia levicollis. Br.

Elle est un peu plus grande que la précédente,
ayant vingt-deux lignes de longueur. Elle est aussi un
peu plus large et sa forme n'est pas tout-à-fait la même.
Dans l'espèce précédente, le corselet est en cœur et
les élytres ont une forme ovalaire; dans celle-ci, le
corselet, quoique toujours en cœur, est presque aussi
large à sa base qu'à son extrémité, et les élytres, presque en carré long, sont aussi à la base de la largeur du
corselet. La surface de celui-ci est tout-à-fait lisse et
présente seulement au milieu quelques lignes transversales : on remarque auprès des angles postérieurs
une impression assez profonde qui occupe les deux
tiers de la longueur du corselet. Les élytres sont
armées au bout de deux épines assez fortes, et chacune d'elles est surmontée de six côtes, dont l'extérieure est très élevée, tandis que les cinq autres sont
peu saillantes et recouvertes, de même que les intervalles qui les séparent, d'une infinité de petites lignes
comme ciselées qui forment sur la surface des élytres
un travail des plus gracieux. Le dessous du corps est
tout-à-fait lisse.

Ce rare et bel insecte se trouve à l'île de Madagascar, d'où il a été envoyé au Muséum d'histoire naturelle par M. Bernier, chirurgien de la marine.

θ. **LES PTÉROSTIQUES** de Bonelli.

Ce groupe renferme les plus brillantes espèces du
genre des Féronies. Si l'on en excepte un petit nom-

bre dont la livrée est toute noire, les autres sont revêtues de couleurs métalliques dorées, cuivreuses et quelquefois bronzées. Le travail de leurs élytres est souvent des plus agréables à voir, à cause des points profonds et diversement disposés que l'on remarque à leur surface. Mais ces points varient presque autant que l'on compte d'individus, ce qui rend très difficile la détermination des espèces; aussi croyons-nous que l'on en a peut-être trop augmenté le nombre. On les trouve sous les pierres et particulièrement dans les montagnes. Leur corps est plat et quelquefois assez court; le dernier article de leurs palpes est un peu élargi à l'extrémité. On remarque sur le dernier segment de l'abdomen des mâles une **petite crête ou élévation longitudinale. Presque tous les insectes de cette division appartiennent à l'Europe.

24. LA FÉRONIE STRIÉE.

Feronia striata. Payk.[1].

Elle est toute noire et lisse; le corselet présente seulement quelques rides dans le fond du double sillon qui avoisine les angles postérieurs. Ce corselet est en carré un peu rétréci en arrière. Les élytres sont marquées de stries profondes dont le fond paraît lisse, et l'intervalle qui sépare la seconde de la troisième offre trois points enfoncés. Le dessous du corps est plus brillant que le dessus.

---

1. *Carabus striatus*, Monogr. Carab., n.º 26. — *Carabus niger*, Fab. Syst. Eleuth., t. I, pag. 179. — Dej. Spec., t. III, pag. 337; et Icon., t. II, pl. 142, fig. 1.

Cet insecte est très répandu sous les pierres, sous les feuilles tombées et sous les écorces des gros arbres, dans les bois plus particulièrement. On le trouve en France et dans une grande partie de l'Europe. Il a neuf lignes de longueur et trois environ de largeur.

25. LA FÉRONIE MÉTALLIQUE. (Pl. 14. fig. 4.)

Feronia metallica. Fab. [1]

Cette jolie espèce est, en dessus, d'un cuivreux rougeâtre brillant, et, en dessous, d'un noir légèrement bronzé. La couleur des palpes est ferrugineuse. Les bords des élytres et du corselet, et le fond des impressions de celui-ci, sont d'un vert un peu doré. Les élytres présentent des stries très légères que forment de très petits points enfoncés.

On trouve ce bel insecte dans les parties orientales de la France, aux environs de Paris, et dans presque toute l'Autriche. Sa longueur est de six lignes environ. et sa largeur de deux et demie.

Observation. Latreille regarde cette espèce comme le type d'un sous-genre particulier, qu'il nomme *Cheporus*, et qui aurait pour caractère la forme des articles des antennes. qui sont plus courts et presque en forme de grains. Il faut avouer que ces organes ne présentent pas de différence avec ceux des autres espèces métalliques de cette même division des Féronies.

---

1. *Carabus metallicus,* Ent. Syst., t. I, pag. 146. — Déj. Spec., t. III. pag. 375; et Icon., t. II, pl. 147, fig. 5.

ı. **LES ABAX** de Bonelli. [1]

On reconnaît les espèces de ce groupe à leur forme large et aplatie, et à leur corselet carré. Leurs couleurs sont noires et brillantes. Elles se trouvent sous les pierres.

26. LA FÉRONIE A PETITE STRIE.

Feronia striola. FAB. [1]

Cette espèce, entièrement d'un noir luisant, n'a que le bout des palpes rougeâtre. Son corselet présente de chaque côté, en arrière, une double impression longitudinale, qui est assez profonde et dont le fond paraît lisse. Les stries des élytres semblent très légèrement ponctuées.

Elle est très répandue sous les pierres, les détritus, les écorces, dans la plus grande partie de l'Europe, et en particulier aux environs de Paris. Sa longueur est de huit lignes, et sa largeur de trois et demie.

27. LA FÉRONIE DES PYRÉNÉES.

Feronia Pyrenæa. DEJ. [2]

Elle ressemble à la précédente, mais elle est plus étroite; elle a les bords du corselet moins élevés, et sa surface est ridée en travers. Les stries des élytres sont

1. *Carabus striola*, Ent. Syst., t. I, pag. 146. — Dej. Spec., t. III, pag. 378; et Icon., t. II, pl. 148, fig. 1.
2. Spec., t. III, pag. 380; et Icon., t. II, pl. 148, fig. 2

beaucoup moins profondes et plus distinctement ponctuées; ces points sont même beaucoup plus visibles
dans la femelle, et les stries sont très peu senties:
dans ce dernier sexe, les élytres sont d'un noir moins
brillant que le reste du corps, et présentent sur les
côtés une carène plus élevée que dans les mâles.

Ainsi que l'indique son nom, cet insecte se trouve
dans le voisinage des Pyrénées. Il a huit lignes de longueur, sur trois environ de largeur.

28. LA FÉRONIE FROIDE. (Pl. 14, fig. 5.)

Feronia frigida. Fab. [1]

Cette espèce se distingue des précédentes par sa
forme raccourcie et ovalaire. Elle a le corselet plus
large en arrière qu'en avant; ses impressions postérieures sont très larges et sa surface est légèrement ridée. Les stries des élytres semblent à peine ponctuées.

On la rencontre aux environs de Paris, dans le nord
de la France et dans une grande partie de l'Europe.
Sa longueur est de six lignes, et sa largeur de trois
environ.

29. LA FÉRONIE PARALLÈLE.

Feronia parallela. Duft. [2]

C'est la plus alongée des espèces du groupe des
Abax. Son corselet est un peu plus étroit en arrière

---

1. *Carabus frigidus.* Syst. Eleuth., t. I, pag. 189. — *Carabus ovalis,*
Duft, Faun. Austr., t. II, pag. 64. — Dej. Spec., t. III, pag. 355; et Icon.,
t. II, pl. 149, fig. 2.

2 *Carabus parallelus.* Faun. Austr., t. II, pag. 64. — Dej. Spec., t. III,
pag. 356; et Icon., t. II, pl. 149, fig. 3.

qu'en avant, faiblement ridé en quelques endroits, et marqué en arrière de deux impressions assez courtes. Ses élytres semblent à peine ponctuées.

Elle est répandue par toute la France et l'Allemagne : elle a de sept à huit lignes de longueur sur trois environ de largeur.

x. LES PERCUS de Bonelli.

Ces insectes sont les plus grands de tout ce genre, si l'on en excepte toutefois les Omalosomes. Ils ont beaucoup de rapports avec ces derniers, soit par leur forme aplatie, soit par la saillie de leur lèvre supérieure ; mais ils s'en distinguent, comme de tous les autres groupes du genre des Féronies, par l'absence d'une espèce de rebord qui, dans les autres, se voit à la base des élytres (*pl.* 14, *fig.* 5, *a. et* 6, *a.*). Tous les Percus sont noirs, et se trouvent sous les pierres, dans les parties méridionales de l'Europe. Quelquesuns sont moins larges que les autres, et leur corps est plus bombé ; on les reconnaît néanmoins pour des Percus au caractère que nous venons d'indiquer. Telle est en particulier :

30. LA FÉRONIE PARENTE. (Pl. 14, fig. 6.)

Feronia patruelis. DUFOUR[1].

Qui est longue, étroite et tout-à-fait lisse, avec une rangée de points enfoncés sur le bord extérieur des

---

1. *Broscus patruelis*, Annal. des Sciences phys., t. VI, pag. 313. — *Feronia Navarica*, Dej. Spec., t. III, pag. 408; et Icon., t. II, pl. 152, fig. 5.

élytres. Son corselet est rétréci en arrière et présente quelques rides qui sont plus sensibles vers les angles postérieurs : ces derniers offrent une impression très faible.

On trouve cet insecte dans les parties de la France qui avoisinent les Pyrénées. Sa longueur est de huit lignes, et sa largeur d'un peu plus de trois.

λ. **LES MOLOPS** de Bonelli.

Ce sont encore des insectes noirs, ou d'un brun très foncé, et qui vivent sous les pierres. Leurs formes sont assez ramassées ; leur corps est un peu convexe ou renflé ; leurs antennes sont composées d'articles presque en forme de grains ; leur corselet est un peu en cœur tronqué et rétréci avant le bord postérieur qui, par cela même, devient saillant.

La seule espèce de ce groupe qui se trouve ordinairement en France, est :

31. LA FÉRONIE TERRICOLE. (Pl. 15, fig. 1.)

Feronia terricola. FAB.[1]

C'est un insecte d'un brun foncé et luisant, qui a la lèvre, les palpes et les antennes ferrugineux. Son corselet présente de chaque côté, en arrière, deux impressions assez profondes, et ses élytres sont marquées de stries assez faibles que forment des points enfoncés.

1. *Carabus terricola*, Ent. Syst., t. I, pag. 135. — Dej. Spec., t. III, pag. 416 ; et Icon., t. II, pl. 154, fig. 4.

On le trouve surtout en France et en Allemagne.
Il a cinq lignes de longueur et deux de largeur.

μ. **LES CAMPTOSCÈLES** de M. le Comte Dejean.

Ces insectes avaient été considérés par M. le Comte
Dejean comme devant constituer un genre distinct
des Féronies, à cause de la forme des jambes intermédiaires des mâles, qui sont courbées, ainsi que le
représente la figure 1, *a.* de notre planche 15. M. Germar, au contraire, ne les regardait que comme des
Molops. Les Camptoscèles sont des insectes du Cap
de Bonne-Espérance, dont la forme est plus alongée
que celle de ces derniers, mais qui n'ont pas toujours
les jambes arquées, ainsi que nous le trouverons dans
l'une des espèces que nous allons décrire. On peut les
reconnaître à leur lèvre supérieure un peu échancrée,
à leurs antennes minces, et à la forme de leur corselet, qui est plate et presque arrondie. Nous en connaissons trois espèces.

52. LA FÉRONIE HOTTENTOTE.

Feronia hottentota. OLIV. [1]

Elle est noire comme l'espèce suivante. Ses antennes sont ferrugineuses ainsi que ses tarses et le
bout de ses palpes. Sa tête est très grosse, et c'est pour
cette raison sans doute qu'Olivier l'avait placée parmi
les Scarites. Son corselet est tronqué en avant, arrondi

[1] *Scarites Hottentota*, Ent., t. III, n° 36, pag. 9, pl. 2, fig. 10 —
Dej. Spec., t. III, pag. 421.

sur les côtés et en arrière, lisse et marqué vers les angles postérieurs d'une impression peu profonde. Ses élytres sont longues, plus étroites que le corselet, et leurs stries sont lisses ; l'avant-dernière seule présente une rangée de gros points enfoncés. Les jambes intermédiaires sont arquées dans les mâles.

On la trouve au cap de Bonne-Espérance. Elle a sept lignes de longueur, sur deux et demie de largeur.

33. LA FÉRONIE DE DELALANDE. (Pl. 15, fig. 2.)

Feronia Lalandi. Br. [1]

Cette espèce a les antennes et les tarses noirs comme le reste du corps. Sa tête est moins grosse que dans la Féronie Hottentote. Son corselet est moins rétréci en arrière, et il représente un carré dont les angles auraient été abattus. Ses élytres sont aussi larges que le corselet, et ses jambes intermédiaires tout-à-fait droites. On la distingue surtout de la précédente par la couleur noire de ses antennes, et par la forme de son corselet, qui est presque aussi large en arrière qu'en avant.

Elle se trouve au Cap de Bonne-Espérance, d'où

1. Aux espèces de Féronies décrites dans cet ouvrage, ajoutez celles publiées : 1.º dans le Species de M. le Comte Dejean ; — 2.º dans l'Entomographie de la Russie de M. Fischer ; — 3.º dans les Illustr. of British Entomology de M. Stephens ; — 4.º dans le British Entomology de M. Curtis ; — 5.º dans le Catal. des objets recueillis au Caucase, par M. Ménétriés ; — 6.º dans les Coléopt. Spec. nov. de M. Germar ; — 7.º dans les Annales de la Société Entomologique de France ; — 8.º dans le Delectus animalium, etc., de M. Perty (Voy. de Spix et Martius) ; — 9.º le Zoological Miscellany de M. Gray ; — 10.º les Horæ Entomologiæ de M. Charpentier ; — 11.º enfin, dans la Description des Insectes de Madagascar, par M. Klug.

elle a été rapportée par M. Delalande. Elle a neuf lignes de longueur, et trois environ de largeur. Nous ne connaissons que le sexe mâle, ainsi que dans la première espèce de ce groupe.

Les sous-genres qui avoisinent les Féronies sont assez nombreux. Deux d'entre eux ont encore la dent de l'échancrure du menton bifide. Quant aux autres, on peut les partager en deux séries, savoir : ceux qui ont à l'échancrure du menton une dent simple et pointue, et ceux chez qui cette dent paraît manquer tout-à-fait.

1.° LES MYAS. — *Myas.* DEJ. [1].

Qui ayant, comme les Féronies, la dent du *menton* bifide, s'en distinguent par le dernier article de leurs *palpes labiaux,* qui est très élargi et triangulaire (*pl.* 15, *fig.* 3, *a.*). Dans les Féronies, au contraire, cet article est cylindrique, et quelquefois seulement un peu élargi. Les Myas sont de très jolis insectes, que leur forme large et raccourcie peut faire reconnaître au premier coup-d'œil. Il sont ornés de couleurs bleues et violettes. Leur *lèvre supérieure* est plus courte que large ; leurs *antennes* sont peu alongées et formées d'articles qui sont figurés presque en grains. Le type de ce sous-genre est :

1. Etym. μυῖα, mouche.

LE MYAS BLEU. (Pl. 15, fig. 3.)

Myas chalybœus. PALLIARDI[1].

Ce joli insecte est tout noir, à l'exception des élytres, qui sont d'un beau bleu d'acier; ses palpes, le bout de ses antennes et ses tarses sont roussâtres. Son corselet est orné, sur les côtés et en arrière, d'une nuance bleue semblable à celle des élytres : sa surface présente plusieurs rides transversales, et l'on remarque, vers chacun de ses angles postérieurs, une double impression très profonde. Les stries des élytres sont très faibles et formées de points fort petits.

On le trouve en Hongrie. Sa longueur est de sept lignes et demie environ, et sa largeur de trois et demie.

2.° LES CNÉMACANTHES. — *Cnemacanthus.* GRAY[2].

Ce sous-genre se compose de trois espèces rares, appartenant à l'Afrique et à l'Amérique : on peut les reconnaître aux deux fortes épines qui arment le côté intérieur de leurs *jambes de devant,* et que l'on désigne sous le nom d'*éperons (pl.* 15, *fig.* 4, *a.*). Ces jambes sont très larges au bout, et s'avancent au côté extérieur, où elles se recourbent et se terminent en

---

1. *Abax chalybœus,* Carabiques peu connus, pag. 41, pl. 4, fig. 19. — Dej. Spec., t. III, pag. 424; et Icon., t. III, pl. 155, fig. 2. — Voyez pour les deux autres espèces connues : le Species de M. le Comte Dejean, et la partie Entomologique de l'expédition de Morée.

2. Etym. κνήμη, jambe; ακανθα, épine.

pointe. La dent du *menton* est simple et aiguë. La *lèvre supérieure* est courte et presque bilobée. Les mandibules sont saillantes, et les antennes courtes et presque moniliformes. Les palpes maxillaires sont terminés par un article un peu en forme de fuseau (*fig.* 4, *b.*).

1. LE CNÉMACANTHE BLEU. (Pl. 15, fig. 4.)

Cnemacanthus cyaneus. BR.

C'est un bel insecte dont tout le corps est d'un bleu très foncé, qui prend des reflets plus clairs sur les pattes et le bord inférieur des élytres. Ses mandibules présentent quelques stries peu profondes. Son corselet est plus large que long, arrondi sur les côtés, rétréci en arrière, et muni d'un rebord latéral : sa surface et celle de la tête sont tout-à-fait lisses. Ses élytres sont soudées entre elles, ovales, et marquées de quelques stries très légères, qui semblent formées par des lignes ondulées à peine sensibles : sur les bords on aperçoit deux rangées de gros points enfoncés, dont l'intérieur se rapproche de la suture vers le bout, ou l'on remarque aussi quelques autres points; enfin, ce qui est surtout remarquable, c'est que chacun des segmens de l'abdomen présente en travers une série de gros points semblables à ceux des élytres. De tous ces points il part autant de poils raides qui forment une sorte de bordure autour du corps de l'insecte.

On le trouve au Chili. Sa longueur est de dix lignes, et sa largeur de quatre environ.

2. LE CNÉMACANTHE OBSCUR.

Cnemacanthus obscurus. BR.

Cette espèce ressemble beaucoup à la précédente, et cependant on ne saurait les réunir ensemble. Elle est moindre d'un quart de sa longueur; ses mandibules ne sont pas striées. Ses élytres présentent des stries plus profondes, et qui semblent formées d'une suite de petites impressions alongées. Sa couleur est plus obscure, et presque tout-à-fait noire. Ses élytres sont plus ovales, et moins élargies.

Nous avons vu la femelle de cette espèce. Elle a les mandibules obtuses, plus courtes que celles du mâle de toute la partie qui se recourbe dans celui-ci. Son corselet est un peu moins large.

La longueur de cet insecte est de huit lignes, et sa largeur de trois. On le trouve dans les mêmes contrées que le précédent.

3. LE CNÉMACANTHE BOSSU.

Cnemacanthus gibbosus. GRAY [1].

Cet insecte ne nous est connu que par la description et la figure qu'en a données M. Gray, dans l'édition anglaise du *Règne animal.* Il est noir, nuancé de vert bronzé; ses élytres sont striées, ses pattes noires, ses antennes et ses tarses bruns.

On le trouve en Afrique. nous ignorons dans quelle partie. Il a sept lignes de longueur.

1. The Anim. Kingdom; Ins., t. I, pag. 270, pl. 15, fig. 1.

3.° LES BROSQUES. — *Broscus.* PANZER [1].

Les insectes qui composent ce sous-genre sont remarquables par la grosseur de leur tête et par la forme alongée de leur corps. Leurs jambes de devant sont un peu élargies au bout, et munies d'une échancrure profonde; mais elles n'ont plus que deux faibles éperons, et leur côté extérieur ne fait point de saillie. Leur *lèvre supérieure* est très courte. Leurs *antennes* sont courtes, mais composées d'articles assez alongés. La dent de leur *menton* est simple, et le dernier article de leurs *palpes* un peu élargi au bout.

1. LE BROSQUE A GROSSE TÊTE.

Broscus cephalotes. LIN. [2].

C'est un insecte de forme élégante, mais dont la couleur est un noir peu brillant. Le bout de ses palpes seul est roussâtre. Sa tête présente des points enfoncés nombreux. Son corselet a un peu la forme d'un cœur, à cause du rétrécissement de sa partie postérieure, et ses côtés sont couverts de rides transversales assez rapprochées. Ses élytres sont planes et ornées de stries formées par des points enfoncés, qui deviennent plus faibles à mesure qu'ils approchent de l'extrémité : ces stries sont bien moins profondes dans les femelles que dans les mâles.

1. Etym. βρώσκω, paître, brouter. — Syn. *Cephalotes*, Bonelli, Latreille, Dejean.

2. *Carabus cephalotes*, Lin. Faun. Succ., n.° 688. — *Cephalotes vulgaris*, Dej. Spec., t. III, pag. 428; et Icon., t. III, pl. 155, fig. 3.

On trouve cette espèce dans une grande partie de l'Europe et aux environs de Paris. Elle a dix lignes de longueur, et trois environ de largeur.

2. LE BROSQUE ARCTIQUE.

Broscus arcticus. PAYK [1].

Cette espèce avait été, pendant long-temps, confondue avec les Clivines, sous-genre de la race des Scaritides. C'est Latreille qui, le premier, a reconu son analogie avec le sous-genre des Brosques. Elle est remarquable par sa petite taille, et par sa belle couleur bronzée et presque cuivreuse. Sa tête et son ventre sont d'un brun très obscur, et ce dernier est ferrugineux sur les bords. Ses pattes et ses antennes sont d'un jaune rougeâtre. Sa tête et son corselet sont tout-à-fait lisses, et ses élytres présentent auprès de la suture deux ou trois stries, dont la plus intérieure s'étend jusqu'à l'extrémité.

On trouve ce joli insecte en Suède. Il a trois lignes de longueur, et un peu plus d'une de largeur.

4.° LES STOMIS. — *Stomis.* CLAIRVILLE [2].

On reconnaît ce sous-genre parmi tous les Féroniens, à la saillie de ses mandibules, qui sont plus longues encore et plus arquées que dans les Cnémacanthes. Sa

---

1. *Scarites arcticus,* Fauna Suecica, t. I, pag. 85. — *Clivina arctica,* Dej. Spec., t. 1, pag. 420, et Icon., t. I, pl. 23, fig. 3. — Voyez, pour les autres espèces, le Species de M. le Comte Dejean, et l'Iconographie du règne animal de M. Guérin.

2. Etym. *στομα,* bouche. — Syn. *Carabus,* Panzer, Duftschmidt.

lèvre supérieure est très courte et échancrée , au lieu que dans le sous-genre précédent elle est entière. Le premier article de ses *antennes* est grand, et plus long que les deux suivans au moins. Ses palpes sont alongés. La dent de son *menton* est simple. La forme générale du corps est la même que celle des Brosques, mais elle est un peu plus aplatie, et le corselet est un peu plus alongé.

LE STOMIS POLI.

Stomis pumicatus. PANZER [1].

Tout l'insecte est d'un brun foncé assez brillant, à l'exception des palpes , des antennes et des pattes, qui sont d'un jaune rougeâtre. Sa tête et son corselet sont presque lisses. Ses élytres sont marquées de stries profondes dans lesquelles on remarque une série de points enfoncés.

On le trouve en France et dans une grande partie de l'Europe. Il a trois lignes de longueur, sur une seulement de largeur.

5.° LES ABARIS. — *Abaris.* DEJ. [2].

Le sous-genre connu sous ce nom renferme une jolie espèce de l'Amérique du Nord, dont les couleurs sont métalliques. Elle a les *mandibules* saillantes comme dans les sous-genres précédens, mais moins

---

1. *Carabus pumicatus*, Faun. Germ. fasc. 3o , n.° 16. — Dej. Spec., t. III, pag. 435; et Icon., t. III, pl. 156, fig. 1.

2. Etym. α, privatif; βαρυς, lourd.

cependant que dans les Stomis. Sa *lèvre supérieure* est en carré un peu moins long que large. Les articles de ses *palpes* sont cylindriques. La dent de son *menton* est simple et très peu saillante. Son corps est plat et élargi, et son corselet en carré plus large que long.

L'ABARIS BRONZÉE. (Pl. 15, fig. 5.)

Abaris ænea. DEJ. [1]

Elle est, en dessus, d'une couleur bronzée assez brillante, rougeâtre sur les élytres, et, en dessous, d'un brun presque noir. Ses cuisses sont de cette dernière couleur : le reste des pattes, les antennes et les palpes sont ferrugineux. Les bords latéraux du corselet sont relevés, et une double impression se remarque auprès des angles postérieurs. Les élytres sont marquées de stries profondes et qui paraissent tout-à-fait lisses.

On la trouve dans les environs de Carthagène où il paraît qu'elle est assez commune ; cependant elle est peu répandue dans les collections. Sa longueur est de deux lignes et demie, et sa largeur d'une ou un peu plus

6.° LES RHATHYMES. — *Rhathymus.* DEJ. [2]

Ces insectes, moins brillans que les précédens, partagent avec eux le caractère d'avoir le corps large et aplati. Le dernier article de leurs *palpes labiaux* est

---

1. Spec., t. V, pag. 781 ; et Icon., t. III, pl. 156, fig. 3.
2. Étym. ραθυμος, paresseux.

triangulaire. Leur *lèvre supérieure* est courte et profondément échancrée. Leurs *mandibules* sont larges et saillantes, et leur *menton* présente une dent simple et assez aiguë. Leur corselet a la forme d'un carré plus large que long.

La seule espèce connue est :

LE RHATHYME NOIR.

Rhathymus carbonarius. Dej. [1].

Il est entièrement noir et peu brillant. Ses palpes, ses antennes et ses tarses sont roussâtres. Sa tête et son corselet sont parsemés de points enfoncés et nombreux. Les stries de ses élytres sont assez profondes et faiblement ponctuées.

On trouve cette espèce au Sénégal. Elle a six lignes de longueur, sur près de trois de largeur.

7.° LES STRIGIES. — *Strigia*. Br. [2].

Elles ont la plus grande analogie de formes avec les précédens, mais on les reconnaît à leur *lèvre supérieure*, qui est très courte et entière ; à la dent de leur *menton*, qui est bifide ; à leurs *mandibules*, qui sont grandes, épaisses, arquées et striées (*pl.* 15, *fig.* 6. *a.*). Leurs *palpes* sont terminés par un article un peu élargi. Leurs *antennes* sont comprimées et un peu plus grosses vers le bout. Ainsi que dans les Rhathymes, le corselet est court et plus large que long.

1. Spec., t. V, pag. 784 ; et Icon., t. III, pl. 156, fig. 4
2. Etym. στριξ, τριχος, strie, cannelure.

LA STRIGIE MAXILLAIRE. (Pl. 15, fig. 6.)

Strigia maxillaris. Br.

Elle est noire, excepté sur les élytres, qui sont d'un bleu violet, et sur les côtés du prothorax, qui sont légèrement verts. Ses mandibules présentent des stries nombreuses et assez profondes. La tête et le corselet sont couverts de points enfoncés, qui sont plus nombreux en arrière de ce dernier, où l'on voit aussi deux grandes impressions assez profondes. Les stries des élytres sont bien marquées, et leur fond présente des points très rapprochés.

Elle se rencontre aux Indes Orientales. Sa longueur est de six lignes, et sa largeur d'un peu plus de deux et demie.

8.° LES HÉTÉRACANTES. — *Heteracantha.* Br. [1]

Ce sous-genre se fait remarquer par l'organisation curieuse de ses *jambes de devant* (*pl.* 16, *fig.* 1, *a.*) dont l'éperon inférieur, ou l'une des deux grandes épines terminales, est placé tout-à-fait à l'extrémité, et élargi de manière à pouvoir creuser la terre. Ses *palpes* sont longs et grèles. Sa *lèvre supérieure* est courte et bilo-bée. Ses *mandibules* sont fortes et avancées. Son corps est plat et son corselet en cœur ; ses élytres sont larges et courtes. Nous ne connaissons que la femelle.

1. Etym. ἕτερος, qui diffère ; ἄκανθα, épine.

L'HÉTÉRACANTHE DÉPRIMÉE. (Pl. 16, fig. 1.)

Heteracantha depressa. Br.

Le dessus du corps est d'un brun foncé. Le dessous, au contraire, est un peu ferrugineux, ainsi que les antennes et les pattes. La tête et le corselet sont lisses : ce dernier présente, en avant, une dépression dans toute sa largeur, et de chaque côté, en arrière, on remarque un enfoncement large et profond. Les élytres ont des stries très faibles et qui paraissent tout-à-fait lisses.

On trouve ce curieux insecte en Egypte, d'où il a été rapporté une seule fois par M. Bové. Sa longueur est de sept lignes, et sa largeur de près de trois et demie.

9.° LES ZABRES. — *Zabrus.* CLAIRVILLE [1].

Ils ont, comme les précédens, la dent du *menton* très peu saillante. L'éperon inférieur des *jambes de devant* est très court et de forme conique (*pl.* 16, *fig.* 2, *a.*) Les *palpes* sont assez grêles, et leur second article est le plus long, ainsi que dans les Hétéracanthes. La *lèvre supérieure* est en carré un peu plus large que long; quelquefois elle est entière, et quelquefois échancrée.

Les Zabres ont été le sujet d'un travail particulier, qui est dû à M. Zimmermann, et qui a paru à Berlin,

---

1. Etym. ζαβρός vorace. — Syn. *Feler,* Bonelli; *Pelobatus,* Fischer; *Entroctes, Polysitus, Acorius,* Zimmermann; *Harpalus,* Gyllenhal; *Carabus,* Fabricius, Olivier, etc.

en 1831, sous le titre de *Monographie des Carabiques.*
Cet Entomologiste les a subdivisés en cinq groupes,
dont les caractères sont propres à séparer les espèces
d'un même sous-genre, mais non pas à en faire autant
de sous-genres particuliers.

Le premier de ces groupes, qu'il nomme *Eutroctès,*
se distingue par la dent du menton qui est simple, et
par la présence d'une sorte d'épine ou de dent au
bout des jambes postérieures dans les mâles. Les
quatre autres groupes n'ont pas ce dernier caractère.
Les Zabres proprement dits s'éloignent des *Pélors*,
déjà établis depuis long-temps par Bonelli, en ce que la
dent de leur menton est simple, tandis qu'elle est légèrement bifide dans ces derniers[1]. Enfin, les *Polysitus* et les *Acorius* ne peuvent être confondus avec les
précédens, chez qui les articles des tarses des mâles,
qui sont dilatés, ont la forme d'un cœur, et présentent
une échancrure en avant; parce que les mêmes articles, chez eux, sont en triangle et sans échancrure.
Les Polysites ont la dent du menton simple; elle est
bifide chez les Acorius.

On voit que ces caractères sont peu susceptibles
d'observation et qu'ils ne peuvent servir qu'à subdiviser sans cesse. La dent du menton, quand elle est
bifide, l'est réellement si peu, qu'il serait difficile de
tenir compte de ce caractère. Les espèces que nous
allons décrire appartiennent aux Zabres proprement
dits.

---

1. Ce même groupe avait aussi reçu de M. Fischer le nom de *Pelobatus*,
dans les Mém. de la Soc. Impér. des Naturalistes de Moscou.

1. LE ZABRE COURT.

Zabrus curtus. DEJ. [1]

Cet insecte doit son nom à sa forme ramassée; il est, en effet, court et convexe : sa forme est celle d'un ovale. Sa couleur est un noir ou un brun foncé brillant, quelquefois un peu pâle en dessous. Ses palpes et ses antennes sont d'un ferrugineux obscur. Sa lèvre supérieure est échancrée au milieu et de la couleur des antennes. Sa tête est lisse ainsi que le milieu du corselet : les angles postérieurs de celui-ci sont avancés en arrière, ce qui le fait paraître échancré ; ses bords, excepté l'antérieur, sont marqués de points enfoncés. Les stries des élytres sont peu profondes et finement ponctuées ; elles sont plus faibles dans la femelle que dans le mâle.

On trouve cette espèce aux environs de Paris, dans le midi de la France et en Espagne. Elle a six lignes de longueur, sur trois environ de largeur.

2. LE ZABRE ENFLÉ.

Zabrus inflatus. DEJ. [2]

La couleur et la forme de cette espèce la rapprochent de la précédente. Sa lèvre supérieure et ses palpes sont plus pâles. Son corselet est plus lisse et n'a que des points fort légers.

On la trouve dans les Pyrénées, à une hauteur tou-

---

1. Spec., t. III, pag. 446 ; et Icon., t. III, pl. 158, fig. 1.
2. *Ibid.*, pag. 445 ; et Icon., t. III, pl. 157, fig. 5.

jours assez grande. Sa longueur est de près de huit lignes, et sa largeur de trois et demie.

3. LE ZABRE GROS.

Zabrus obesus. Dej. [1]

Avec la forme des précédens, cet insecte présente des couleurs plus brillantes. Ses élytres et les bords de son corselet sont d'un vert métallique bronzé, et plus obscur dans la femelle que dans le mâle. Tout le reste de son corps est noir. Sa lèvre supérieure est entière. Les bords de son corselet sont faiblement ponctués. Ses élytres ont des stries finement ponctuées, dont les intervalles sont plus élevés dans la femelle que dans le mâle.

On le trouve dans le midi de la France, du côté de l'Océan. Sa longueur est de six lignes et demie, et sa largeur de trois et demie.

4. LE ZABRE PARESSEUX.

Zabrus piger. Dej. [2]

On reconnaît aisément ce Zabre à sa petite taille et à la forme de son corselet dont les angles ne sont pas prolongés en arrière, et ne le font pas paraître échancré. Il est un peu plus long en proportion que les précédens. Sa couleur est un brun très foncé. Sa lèvre, qui est un peu échancrée, ses palpes, ses tarses et ses pattes, sont ferrugineux. Sa tête présente deux impressions entre les yeux, et son corselet est entouré de points enfoncés qui sont très nombreux en arrière.

1. Spec., t III, pag. 448; et Icon., t. III, pl. 158, fig. 1.
2. *Ibid.* pag. 453; et Icon., t. III, pl. 159, fig. 3.

Ses élytres ont des stries plus profondes et plus fortement ponctuées dans le mâle que dans la femelle.

Il se trouve dans le midi de la France et de l'Europe. Il a de cinq à six lignes de longueur, et de deux et demie à trois de largeur.

5. LE ZABRE BOSSU. (Pl. 16, fig. 2.)

Zabrus gibbus. DEJ. [1]

Cette espèce est plus alongée que les précédentes, et c'est du Zabre paresseux qu'elle se rapproche le plus pour la forme : son corselet, comme dans ce dernier, n'est pas avancé vers les angles postérieurs. Sa couleur est noire ou d'un brun plus foncé en dessus qu'en dessous. Ses palpes, ses antennes, et presque toujours ses jambes et ses tarses sont ferrugineux. Sa lèvre supérieure est échancrée. Son corselet est faiblement ridé en travers, et présente en arrière des points enfoncés très nombreux. Ses élytres ont quelquefois, dans les mâles, une nuance bronzée obscure, et présentent des stries peu profondes dans lesquelles on remarque des points enfoncés très distincts.

Elle n'est pas rare aux environs de Paris, où on la rencontre dans les champs ou sous les pierres, et elle est propre à la plus grande partie de l'Europe. Sa longueur est de six à huit lignes, et sa largeur de deux et demie à trois environ.

La présence de cet insecte sur les épis des céréales,

---

1. Spec., t. III, pag. 453 ; et Icon., t. III, pl. 159, fig. 4. — Voyez, pour les autres espèces, le Species de M. le Comte Dejean ; — l'Expédition scientifique de Morée ; — la Monographie de M. Zimmermann ; — la Centurie de Carabiques de M. Gory (*Ann. Soc. Ent.*, t. II) ; — enfin, le Catalogue des objets recueillis au Caucase, par M. Ménétriés.

où on le voit quelquefois en grand nombre, a fait sup-
poser qu'il était herbivore. Il paraît même que, dans
certaines contrées, il avait fait craindre de grands ra-
vages, mais rien n'est plus douteux que cette observation ; et, comme le remarque fort bien M. Stephens,
dans ses Illustrations Entomologiques, on ne saurait
décider si ce n'est pas plutôt dans le but de dévorer
les petits insectes qui se trouvent sur les épis, que
dans celui de se nourrir des épis eux-mêmes, que ce
Zabre vient s'y placer. Ce serait sans doute une chose
surprenante que de voir un insecte carnassier devenir
herbivore.

10.º LES AMARES. — *Amara.* BONELLI [1].

Ce sous-genre renferme un grand nombre d'espèces
qui se ressemblent beaucoup pour la forme et pour
les couleurs, et que l'on a bien de la peine à distinguer entre elles, sans doute parce que l'on a voulu
pousser trop loin la recherche des caractères qui peuvent les séparer. On les reconnaît à leur forme aplatie,
ovalaire ; à la dent de leur *menton*, qui est peu saillante, comme dans les Zabres, ou quelquefois tout-à-
fait nulle. Leurs *jambes* de devant sont munies de deux
éperons, dont l'inférieur est court et conique. Leurs
palpes sont assez courts, et le dernier article est un
peu renflé. Leur *lèvre supérieure* est en carré souvent
plus large que long, et son bord antérieur est échancré.
On ne peut guère les distinguer des Zabres que par leur
forme aplatie et par leurs antennes, dont les articles
sont plus minces et plus alongés.

1. Étym. *Amarus, a, um,* amer ; allusion à la difficulté que présente
leur étude.

Les Amares se trouvent dans les lieux secs, dans les chemins, dans les champs cultivés, et en général dans les endroits nus et découverts. La plupart sont très agiles. On les rencontre pendant tout l'été, donnant la chasse aux autres insectes. La plupart des espèces connues sont propres à l'Europe; quelques-unes seulement habitent les contrées méridionales de l'Amérique du Sud.

On a partagé les espèces de ce sous-genre en plusieurs groupes, que nous considérerons comme de simples divisions, à cause du peu d'importance des caractères qui les limitent, et de la difficulté qu'on éprouve à les observer : 1.° Les *Curtonotes* de M. Stephens renferment quelques espèces que des Entomologistes Allemands avaient proposé de séparer, sous le nom de *Léires*. Ils ont la dent du menton légèrement bifide, l'avant-dernier article des palpes maxillaires plus long que le suivant, le corselet élargi sur les côtés et retréci en arrière. 2.° Les *Bradytes* du même Naturaliste s'éloignent de toutes les autres espèces par la dent de leur menton, qui paraît simple, par le troisième article des palpes labiaux, qui est plus court que le dernier : leur corselet se raproche de celui des précédens, mais il est moins rétréci en arrière. 3.° Les *Amares* proprement dites ont la dent du menton bifide, les deux derniers articles des palpes maxillaires égaux, et le corselet plus large en arrière qu'en avant. Ce groupe renferme le plus grand nombre des espèces du sous-genre entier des Amares, qui en compte bien près de cent. 4.° Les *Antarcties* de M. le Comte Dejean sont des espèces dont l'échancrure du menton est tout-à-fait sans dent. Par les autres caractères, elles ressemblent aux Amares proprement dites, et ne paraissent se trouver jusqu'ici, que dans les parties les plus australes de l'Amérique. Nous allons décrire des types de chacune de ces quatre divisions.

α. LES CURTONOTES.

1. L'AMARE AULIQUE.

Amara aulica. ILLIG. [1].

Cet insecte a le dessus du corps d'un brun foncé, et le dessous d'un brun ferrugineux. Ses palpes, sa lèvre supérieure, ses antennes sont plus claires, et ses pattes sont même un peu jaunâtres. Son corselet présente en avant et en arrière des points enfoncés, serrés et profonds, et ses angles postérieurs sont marqués de deux impressions dont l'extérieure est accompagnée en dehors d'une ligne élevée. Les stries de ses élytres sont profondes et garnies de points enfoncés.

Il est répandu dans la plus grande partie de l'Europe, et on le rencontre aux environs de Paris. Sa longueur est de cinq à six lignes, et sa largeur de deux à deux et demie.

β. LES BRADYTES.

2. L'AMARE FAUVE.

Amara fulva. DE GÉER [2].

La couleur de cet insecte est entièrement fauve, et ses élytres brillent d'une teinte de bronze assez légère;

---

1. *Carabus aulicus*, Col. bor., t. I, pag. 174 — Dej. Spec., t. III, pag. 515; et Icon., t. III, pl. 170, fig. 1.

2. *Carabus fulvus*, Mém. sur les Insectes, t. IV, pag. 101 — Dej. Spec., t. III, pag. 511; et Icon., t. III, pl. 169, fig. 2.

ses antennes et ses pattes sont plus pâles et un peu jaunâtres. Son corselet est presque lisse, très légèrement ridé en travers, marqué en avant de quelques points enfoncés très faibles, et présente en arrière d'autres points plus nombreux et plus profonds, et en outre deux impressions qui avoisinent les angles postérieurs : une ligne élevée longe l'impression extérieure. Ses élytres sont marquées de stries peu profondes, dans lesquelles on voit des points enfoncés.

On le trouve abondamment dans presque toute l'Europe. Sa longueur est de quatre lignes, et sa largeur de deux.

γ. **LES AMARES** proprement dites.

3. L'AMARE A DOS LARGE. (Pl. 16, fig. 3.)

Amara eurynota. ILLIG. [1].

C'est un joli insecte d'un noir légèrement bronzé en dessous, et d'un bronzé un peu cuivreux en dessus. Ses palpes sont noirs ainsi que ses pattes, sa lèvre supérieure et ses antennes, dont les trois premiers articles sont rougeâtres. Son corselet est légèrement ridé, et présente de chaque côté de la ligne du milieu une petite impression assez profonde. Les stries de ses élytres sont lisses, et les intervalles qui les séparent sont élevés au milieu en forme de carène.

Cette espèce n'est pas rare dans les campagnes pendant le commencement de l'été. Elle a cinq lignes de longueur, et un peu plus de deux de largeur.

---

1. *Carabus eurynotus*, Col. Bor., t. I, pag. 167. — Dej. Spec., t. III, pag. 458 ; et Icon., t. III, pl. 160, fig. 1.

δ. LES ANTARCTIES.

4. L'AMARE BOURREAU.

Amara carnifex. FAB. [1]

Elle est, en dessous, d'un vert foncé, et en dessus d'un bronzé qui devient un peu cuivreux sur le corselet et les intervalles des stries des élytres. Le bord de sa lèvre supérieure, ses palpes, ses antennes et ses pattes sont jaunâtres. Son corselet présente de chaque côté, en arrière, une impression alongée, dont le fond est vert comme les stries des élytres qui semblent tout-à-fait lisses.

On trouve cet insecte à Buénos-Ayres et au Chili. Il a cinq ou six lignes de longueur, et deux ou deux et demie de largeur.

11.° LES LOPHIDIES. — *Lophidius*. DEJ. [2]

Ce sont de petits insectes qui paraissent ne différer des Amares, que par la présence de petits appendices dentelés sous les articles élargis des *tarses antérieurs*

---

1. *Carabus carnifex*, Ent. Syst., t. I, pag. 153. — Dej. Spec., t. III, pag. 526; et Icon., t. III, pl. 171, fig. 4. — Voyez, pour les autres espèces de chacune des quatre subdivisions du sous-genre des Amares, le Species de M. le Comte Dejean; — le Deutschlands Fauna de M. Sturm; — les Illustrations of British Entom. de M. Stephens; — le British Entom. de M. Curtis; — le Catalogue des objets recueillis au Caucase par M. Ménétriés; — le Voyage au Brésil de MM. Spix et Martius; — enfin, le Voyage autour du monde, de M. Duperrey. — *Nota*. C'est peut-être ici qu'il faudrait placer les sous-genres *Hyphœreon* et *Dioryche*, publiés dans les Annulosa Javanica de M. Mac-Leay.

2. Etym. λοφίδιον, petite crête, à cause des appendices des tarses.

des mâles. La dent de leur *menton* est simple. Nous ne les connaissons que par le Species de M. le Comte Dejean. Ils sont originaires du Sénégal.

LE LOPHIDIE TESTACÉ.

Lophidius testaceus. Dej. [1].

Sa couleur est un jaune un peu plus pâle sur les élytres que sur le reste du corps. Son corselet est court, rétréci en avant, lisse et presque plan. Ses élytres sont comme soyeuses ; leurs stries sont peu marquées et très faiblement ponctuées.

Sa longueur est de près de trois lignes, et sa largeur d'une et un quart.

TROISIÈME RACE DES CARABIQUES.

LES CHLÆNIDES.

Cette race d'insectes carnassiers a reçu aussi le nom de Patellimanes, qui est dû à la forme élargie des articles des tarses de devant dans les mâles : ils représentent, en effet, une sorte de palette. Nous avons déjà eu occasion de faire remarquer que l'élargissement de quelques parties des tarses, avait pour but de

---

1. Spec., t. V, pag. 802 ; et Icon., t. III, pl. 171, fig. 3. Une autre espèce se trouve décrite dans le Species de M. le Comte Dejean.

permettre au mâle de se fixer plus solidement sur le corps de la femelle. Mais pour cela il fallait plus qu'une augmentation de volume. En effet, le corps des Carabiques étant presque toujours lisse, et en dessous plus particulièrement, on conçoit qu'un autre corps également lisse ne pourrait adhérer solidement au premier : aussi les pièces du tarse qui ont acquis plus de longueur ont-elles reçu en même temps des appendices capables de les fixer. Ces appendices sont des poils qui s'élargissent quelquefois en sorte de petites écailles, et dont la disposition varie suivant les diverses races. Nous avons vu, dans les Cicindelètes, que les tarses de devant des mâles sont garnis d'une sorte de pinceau très fourni, et qui s'écarte même sur les côtés. Puis, dans les Carabiques de la race des Brachinides, nous avons trouvé quelques groupes où l'on observe aussi des articles de tarses élargis et velus : ici les poils sont rares et assez longs. Les Féronides ont une organisation bien différente, et que nous retrouverons dans les Harpalides ; le dessous des articles de leurs tarses présente une double rangée de petites écailles placées en travers et de champ, ou verticalement les unes contre les autres, et insérées sur un axe unique. Cet appareil semble destiné à faire le vide. Nous en donnerons la figure un peu plus loin, lorsque nous traiterons des Harpales. Les Patellimanes, au contraire, ont le dessous de leurs tarses revêtu d'une infinité de poils très serrés, et disposés de manière à former une brosse très épaisse. C'est ce que représente la figure 3, *a*. de la planche 17.

Ces caractères ne sont visibles que dans les mâles, et il n'a pas été possible encore de trouver, dans les femelles, des différences qui permettent de les rapporter à telle ou telle race. Ce n'est que par la comparaison de leurs formes avec celles des mâles que l'on parvient à déterminer leur véritable place.

Les Chlænides n'ont jamais que trois articles dilatés aux tarses de devant des mâles, et quelquefois aussi deux seulement : ces articles ont une forme carrée qui fait distinguer un insecte de cette race, d'un autre de celle des Féronides, et les articles élargis ont la forme d'un triangle ou d'un cœur. Toutefois, la forme carrée que nous signalons ici n'a pas ses angles droits comme on pourrait le penser : ils sont ordinairement émoussés, et souvent le premier et le troisième article sont plus étroits que celui du milieu, et forment avec lui un ovale alongé et qui serait tronqué aux deux bouts.

Nous avons vu, dans les Féronides, une série d'insectes qui ne présentent aux yeux que des couleurs noires ou des reflets métalliques obscurs : quelques-uns seulement sont des plus brillans. Ici, au contraire, nous rencontrons des couleurs agréables disposées en forme de bandes ou de taches, sur un fond plus obscur, et orné d'un reflet velouté. Presque tous les Chlænides ont en effet le corps revêtu d'un duvet court et doré, qui leur donne un aspect soyeux ; un très petit nombre d'entre eux est revêtu d'une livrée obscure, qui devient quelquefois métallique. Ils constituent la première famille.

La manière de vivre de cette race de Carabiques est très uniforme. Tous se trouvent dans le voisinage des eaux et dans les lieux humides, au pied des arbres, et souvent au-dessous de la surface du sol. C'est là que, dès le premier printemps et à la fin de la belle saison, on peut se les procurer aisément. Plusieurs mêmes qui passent pour être rares, ne le sont que parce qu'on ne les cherche pas dans la terre ; mais c'est tout ce que nous savons de leur manière de vivre. Leurs habitudes, leurs métamorphoses nous sont également inconnues. La beauté de leurs formes et l'agrément des taches dont ils sont ornés les font rechercher de tous les amateurs.

On peut diviser les Chlænides en trois petits groupes ou familles :

1.° Les Liciniens ;
2.° Les Chlæniens ;
5.° Les Panagéiens.

Les *Liciniens* se reconnaîtront à leur forme aplatie, à leur tête toujours très grosse, à leur lèvre supérieure petite et très échancrée, et, enfin, à leurs mandibules qui sont courtes, très peu arquées, et la plupart du temps obtuses. Ce sont des insectes tout noirs et quelquefois bronzés.

Les *Chlæniens* ont la tête peu volumineuse, le corselet plus étroit que les élytres, la lèvre supérieure courte et très peu échancrée ; leurs mandibules sont acérées au bout. Ces insectes, ainsi que les suivans, sont ornés de jolies couleurs disposées sur un fond noir, brun, et la plupart du temps vert.

Les *Panagéiens* se distinguent aisément par la grosseur du premier article de leurs antennes, qui est toujours plus épais, et souvent plus long que chacun de ceux qui le suivent ; et par la forme de leurs mandibules, qui sont toujours très fortes, arquées, dentées, et terminées par une pointe très acérée.

PREMIÈRE FAMILLE.

LES LICINIENS.

Les insectes dont se compose cette famille se rapprochent de ceux de la race des Féronides, par leurs couleurs qui sont tout-à-fait noires ou qui n'ont que des reflets métalliques. Mais leur forme aplatie leur prête un aspect tout particulier. C'est en raison de cette forme qu'ils vivent sous les pierres et sous les écorces des arbres. Leur distribution géographique paraît assez bien limitée. Les Licines, qui prêtent leur nom à la famille, et les Badisters, sont propres à l'Europe tempérée et au nord de l'Afrique, qui a toujours de grands rapports avec le midi de l'Europe; les Diplocheiles vivent aux Indes Orientales; les Dicèles, ainsi que les Asporines, se trouvent en Amérique, les uns dans les parties septentrionales, et les autres au Brésil; les Oodès sont les seuls dont on rencontre des espèces dans plusieurs parties de notre globe. Les deux premiers groupes de cette famille, ou les Licines et les Badisters, se rapprochent des Féronides par la forme en cœur des articles dilatés que présentent les tarses antérieurs des mâles. Comme nous ignorons ce qui a rapport aux habitudes des Liciniens, et aux transformations qu'ils subissent avant d'arriver à l'état parfait, nous allons présenter les traits principaux à l'aide desquels on peut les reconnaître.

TABLEAU DE LA DIVISION DE LA FAMILLE DES LICINIENS,

EN GENRES ET EN SOUS-GENRES.

MENTON
- sans dent; palpes à dernier article
  - triangulaire . . . . **LICINUS.**
  - alongé; lèvre supérieure
    - bifide; article des tarses des mâles dilatés
      - en cœur . . . . *BADISTER.*
      - en carré . . . . *DIPLOCHEILA.*
    - très peu échancrée . . . . *DICOELUS.*
- denté; la dent
  - tronquée . . . . *ASPORINA.*
  - entière . . . . *OODES.*

GENRE LICINE.

LICINUS. LATREILLE [1].

Les insectes qui composent ce genre ont été long-temps confondus dans le grand genre des Carabes; c'est Latreille qui les en a retirés. Ils ont un caractère particulier dans la forme de leur *lèvre supérieure*, (*pl.* 16, *fig.* 4, *a.*), qui est très-courte, échancrée, et que l'on distingue avec peine, parce qu'elle est presque toujours placée entre les mandibules : la membrane qui l'unit au chaperon devenant alors visible, on dirait qu'il n'y a pas de lèvre. Leur chaperon est échancré pour recevoir la lèvre. Leurs *palpes* sont terminés par un article triangulaire. Leurs *antennes* sont minces et filiformes. Les mâles n'ont que les deux premiers articles de leurs *tarses antérieurs* dilatés : le premier est long, et le second très-court.

La forme aplatie des Licines indique assez leur genre de vie. Ils se tiennent sous les pierres, dans les endroits les plus secs et les plus arides, et leur couleur est tout-à-fait noire ; seulement elle est plus brillante en dessous du corps qu'en dessus. Aussi ne la compterons-nous pour rien dans la description des espèces. Leur corselet, fort large, représente assez bien un cercle que l'on aurait échancré en avant et en arrière. Leurs élytres sont en carré alongé, avec les angles

1. Etym. incertaine. — Syn. *Carabus* des auteurs.

abattus. Tous les Licines connus jusqu'ici se trouvent dans le midi de l'Europe et en Barbarie. La France en renferme cinq espèces que nous allons faire connaître.

1. LE LICINE DES CHAMPS.

Licinus agricola. OLIV. [1].

Il est entièrement parsemé de points enfoncés très nombreux et assez profonds. Ses élytres présentent des stries assez faibles, mais qui sont garnies de points enfoncés comme le reste du corps; les intervalles qui précèdent les troisième, cinquième et septième stries sont élevés et forment une côte assez aiguë.

On le trouve dans les environs de Lyon, en Italie et dans la Crimée. Il a sept lignes de longueur sur trois de largeur.

2. LE LICINE SILPHOÏDE.

Licinus Silphoïdes. ROSSI [2].

Si l'on regardait cet insecte sans le comparer avec le précédent, on croirait qu'il s'y rapporte, et cependant on se tromperait. Il est plus étroit dans toutes ses parties, et ses élytres, au lieu de présenter un grand nombre de points enfoncés dans les intervalles des stries, n'en offrent qu'une seule rangée, mais ils

---

1. *Carabus agricola;* Ent., t. III, n.° 35, pag. 55, pl. 5, fig. 53. — Dej. Spec., t. II, pag. 394; et Icon., t. II, pl. 98, fig. 1.

2. *Carabus silphoïdes*, Fauna Etrusca, t. I, pag. 215, pl. 1, fig. 7. — Dej. Spec., t. II, pag. 394; et Icon., t. II, pl. 98, fig. 2.

sont beaucoup plus gros que ceux des stries. On distingue aussi les trois intervalles élevés dont nous avons parlé, mais ils sont beaucoup moins aigus.

On le trouve en France, et il est plus rare que le précédent autour de Paris; on le rencontre aussi en Espagne et en Autriche. Sa longueur est de six lignes et un peu plus, et sa largeur d'un peu moins de trois.

3. LE LICINE ÉGALISÉ.

Licinus æquatus. Dej. [1].

Il se reconnaît à son corps tout parsemé de petits points enfoncés, et à ses élytres dont les intervalles des stries ne sont pas relevés.

On le trouve dans les Pyrénées et dans le département des Basses-Alpes. Sa longueur est de six lignes environ, et sa largeur de trois.

4. LE LICINE CASSIDE.

Licinus cassideus. Fab. [2].

Il ressemble beaucoup au précédent dont il diffère par la forme presque carrée de son corselet, tandis qu'il est presque arrondi dans le Licine égalisé. Ses élytres sont alongées et parallèles; dans l'autre espèce, elles sont plus ovales. Les stries des élytres sont très faibles et finement ponctuées, et leurs intervalles présentent des points très profonds.

1. Spec., t. II, pag. 399; et Icon., t. II, pl. 99, fig. 2.
2. *Carabus cassideus*, Ent. Syst., t. I, pag. 148. — Dej. Spec., pag. 400; et Icon., t. II, pl. 99, fig. 3.

On le rencontre dans presque toute la France, en
Allemagne, et même dans la Russie méridionale. Il
a environ six lignes de longueur, et deux et demie de
largeur.

5. LE LICINE DÉPRIMÉ. (Pl. 16, fig. 4.)

Licinus depressus. PAYK. [1]

C'est le moindre de tous les Licines connus. Il est
aplati comme les deux précédens, et les points dont
il est couvert sont un peu plus gros. Son corselet est
en carré plus large que long, et un peu rétréci en
arrière. Ses élytres sont en carré long, un peu élargies au milieu, et leurs stries sont marquées de points
très serrés et plus gros que dans le Licine casside.

On le trouve dans les parties septentrionales de la
France, et quelquefois même aux environs de Paris.
Sa longueur est de quatre à cinq lignes, et sa largeur
de une et demie à deux.

Auprès des Licines viennent se placer plusieurs
sous-genres :

1.º LES BADISTERS. — *Badister.* CLAIRVILLE [2].

Que Latreille avait d'abord réunis avec les Licines,
et que M. Gyllenhal en sépara sous le nom d'*Ambly-*

---

1. *Carabus depressus*, Faun. Suec., t. I, pag. 110. — Dej. Spec., t. II,
pag. 401; et Icon., t. II, pl. 99, fig. 4. — Voyez, pour les autres espèces,
le Species de M. le Comte Dejean; — les Etudes Entomologiques de M. de
Laporte; — le t. XII des nova Acta Acad. Naturæ curiosorum.

2. Etym. βαδιστής, coureur. — Syn. *Carabus* des auteurs; *Amblychus*,
Gyllenhal; *Trimorphus*, Stephens.

ques, peu de temps après la publication de l'ouvrage de Clairville. Ils se distinguent des Licines par la forme du dernier article de leurs *palpes,* qui est ovalaire ou alongé, surtout celui des palpes maxillaires; par celle de leur *lèvre supérieure,* qui est profondément échancrée, et qui semble divisée en deux lobes (*pl.* 16, *fig.* 5, *a.*); et enfin, par le nombre des articles des *tarses* dilatés, qui est de trois.

Les Badisters sont plus gracieux que les Licines, et leurs couleurs sont moins sombres. On les trouve en Europe, et la France en particulier en offre quatre espèces :

1. LE BADISTER A DEUX PUSTULES.

Badister bipustulatus. Fab. [1]

C'est un joli insecte varié de rouge et de noir. Il a la tête, le ventre et la poitrine de cette dernière couleur, ainsi que les deux tiers des élytres; son corselet et la base de ses élytres sont rouges, et la suture, également rouge, se prolonge jusqu'à une tache ronde de cette même couleur, qui est située près de l'extrémité. Les pattes et la base des antennes sont jaunes; le reste de celles-ci est brun. Les élytres présentent des stries peu profondes et lisses.

On le trouve sous les pierres, les feuilles et les détritus de végétaux. Il a près de trois lignes de longueur, sur une environ de largeur.

---

1. *Carabus bipustulatus*, Ent. Syst., t. I, pag. 161. — Dej. Spec., t. II, pag. 406; et Icon., t. II, pl. 101, fig. 1.

2. LE BADISTER A GROSSE TÊTE. (Pl. 16, fig. 5.)

Badister cephalotes. DEJ. [1]

Il ressemble beaucoup au précédent, mais il est plus grand que lui, et s'en distingue très bien, 1.° par la grosseur de sa tête, qui est aussi large que le corselet; 2.° par la forme de ce dernier, qui est plus rétrécie en arrière; 3.° par la tache rouge du bout de ses élytres, qui est plus rapprochée de l'extrémité, et qui, au lieu d'être ronde, s'étend de chaque côté de manière à toucher presque cette extrémité.

Cette espèce est plus rare que la précédente, et se rencontre sur différens points de la France. Elle a plus de trois lignes de longueur, et un peu plus d'une ligne de largeur.

3. LE BADISTER A PALETTES.

Badister peltatus. PANZ. [2]

Il est noir et orné, en dessus, d'un reflet bleuâtre ou violacé. Les bords de son corselet et de ses élytres sont d'un jaune pâle, ainsi que ses pattes. Sa forme est plus alongée que celle des précédens, et les stries de ses élytres sont assez profondes.

On le trouve dans toutes les parties de la France, sous les pierres et les détritus. Sa longueur est de deux lignes et demie, et sa largeur de près d'une ligne.

---

1. Spec., t. II, pag. 406; et Icon., t. II, pl. 100, fig. 4.

2. *Carabus peltatus,* Faun. Germ. fasc. 37, n.° 20. — Dej. Spec., t. II, pag. 408; et Icon., t. II, pl. 101, fig. 3.

4. LE BADISTER DORSAL.

Badister dorsiger. Duft. [1]

La couleur de cet insecte est noire, et embellie, comme dans le précédent, par un reflet violet. Les bords de son corselet et de ses élytres sont d'un jaune pâle ainsi que ses pattes, mais ce qui le fait reconnaître, c'est une tache carrée de la même couleur, qui est située à la base de chaque élytre.

Il est plus rare que le précédent. Sa longueur est de deux lignes, et sa largeur de trois quarts seulement.

Observation. C'est sur cette dernière espèce que M. Stephens a établi, dans ses Illustrations of British Entomology, le genre *Trimorphe*, qu'il caractérise par la forme entière de la lèvre supérieure et la proportion différente des articles des palpes. Cette dernière remarque est juste, mais nous paraît insuffisante pour l'établissement d'un genre. Quant à la première, le savant Entomologiste anglais nous semble avoir pris pour la lèvre, la membrane qui unit cette lèvre au chaperon, et c'est pour cela sans doute, qu'il ajoute que cette lèvre, est membraneuse. Nous l'avons trouvée avancée entre les mandibules, comme dans les Licines, et bifide à la manière des autres Badisters.

---

1. *Carabus dorsiger,* Duft. Faun. Austr. t. II, pag. 151; — *Badister humeralis,* Bon. Obs. Ent. fasc. t. II, pag. 11; — Dej. Spec., t. II, pag. 410; et Icon., t. II, pl. 101, fig. 4. — Voyez, pour les autres espèces, le Species de M. le Comte Dejean; — les Illustr. of British Entom. de M. Stephens; — le Bulletin des Sciences de la Société philom. an. 1823, pag. 121; — le Zool. Atlas d'Eschschzoltz; — les Observ. Entom. de Bonelli; — le Catalogue des objets recueillis au Caucase, par M. Ménétriés; — le 3.ᵉ vol. de l'Entomographie de la Russie par M. Fischer.

Le sous-genre *Cœlostomus* de M. Mac-Leay (Annul. Javan.), paraît se rapprocher des Badisters, dont il différerait par sa lèvre supérieure plus large à la base, échancrée au milieu, et dont les lobes latéraux seraient arrondis. Les autres caractères semblent se rapporter à ceux des Badisters, mais n'ayant pas vu ce sous-genre en nature, il nous est impossible de nous prononcer à son égard.

2.° LES DIPLOCHEILES. — *Diplocheila*. BR. [1].

Ces insectes avaient reçu de Latreille le nom de *Rembus*, mais comme il avait été appliqué auparavant par M. Germar (Insect. Species novæ) à un genre de Curculionites, nous lui avons substitué celui de Diplocheile, qui indique un des caractères les plus saillans de ce sous-genre. En effet, la *lèvre supérieure* est courte et presque divisée en deux parties, comme dans les Badisters. Les Diplocheiles sont propres aux Indes Orientales. Ils ont à-peu-près l'aspect de ces derniers, et l'on ne peut les en distinguer que par la forme des trois articles des tarses dilatés dans les mâles, et qui sont à peu près carrés. Les Badisters ont ces mêmes articles plutôt conformés en cœur; et si ce n'était la forme de ces tarses et leur taille beaucoup plus grande, on pourrait dire que les Diplocheiles sont de vrais Badisters à livrée noire.

. Etym. διπλόος, double; χεῖλος, lèvre. — Syn. *Rembus*, Latreille.

LE DIPLOCHEILE POLI. (Pl. 16, fig. 6.)

Diplocheila polita. FAB. [1]

C'est un insecte d'un noir luisant en dessus, et d'un brun foncé en dessous, qui a les bords de la lèvre supérieure roussâtres. Son corselet est presque aussi long que large, un peu élargi au milieu, légèrement rétréci en arrière, muni d'un rebord latéral, marqué de rides transversales assez légères et d'une impression profonde et assez alongée, placée de chaque côté de la ligne du milieu. Les stries de ses élytres sont assez fortes et finement ponctuées; leurs intervalles sont un peu relevés et lisses. Les côtés du ventre et de la poitrine sont finement chagrinés.

La longueur de cet insecte est de huit lignes, et sa largeur d'un peu plus de trois.

3.° LES DICÈLES. — *Dicælus.* BONELLI [2].

Ce sont de jolis insectes propres à l'Amérique du nord, et qui semblent y remplacer les Diplocheiles des Indes Orientales. Ils se distinguent de ces derniers par la forme de leur *lèvre supérieure,* qui est presque carrée et ne présente qu'une faible échancrure en avant. Le dernier article de leurs *palpes* est un peu plus élargi. Les Dicèles ont sur la tête deux impressions qui leur ont valu le nom qu'ils portent. Toutes

1. *Carabus politus*, Ent. Syst., t. I, pag. 146. — Dej. Spec., t. II, pag 381. — Voyez, pour les autres espèces, le Species de M. le Comte Dejean, et les Symbolæ physicæ de M. Ehremberg.

2. Etym. *δίς*, deux fois; *κοῖλος*, creux.

les espèces sont noires ou quelquefois violettes. Leur corselet est carré, un peu moins long que large, et bordé sur les côtés. Leurs élytres sont ovales, de la même largeur que le corselet à la base, et munies, en dehors, d'une côte qui semble être la continuation du bord du corselet.

LE DICÈLE VIOLET. (Pl. 17, fig. 1.)

Dicælus violaceus. BON.[1]

C'est un grand et bel insecte dont la couleur est un violet brillant. Sa tête et ses pattes semblent tout-à-fait noires, ainsi que ses antennes. Son corselet présente plusieurs impressions profondes, et sa surface est ridée en divers sens; il est plus avancé en arrière sur les côtés que dans le milieu, et il est échancré à cette dernière partie. Ses élytres sont marquées de stries très profondes, qui semblent parfois très faiblement ponctuées; les intervalles de ces stries forment des côtes assez aiguës : la carène, formée par un des plus extérieurs, s'affaiblit vers le bout des élytres, et l'intervalle le plus voisin du bord présente plusieurs gros points enfoncés.

La longueur de cet insecte est d'un pouce environ, et sa largeur de cinq lignes.

---

1. Observ. Entom. fasc. 2, pag. 15. — Dej. Spec., t. V, pag. 684. — Voyez, pour les autres espèces, le Species de M. le Comte Dejean, et le Mém. de M. Say, dans le t. II des Trans. de la Société philosophique de Philadelphie.

4.° LES ASPORINES. — *Asporina*. LAPORTE [1].

Ce sous-genre, connu depuis très peu de temps, est formé sur un insecte du Brésil qui s'éloigne de tous les précédens par l'échancrure de son *menton*. Dans ceux, en effet, que nous venons d'étudier, ce menton paraissait sans dent ; ici, au contraire, nous trouvons une dent large, presqu'échancrée, et conformée à peu près comme celle des Microcéphales, de la race des Féronides. Les *palpes* ressemblent à ceux des Diplocheiles ; les trois premiers articles des tarses antérieurs des mâles sont presque carrés, et forment par leur réunion une palette en ovale alongé. La *lèvre supérieure* est courte et faiblement échancrée. La seule espèce connue est :

L'ASPORINE GÉANTE.

Asporina gigantea. LAP. [2].

C'est une grande espèce toute noire, dont les élytres présentent des stries profondes et marquées de points enfoncés que l'on prendrait pour des crénelures ; les intervalles des stries sont arrondis : la forme de ces élytres est un ovale un peu élargi en arrière. Son corselet est un peu plus large que long, bordé sur les côtés, presque droit en avant et en arrière, et marqué, de chaque côté de la ligne du milieu, d'une forte impression placée un peu obliquement.

Sa longueur est d'un pouce environ, et sa largeur de cinq lignes et un peu plus.

1. Etym. *Asporine*, nom de la fable.
2. Etudes Entomologiques, pag. 85, pl. 2. fig. 1.

5.° LES OODÈS. — *Oodes*. BONELLI [1].

Ils se distinguent de plusieurs sous-genres de cette famille par la présence d'une dent au *menton*. Tantôt cette dent est simple et entière, tantôt elle est élargie et tronquée comme dans les Asporines ; quelquefois elle est à peine visible, et semble remplacée par de très légères saillies. On peut très bien différencier les Oodès des Asporines, par la forme du dernier article des *palpes*, qui est élargi dans ces derniers, et cylindrique dans les Oodès. Les *mandibules* sont aiguës et recourbées également dans ces deux sous-genres. La *lèvre supérieure* est courte et à peine échancrée dans les Oodès. La forme plate et ovale de ces insectes leur a valu le nom qu'ils portent. Leurs élytres et leur corselet sont de largeur égale, et souvent leur physionomie a les plus grands rapports avec celle des Amares, dont on ne les distingue que par la conformation des articles des tarses dans les mâles.

La seule espèce de ce sous-genre qui se trouve en France est :

L'OODÈS HÉLOPIOÏDE. (Pl. 17, fig. 2.)

Oodes Helopioïdes. FAB. [2].

Ainsi nommé à cause de sa ressemblance avec quelques espèces d'Hélops, genre d'insectes dont nous

1. Etym. ᾠὸν, œuf ; ἰδέα, forme. — Syn. *Harpalus*, Gyllenhal ; *Carabus*, Fabricius.

2. *Carabus helopioïdes*, Ent. Syst. t. I, pag. 156. — Dej. Spec., t. II, pag. 378 ; et Icon., t. II, pl. 97, fig. 2. — Voyez, pour les autres espèces.

parlerons plus loin. Il est très noir, très plat, en ovale alongé ou plutôt en carré long, avec les angles arrondis. Son corselet est presque lisse, et offre seulement en arrière deux impressions très faibles. Ses élytres sont assez profondément striées, et leurs stries sont finement ponctuées : les intervalles de ces stries présentent, lorsqu'on les regarde avec un verre grossissant, un travail extrêmement fin et comparable à celui d'une peau de chagrin. Le dessous du corps est entièrement ponctué.

On trouve cet insecte au printemps, dans la terre, au pied des arbres, dans le voisinage des eaux, et sous les pierres, les détritus de végétaux. Il est assez rare lorsqu'on ne le cherche pas dans la terre. Sa longueur est de trois lignes et demie, et sa largeur d'une et demie environ.

DEUXIÈME FAMILLE.

LES CHLÆNIENS.

Cette famille est peu nombreuse en genres et en sous-genres : elle ne renferme que les Chlænies,

le Species de M. le Comte Dejean ; — les tomes 2.ᵉ et 3.ᵉ des Annales de la Société Entomologique de France ; — les Etudes Entomologiques de M. de Laporte ; — le Zool. Atlas d'Eschscholtz ; — le Magasin de M. Germar, t. IV ; — la Description des Insectes du Mexique, par M. Chevrolat, fasc. 2, (sous le nom d'*Amara*.)

et deux sous-genres que l'on y a rapportés ; mais aussi le nombre des espèces qui constituent le genre des Chlænies est-il très considérable. On les trouve répandues sur toute la surface de la terre ; et, dans chacune des grandes régions qu'elles habitent, on pourrait croire qu'elles ont une livrée particulière. Ainsi, celles de notre Europe, dont le nombre est assez grand, sont presque toutes d'une couleur verte, qu'embellit souvent une jolie bande jaune placée en forme de ceinture ; mais aucune n'a de taches sur le corps. Celles du Sénégal et de l'Afrique, avec une semblable bordure, ont les élytres agréablement variées de taches jaunes. Les espèces que l'on trouve dans le nord de l'Amérique sont toujours d'une couleur verte et sans taches. Mais ces observations ne doivent pas être poussées trop loin ; ce que l'on peut seulement remarquer, c'est que l'Amérique du sud n'offre que très peu de Chlænies, tandis qu'ils sont en grand nombre dans le continent de l'Inde, où ils se présentent sous toutes sortes de livrées.

C'est toujours sur le bord des rivières et des ruisseaux que l'on trouve ces insectes. Ils courent sur le sable humide des plages, et se réfugient sous les pierres, et sous les débris de végétaux qui se présentent. Bien que leur corps soit plat, il l'est moins que celui des Liciniens, et presque toujours de grandeur moyenne. Nous avons dit quels sont les caractères auxquels on peut les reconnaître : nous n'avons qu'à ajouter quelques mots pour indiquer ceux des sous-genres qui les avoisinent. C'est ce que nous ferons dans le tableau suivant :

TABLEAU

DE LA DIVISION DE LA FAMILLE DES CHLÆNIENS,

EN GENRES ET EN SOUS-GENRES.

DENT du menton	bifide...................... CHLÆNIUS.	
	simple; dernier article des palpes	ovale, presque pointu. *CALLISTUS.*
		très large.......... *VERTAGUS.*

GENRE CHLÆNIE.

CHLÆNIUS. BONELLI[1].

Ce genre d'insectes renferme des espèces très nombreuses, et dont les couleurs sont assez variées. Le duvet qui les recouvre presque toutes, leur donne une apparence veloutée qui est un de leurs principaux caractères. Leurs nuances les plus ordinaires sont le vert, sur lequel ressortent des taches d'un jaune plus ou moins foncé : tantôt ces taches sont disposées en bandes transversales, tantôt elles terminent les élytres; quelquefois enfin elles s'alongent et les entou-

---

1. Etym. χλαῖνα, manteau, à cause des poils nombreux qui recouvrent le corps. — Syn. *Carabus*, Fabricius; *Harpalus*, Gyllenhal; *Lissauchenius*, Mac-Leay ; *Epomis*, *Dinodes*, Bonelli, Latreille, Déjean, etc.

rent comme d'une ceinture quelquefois très étroite, et quelquefois aussi très large. Plusieurs espèces cependant sont noires; d'autres sont bleues ou vertes et sans aucune tache : leur tête et leur corselet brillent presque toujours de nuances métalliques, et il en est un petit nombre dont le corps tout entier est dans ce dernier cas, ce qui les ferait prendre aisément pour certains Oodès.

Les Chlænies avaient été placés avec les autres Carabiques dans le grand genre des Carabes, lorsque Bonelli les en sépara dans ses *Observations entomologiques*. Leur *lèvre supérieure* est courte et entière, ou quelquefois échancrée, mais d'une manière très peu profonde. Leur *menton* présente au milieu de son échancrure une dent qui paraît bifide à l'extrémité. Leurs *mandibules* sont arquées et pointues au bout, comme dans les deux derniers sous-genres de la famille des Liciniens. Leurs *palpes* sont terminés par un article tantôt cylindrique, comme dans les vrais Chlænies, tantôt élargi dans les mâles : tels sont les *Epomis* de Bonelli. Dans d'autres, les *Dinodès* du même Naturaliste, ils paraissent élargis dans l'un et l'autre sexe. Ces caractères ne suffisent pas sans doute pour autoriser l'établissement de ces trois genres; nous ne les considérerons donc que comme de simples divisions. La forme des Chlænies et des Epomis est absolument la même; celle des Dinodès est un peu différente. Leurs élytres sont plus courtes, et leur corselet, plus large que long, est à peine rétréci en arrière. C'est le contraire dans les deux autres divisions, où le corselet est ordinairement plus long que large, et plus étroit en arrière qu'en avant.

α. LES ÉPOMIS.

1. LE CHLÆNIE ENTOURÉ.

Chlænius circumscriptus. DUFT. [1].

C'est le plus grand des Chlænies d'Europe. Sa tête et son corselet brillent d'une nuance de bronze mêlée de vert, et cette dernière couleur domine sur les bords. Ses élytres sont d'un bleu violet très foncé et presque noir, qui varie avec l'exposition à la lumière, et sont entourées d'une bordure jaune assez étroite. Ses palpes et ses antennes sont de la même couleur. Le dessous de son corps est brun avec les bords du ventre jaunes. Sa tête et son corselet présentent quelques points enfoncés qui sont plus gros sur ce dernier, où l'on remarque de chaque côté, en arrière, une impression profonde. Les stries de ses élytres sont bien marquées, et paraissent accompagnées d'une triple rangée de points enfoncés, dont les latéraux sont plus rares et plus gros que ceux du milieu.

On trouve ce bel insecte dans les parties méridionales de la France et en Italie. Il a onze lignes de longueur sur quatre et demie de largeur.

β. LES CHLÆNIES.

2. LE CHLÆNIE VELOUTÉ. (Pl. 17, fig. 5.)

Chlænius velutinus. DUFT. [2].

C'est une jolie espèce dont la couleur est en dessus d'un beau vert, un peu doré sur le corselet et la tête,

---

1. *Carabus circumscriptus*, Faun. Aust., t. II, pag. 166. — Dej. Spec., t. II pag. 369; et Icon. t. II, pl. 96, fig. 1.

2. *Carabus velutinus*, Faun. Austr., t. II, pag. 168. — Dej. Spec., t. II, pag. 309; et Icon., t. II, pl. 90, fig. 1.

et en dessous un brun foncé. Ses élytres sont revêtues d'un duvet jaune et comme soyeux : leur surface est striée et entièrement couverte de points qui servent à l'insertion des poils ; une belle bordure d'un jaune pâle les entoure entièrement. Son corselet présente quelques points enfoncés, profonds et épars ; sa surface est légèrement ridée en travers, et son bord postérieur est marqué de deux enfoncemens profonds. Ses palpes, ses antennes et ses pattes sont de la même couleur que le bord des élytres.

Cette espèce est encore propre au midi de la France ; cependant on la rencontre quelquefois sur les bords de la Seine, à Paris même et dans les environs. Elle se trouve aussi en Sicile, en Morée, ainsi que sur la côte de Barbarie. Il en existe une variété qui est d'un bleu violet. Sa longueur est de six à sept lignes, et sa largeur de deux et demie à trois.

3. LE CHLÉNIE DÉPOUILLÉ.

Chlænius spoliatus. Rossi [1].

Il est en dessus d'un vert brillant, un peu cuivreux sur le corselet et le long de la suture des élytres ; les stries de ces dernières sont distinctement ponctuées. Son corselet est légèrement ridé en travers, et ne présente que fort peu de points enfoncés. Ses élytres sont entourées d'une bordure jaune plus large que dans le précédent, et n'offrent pas de poils soyeux. Le dessous de son corps est brun et nuancé de cuivreux.

1. *Carabus spoliatus*, Faun. Etrusc. Mant., t. I, pag. 79. — Dej. Spec., t. II, pag. 312 ; et Icon., t. II, pl. 90, fig. 4.

Ses pattes et la base de ses antennes sont d'un jaune roux.

On trouve cet insecte dans le midi de la France, en Sicile, en Espagne, en Grèce, en Barbarie, et jusqu'en Arabie. Il a sept lignes de longueur sur trois de largeur.

4. LE CHLÆNIE VARIÉ.

Chlænius variegatus. FOURCROY [1].

Cet insecte ressemble au Chlænie velouté, mais il est moindre que lui, et il a le corselet presque carré, tout couvert de points enfoncés, et revêtu de poils soyeux comme les élytres. Ses antennes sont brunes, à l'exception de leur base qui est jaune comme le bord des élytres, les palpes et les pattes.

Il se rencontre autour de Paris, sur le bord de la Seine en particulier, et on le retrouve dans le midi de la France, en Espagne, en Autriche et en Barbarie. Il a cinq lignes de longueur et deux de largeur.

5. LE CHLÆNIE VÊTU.

Chlænius vestitus, PAYK. [2].

Il ressemble au précédent par les couleurs, et, comme lui, il est revêtu d'un duvet soyeux qui lui a

---

1. *Buprestis variegata*, Entom. Paris., t. I, pag. 55. — *Carabus agrorum*, Oliv. Entom., t. III, n.º 35, pag. 86, pl. 12, fig. 144. — Dej. Spec., t. II, pag. 313; et Icon., t. II, pl. 91, fig. 1.

2. *Carabus vestitus*, Monogr. Car. n.º 44. — Dej. Spec., t. II, pag. 320; et Icon., t. II, pl. 91, fig. 4.

valu son nom ; mais il a le corselet en cœur, c'est-à-dire plus étroit en arrière qu'en avant, et marqué de points écartés : la bordure des élytres s'élargit à l'extrémité, où elle forme plusieurs dentelures au côté intérieur.

Cet insecte est répandu aux environs de Paris et dans toute l'Europe. Il a quatre lignes et demie de longueur et près de deux de largeur.

6. LE CHLÆNIE DE SCHRANK.

Chlænius Schrankii. Duft. [1]

On prendrait cet insecte pour le Chlænie varié, s'il avait, comme celui-ci, les élytres bordées de jaune. Son corselet brille d'une teinte cuivreuse ou dorée. Ses antennes sont brunes, excepté à la base qui est d'un jaune roux comme les palpes et les pattes.

On le trouve en France et en Autriche. Il a un peu plus de quatre lignes de longueur et deux environ de largeur.

7. LE CHLÆNIE A ANTENNES NOIRES.

Chlænius nigricornis. Fab. [2]

Il ressemble beaucoup au précédent. Il est cependant plus étroit ; son corselet n'est pas sinueux sur les côtés ; ses palpes et ses antennes sont noirs : le pre-

1. *Carabus Schrankii,* Faun. Austr., t. II, pag. 131. — Dej. Spec., t. II, pag. 349 ; et Icon., t. II, pl. 92, fig. 2.

2. *Carabus nigricornis,* Ent. Syst., t. I, pag. 157. — Dej. Spec., t. II, pag. 351 ; et Icon., t. II, pl. 92, fig. 4.

mier article de ces dernières est un peu plus pâle, et les pattes sont presque noires.

Il se rencontre avec le précédent. Sa longueur est d'un peu plus de quatre lignes, et sa largeur d'un peu moins de deux.

Observation. Le *Chlænius melanocornis* de M. le Comte Dejean, que l'on regarde comme une espèce différente, ne s'éloigne de celle-ci que par la couleur des pattes qui sont rougeâtres, ainsi que le premier article des antennes.

8. LE CHLÆNIE A JAMBES PALES.

Chlænius tibialis. Dej. [1].

L'ensemble de ses couleurs est le même que dans l'espèce précédente. Son corselet est rétréci en arrière. La base de ses antennes, ses pattes et ses jambes sont jaunâtres.

Il habite le midi de la France. Ses proportions sont les mêmes.

Observation. Le *Chlænius nigripes* de M. le Comte Dejean ne se distingue de celui-ci que par ses pattes qui sont entièrement noires.

9. LE CHLÆNIE VELU.

Chlænius holosericeus. Fab. [2].

Il a la forme des précédens; mais il est tout noir et revêtu d'un duvet serré et assez obscur. Son corselet

---

1. Spec., t. II, pag. 352; et Icon., t. II, pl. 93, fig. 1.

2. *Carabus holosericeus*, Ent. Syst., t. I, pag. 151. — Dej. Spec., t. II, pag. 355; et Icon., t. II, pl. 93, fig. 4.

et ses élytres sont couverts de points enfoncés très serrés. Sa tête est ornée d'un reflet cuivreux.

On le trouve dans une grande partie de l'Europe. Quoique rare, on est sûr de le rencontrer si on le cherche au pied des arbres, dans les lieux humides, dès le commencement du printemps. Il a cinq lignes de longueur, et un peu plus de deux de largeur.

10. LE CHLÆNIE A TÈTE DORÉE.

Chlænius chrysocephalus. Rossi [1].

C'est un des plus beaux insectes de ce genre. Il a la tête et le corselet doré, et les élytres du plus beau violet. La base de ses antennes, ses palpes et ses pattes sont d'un jaune rougeâtre. Le dessous de son corps est noir et nuancé de violet. Les points enfoncés qui couvrent sa tête et son corselet sont plus gros que ceux des élytres; les stries de celles-ci sont peu profondes.

On trouve cette jolie espèce dans le midi de là France, en Italie et en Sicile. Elle a quatre lignes de longueur, et une et demie environ de largeur.

7. LES DINODÈS.

11. LE DINODÈS AZURÉ.

Dinodes azureus. Duft. [2].

C'est encore un très joli insecte, dont le corps est entièrement bleu ou vert en-dessus, et parsemé de

1. *Carabus chrysocephalus*, Faun. Etrusc., t. I, pag. 320, pl. 2, fig. 9. — Dej. Spec., t. II, pag. 361; et Icon., t. II, pl. 94, fig. 4.

2. *Carabus azureus*, Faun. Austr., t. II, pag. 232 — *C. rufipes*, Dej.

points enfoncés, qui sont plus gros et plus écartés sur le corselet que sur les élytres : ces dernières présentent des stries assez profondes et ponctuées. La partie postérieure de son corselet est marquée de deux impressions profondes. Le dessous de son corps est noir ou d'un brun foncé ; la base de ses antennes et ses pattes sont rougeâtres, ainsi que le bout de ses palpes.

Il se trouve dans le midi de la France, en Italie, en Sicile, en Grèce et même en Perse. Sa longueur est de cinq lignes, et sa largeur de deux environ.

Observation. Le sous-genre *Lissauchenius,* établi par M. Mac-Leay, dans les *Annulosa Javanica,* nous paraît être une quatrième section du genre des Chlænies, qui aurait pour caractère la forme triangulaire du dernier article des palpes maxillaires. Quant à la dent du menton, qui est simple dans le sous-genre de l'Entomologiste Anglais, et bifide au contraire dans la plupart des Chlænies, sa conformation ne nous paraît pas suffisante pour autoriser la séparation de ce sous-genre. (Voyez le type des Lissauchénies, dans l'ouvrage cité, Ed. Lequien, pag. 119, pl. 4, fig. 4.)

Auprès des Chlænies doivent se placer plusieurs sous-genres :

Spec., t. II, pag. 872 ; et Icon, t. II, pl 96, fig. 3. — Voyez, pour les autres espèces de Chlænies : le Species de M. le Comte Dejean ; — le t. 4.ᵉ du Magasin de M. Germar ; — les Insect. Spec. nov. du même auteur ; — le Bulletin de la Soc. Imp. des Natur. de Moscou, 1829 et 1832 ; — le Zool. Atlas de M. Eschscholtz ; — le Zool. Miscellany de M. Gray ; — la Centurie de Carabiques de M. Gory, déjà citée ; — les Etudes Entomologiques de M. de Laporte ; — la Description des Insectes du Mexique, par M. Chevrolat ; — le t. 2.ᵉ des Trans. de la Soc. phil. de Philadelphie ; — l'Entomographie de la Russie, par M. Fischer, t. III ; — le Catal. de M. Ménétriés ; — les Symbolæ physicæ de M. Ehrenberg ; — la Descript. des Insectes de Madagascar, par M. Klug.

1.° LES CALLISTES. — *Callistus*. BONELLI [1].

Le nom de ce sous-genre exprime la beauté des insectes qui le composent. Il se reconnaît à ses palpes, dont le dernier article est ovale et presque pointu (*pl.* 17, *fig.* 4, *a.*). Sa *lèvre supérieure* est un peu échancrée. Son *menton* présente une dent simple. Ses *antennes* sont légèrement comprimées. Son corselet est en forme de cœur tronqué, et ses élytres sont en carré long, avec les angles abattus. On connaît trois espèces de ce beau sous-genre :

1. LE CALLISTE LUNULÉ.

Callistus lunatus. FAB. [2]

Ce joli insecte a la tête et le dessous du corps d'un beau bleu, la base des antennes et le corselet fauves, et les élytres d'un beau jaune, presque blanchâtre au bout. Chacune des élytres est ornée de trois taches noires ou d'un violet foncé : la première est placée sur l'angle de la base, la seconde un peu au-dessous du milieu, et la troisième, enfin, vers le bout, qu'elle ne couvre pas tout-à-fait. Sa tête et son corselet sont marqués de points enfoncés nombreux. Ses élytres sont velues, et présentent quelques stries peu profondes, formées par des points enfoncés. Ses pattes sont fauves, avec le bout des cuisses et des jambes noir, et les tarses bruns. Ses antennes sont noires, excepté à la base.

---

1. Etym. κάλλιστος, superlatif de καλός, beau.
2. *Carabus lunatus*, Ent. Syst., t. 1, pag. 163. — Dej. Spec., t. II, pag. 296; et Icon., t. II, pl. 89, fig. 5.

On trouve ce Calliste sous les pierres, dans le midi de la France, en Allemagne, ainsi qu'en Espagne et en Portugal ; il se prend quelquefois, mais rarement, aux environs de Paris. Sa longueur est de trois lignes, et sa largeur d'une et au delà.

2. LE CALLISTE A QUATRE PUSTULES. (Pl. 17, fig. 4.)

Callistus quadri-pustulatus. GORY. [1].

Sa taille est moindre que celle du précédent, et ses couleurs sont plus sombres. Il est noir, avec le corselet roux dans le mâle seulement. Chacune de ses élytres est ornée de deux petites taches blanches placées en travers, l'une à la base, l'autre avant l'extrémité. Ses jambes sont rousses au milieu dans le mâle, et blanchâtres dans la femelle. Tout son corps est ponctué, et ses élytres présentent des stries assez profondes, dans lesquelles on ne peut apercevoir de points enfoncés.

On trouve ce joli insecte au Cap de Bonne-Espérance : il a un peu plus de deux lignes de longueur, et trois quarts environ de largeur.

Observation. M. Gory, qui a décrit le premier cette petite espèce, paraît n'en avoir connu que le mâle.

2.° LES VERTAGES. — *Vertagus.* DEJ. [2].

Ce sont encore de très jolis insectes, qui ont une dent simple à l'échancrure du *menton,* ce qui les rap-

1. Annal. de la Soc. Entom. de France, t. II, pag. 215. — Voyez, pour la troisième espèce, le Species de M. le Comte Dejean, t. V. pag. 607.

2 Étym. *Vertagus.* lévrier, chien de chasse.

proche des Callistes ; mais le dernier article de leurs *palpes* est très élargi, et ce caractère suffira pour les en distinguer. Leur *lèvre supérieure* est courte, et presque droite en avant. Leur corselet est fort étroit, alongé, et un peu élargi en avant. Leurs élytres sont en ovale alongé. On connaît deux espèces de ce joli sous-genre, mais elles sont extrêmement rares.

1. LE VERTAGE DE BUQUET.

Vertagus Buqueti. Dej.[1]

Il est d'un vert bronzé, un peu bleuâtre sur la tête et sur la dernière moitié des élytres. Ses pattes et ses antennes sont noires, mais la base de celles-ci et des cuisses est jaunâtre. Chaque élytre est ornée d'une tache carrée, de couleur jaune, et placée avant l'extrémité.

On trouve ce joli insecte au Sénégal. Il a quatre lignes et demie de longueur, et un peu plus d'une de largeur.

2. LE VERTAGE DE SCHÖNHERR.

Vertagus Schönherri. Dej.[2]

Il ne diffère du précédent que par sa couleur, qui est entièrement d'un vert bronzé assez clair en dessus. Le reste du corps est coloré comme dans le Vertage de Buquet.

Il vient de la même contrée, et ses dimensions sont les mêmes.

1. Spec. t. V, pag. 6.. et Icon. t. II. pl. 89. fig. 4.
2. *Ibid.*, pag. 6..

TROISIÈME FAMILLE.

LES PANAGÉIENS.

Cette petite famille se compose d'insectes rares et précieux, qui sont répandus sur la surface de la terre, et dont le genre Panagée peut être regardé comme le type. Aux caractères que nous lui avons assignés plus haut, on peut ajouter celui d'avoir des palpes terminés par un article très large, qui présente quelquefois une forme comparable à celle d'une petite hache, et que l'on ne retrouve pas ailleurs. Les Panagéiens vivent auprès des eaux, comme les deux autres familles de Chlænides, et nous ne possédons, en Europe, que deux espèces de ce groupe d'insectes : elles se rapportent au genre Panagée. Les autres se trouvent dans le continent de l'Inde, au Cap de Bonne-Espérance, et à la Nouvelle-Hollande : elles sont toutes ornées de jolies taches qui ressortent sur un fond noir ou très obscur. Quelques-unes, tout-à-fait noires, appartiennent à des sous-genres particuliers : tels sont les Dercyles, les Copties, et les Tefflus que l'on avait jusqu'ici regardés comme des Carabides. On en connaît de très brillantes : ce sont, d'une part, les Brachygnathes, les Pélécies, charmans insectes de l'Amérique du sud ; et de l'autre, les Pambores, un peu moins éclatans, mais d'une taille plus avantageuse.

et qui vivent à la Nouvelle-Hollande. Toutes ces espèces sont rares dans les collections, et leur nombre est encore peu considérable. Bien qu'elles présentent entre elles quelques différences, sous le rapport du nombre des articles dilatés aux tarses des mâles, elles ont un air de famille qui ne permet pas de les séparer. C'est ainsi que les Tefflus ressemblent tellement à quelques Panagées, qu'on serait tenté de les réunir; c'est encore ainsi que les Pambores se rapprochent des Brachygnathes, avec lesquels ils partagent ce caractère, d'avoir les tarses semblables dans l'un et dans l'autre sexe. Les Pélécies, sous le rapport de la conformation des palpes, appartiennent aux Panagéiens; sous celui de la forme des mandibules, ils seraient des Liciniens, et le nombre des articles élargis de leurs tarses les ferait prendre pour des Harpalides. Il a donc fallu s'arrêter à l'ensemble de leur physionomie pour leur assigner une place.

Nous allons donner dans un tableau les caractères des différens groupes que renferment les Panagéiens.

TABLEAU DE LA DIVISION DE LA FAMILLE DES PANAGÉIENS,

EN GENRES ET EN SOUS-GENRES.

Tarses antérieurs

- à quatre articles élargis * ; antennes
  - filiformes. . . . . **PELECIUM.**
  - moniliformes. . . . . *ERIPUS.*
- à deux ou à trois articles élargis ; palpes
  - à dernier article des maxillaires
    - élargi ; menton
      - denté ; la dent
        - arrondie ; premier article des palpes
          - mince ; lèvre supérieure
            - échancrée ; antennes
              - filiformes. . . PANAGÆUS.
              - moniliformes *BRACHYGNATHUS.*
            - entière. . . . . *COPTIA.*
          - renflé. . . . . *DERCYLUS.*
        - pointue. . . . . *TEFFLUS.*
      - sans dent. . . . . *PAMBORUS.*
    - ovalaire. . . . . *GEOBIUS.*
  - à dernier article des maxillaires et des labiaux simple. . . . . *LORICERA.*

* Dans les mâles au moins.

Genre **PANAGÉE.**

PANAGÆUS. Latreille [1].

Le nom de ce genre est dû sans doute aux taches en forme de croix que présentent les élytres de quelques espèces ; mais, dans ce cas, il ne conviendrait qu'à fort peu d'entre elles. La plupart des Panagées sont noirs et ornés de taches rouges ou jaunâtres. Leurs élytres, en ovale alongé et assez convexe, sont très développées, comparativement au volume de leur tête et de leur corselet. La forme de ce dernier est assez variable : tantôt il est arrondi et plus large que long ; tantôt il est tronqué en avant et en arrière : quelquefois, enfin, il est très court et tout-à-fait transversal. Dans les mâles, les deux premiers articles des *tarses* antérieurs sont seuls dilatés. Dans l'un et l'autre sexe, les *palpes* sont terminés par un article élargi : mais, dans les uns, cet article est en forme de triangle équilatéral ; dans les autres, il représente plutôt une petite hache à tranchant arrondi, ou un triangle très alongé, qui est inséré sur l'article précédent, par un des côtés de sa base. C'est ce que font voir les figures 5, *a* et 5, *b*. de la planche 17. La dent de l'échancrure du *menton* est petite, et semble divisée à l'extrémité dans quelques espèces ; dans d'autres, elle paraît entière. La *lèvre supérieure* est très courte, tantôt entière, et tantôt

1. Etym. παναγής, sainteté. — Syn. *Carabus*, Linnée, Fabricius, Olivier.

échancrée. Malgré ces variations de formes, nous ne croyons pas qu'il soit possible de séparer les différentes espèces de ce genre, parce que les caractères présentent de l'une à l'autre des nuances difficiles à apprécier.

Les Panagées sont peu nombreux en espèces : ils sont répandus sur toute la surface du globe; mais ils sont rares partout. La France en fournit deux que nous allons faire connaître :

1. LE PANAGÉE GRAND'CROIX. (Pl. 17, fig. 5.)

Panagæus crux-major. LIN. [1]

C'est un joli insecte noir, revêtu de poils roux, et parsemé sur le corselet de points profonds. Ses élytres présentent des stries de points enfoncés, dont les intervalles sont faiblement ridés : chaque élytre est ornée de deux grandes taches rouges, placées l'une à la base et l'autre à l'extrémité; celle-ci est arrondie et communique avec la première, par le bord extérieur des élytres qui est rouge aussi. La suture des élytres, et les bandes en travers qui séparent les deux taches, représentent assez bien une croix.

On trouve cette espèce aux environs de Paris, dans la terre au pied des arbres, et dans les lieux humides, sous les pierres et autres corps; elle est répandue dans une grande partie de l'Europe. Sa longueur est de quatre lignes, et sa largeur d'une et demie environ.

---

1. *Carabus crux-major*, Faun. Suec., n.° 808. — Dej. Spec., t. II, pag. 286; et Icon., t. II, pl. 88, fig. 2.

2. LE PANAGÉE A QUATRE PUSTULES.

Panagæus quadri-pustulatus. Sturm. [1]

Cette espèce, en apparence tout-à-fait semblable à la précédente, en diffère réellement parce que son corselet est ovale, plus long que large, tandis que, dans l'autre, il est plus large que long. De plus, la deuxième tache rouge des élytres ne communique pas avec la première, parce que le bord extérieur est noir en cet endroit.

On la trouve beaucoup plus rarement que le Panagée grand'croix, et M. le Comte Dejean, qui l'a rencontrée assez abondamment en Styrie, a remarqué qu'elle exhale une odeur très forte. Elle a trois lignes de longueur, et environ une ligne et demie de largeur.

Les Panagées ont beaucoup de rapports avec les sous-genres que nous allons faire connaître :

1.° LES TEFFLUS. — *Tefflus.* Leach [2].

Ces insectes, remarquables par leur grande taille, ont les plus grands rapports avec certaines espèces étrangères de Panagées. Comme dans celles-ci, le dernier article de leurs *palpes* est en forme de hache ou

1. Deutsl. Fann., t. III, pag. 172, pl. 73, fig. *P.* — Dej. Spec., t. II, pag. 288; et Icon., t. II, pl. 86, fig. 3. — Voyez, pour les autres espèces : le Species de M. le Comte Dejean; — le Zool. Journal, t. I; — les Annal. de la Soc. Entom. de France, t. I, et II; — le tom. 2.ᵉ des Trans. de la Soc. philos. de Philadelphie; — la Description des Insectes de Madagascar, par M. Klug.

2. Etym. incertaine. — Syn. *Carabus.* Fabricius.

de coutelas, et il s'insère sur l'article qui le précède par un des côtés de sa base. Leur *lèvre supérieure* est aussi très courte, mais elle est entière et même un peu avancée. La dent de l'échancrure de leur *menton* est simple comme dans plusieurs Panagées ; mais elle est pointue et non pas arrondie comme dans ces derniers. Les deux premiers articles de leurs tarses sont plus larges dans les mâles que dans les femelles, et dans les deux sexes, ils le sont beaucoup plus que les trois suivans. Les mâles se distinguent encore des femelles par la forme de leur corselet, qui est anguleux au milieu dans ceux-là, et arrondi dans celles-ci, et par leurs mandibules qui sont échancrées près du bout, et recourbées après l'échancrure. Le grand volume de leur abdomen donne à ces insectes un rapport de plus avec certains Panagées, et l'on pourrait peut-être regarder aussi bien ceux-ci comme des Tefflus, ou les Tefflus comme de vrais Panagées.

La seule espèce connue est :

LE TEFFLUS DE MÉGERLE. (Pl. 17, fig. 6.)

Tefflus Megerlei. FAB. [1]

Ce bel insecte est tout noir et assez brillant. Il a le dessous des articles des tarses garni de poils roux, et la partie membraneuse du dernier article de ses palpes est de cette même couleur. La tête présente quelques impressions, et le corselet est ponctué, d'une manière très irrégulière, ce qui lui donne un aspect

[1]. *Carabus Megerlei*, Syst. Eleuth., t. I, pag. 169. — Dej. Spec., t. II, pag. 21 ; et Icon., t. I, pl. 29, fig. 5.

rugueux. Les élytres sont ornées de plusieurs côtes longitudinales, lisses et arrondies, dont les intervalles présentent une série de gros points élevés.

Ce grand Carabique semble habiter le centre de l'Afrique ; on le trouve depuis le Sénégal jusqu'en Nubie. Il a un pouce et trois quarts de longueur, et huit lignes environ de largeur. On prétend que ses élytres, qui sont soudées, servent aux négresses de pendans d'oreilles. Il est encore rare dans les collections.

2.° LES COPTIES. — Coptia. BR. [1]

On les reconnaît à la forme grêle et ovalaire du dernier article de leurs *palpes maxillaires*, qui est tronqué très obliquement, et dont l'extrémité paraît se terminer en pointe. Le dernier article des *palpes labiaux* est plus large, et coupé presque en travers, ce qui lui donne l'aspect d'un triangle. La *lèvre supérieure* est courte, et ne paraît pas échancrée. Les trois premiers articles des *tarses* antérieurs sont élargis dans le mâle.

La seule espèce connue est.

LA COPTIE ARMÉE.

Coptia armata. LAP. [2]

Tout son corps est noir, mais les palpes. les antennes et les tarses sont bruns. Elle a le corselet

---

1. Etym. κόπτω, couper.
2. *Panagæus armatus*, Annal. de la Soc. Entom. de France, t. I, pag. 391.

court, large, couvert de gros points enfoncés, marqué en long de trois impressions profondes, et armé de chaque côté de deux fortes épines, qui sont dirigées en arrière. Ses élytres présentent des stries très profondes, dans chacune desquelles on remarque une série de très gros points enfoncés.

Cette jolie espèce se trouve à Cayenne et au Brésil ; nous l'avons vue dans la collection de M. Buquet. Elle a environ quatre lignes de longueur, sur un peu plus d'une et demie de largeur.

3.° LES DERCYLES. — *Dercylus.* LAP. [1]

Ce sous-genre, établi récemment par M. de Laporte, ne diffère des Panagées, selon ce naturaliste, que parce qu'il a le premier article des *palpes* renflé, le dernier très court, légèrement dilaté en hache, et les deuxième et troisième articles des *tarses antérieurs* élargis dans les mâles, et de forme carrée. On n'en connaît qu'une seule espèce,

LE DERCYLE NOIR.

Dercylus ater. LAP. [2]

Il est noir comme l'indique son nom, et de plus lisse et luisant. Son corselet est peu large, tronqué en arrière, et impressionné de chaque côté. Ses élytres présentent des stries profondes et lisses, et ont les angles de la base saillans.

1. Etym. incertaine.
2. Annal. de la Soc. Entom. de France, t. I, pag. 392.

La patrie de cet insecte est le Brésil. Il a six lignes et demie de longueur, et trois et demie de largeur.

4.° LES BRACHYGNATHES. — *Brachygnathus*. PERTY. [1]

Les insectes qui composent ce sous-genre, peuvent être rangés parmi les plus beaux de toute cette tribu, à cause de l'éclat des couleurs, dont leurs élytres sont revêtues. Ils ont à peu près les palpes des Tefflus, et ne peuvent guères se distinguer des Panagées, que par leurs *antennes* qui sont comprimées et dont le premier article est très court. Leur corselet est large, et ses angles postérieurs sont quelquefois prolongés en forme d'épines. On les trouve dans les parties méridionales du Brésil, et l'on ignore quelles sont les différences qui existent entre les deux sexes.

LE BRACHYGNATHE BRILLANT. (Pl. 18, fig. 1.)

Brachygnathus festivus. DEJ. [2]

Tout le corps de ce bel insecte est d'un bleu violet brillant, à l'exception de la bouche, des antennes et des pattes, qui sont noires. Son corselet, dont les angles postérieurs ne sont point prolongés, présente, de chaque côté de la ligne du milieu, une impression profonde et alongée. Ses élytres sont de la plus belle

1. Etym. βραχύς, court; γνάθος, mâchoire. — Syn. *Eurysoma*, Dejean; *Panagæus*, Guérin, (Iconographie du Règne animal).

2. Spec., t. V, pag. 596; et Icon., t. II, pl. 88, fig. 1. — Voyez, pour les autres espèces : le Species de M. le Comte Dejean; — le Voyage de MM. Spix et Martius au Brésil; — l'Iconographie du Règne animal par M. Guérin.

nuance de cuivre doré, avec le bord violet, et ornées de stries dont le fond est lisse, et dont les intervalles forment des côtes un peu aplaties.

Il a environ six lignes de longueur, et pas tout-à-fait trois de largeur.

5.° LES PAMBORES. —*Pamborus*. LATR. [1]

Les beaux insectes qui rentrent dans ce sous-genre nous offrent une particularité qui leur est commune avec les précédens, c'est que les *tarses* des mâles paraissent être semblables à ceux des femelles. Celles-ci ne différeraient des mâles que par leurs proportions un peu plus larges. Les Pambores ont le dernier article des *palpes* conformé à la manière des Tefflus et des Brachygnathes, comme on peut le voir dans la planche troisième du tome V, fig. 3, *a*. Leur *lèvre supérieure* courte, large et échancrée au milieu, n'est séparée du chaperon que par une simple suture, ce qui pourrait faire croire qu'elle est grande et avancée. Leurs *mandibules* sont munies de dents aiguës et acérées, et leur extrémité est plus recourbée que dans aucun des autres groupes de cette famille. Leur *menton* est tout-à-fait sans dent, et presque sans échancrure. Les Pambores sont de très beaux insectes qui n'ont été trouvés jusqu'ici qu'à la Nouvelle-Hollande. Ils ont un peu l'aspect des Carabes, dont nous parlerons plus loin.

[1] Étym. παμβόρος, glouton.

LE PAMBORE ALTERNANT. (Tom. V, pl. 3, fig. 3.)

Pamborus alternans. LAT. [1]

Cet insecte est noir avec des reflets bleus ou verts sur les bords du corselet, qui est ridé en travers, et marqué en arrière de deux impressions profondes. Ses élytres sont larges, ovales et ornées de plusieurs côtes lisses et arrondies, dont quelques-unes sont interrompues en plusieurs endroits : les intervalles qui séparent ces côtes présentent une série de gros points élevés. La couleur des élytres est un vert bronzé plus brillant sur les bords, et très obscur sur les côtes.

Il a environ quinze lignes de longueur, sur six ou un peu moins de largeur.

6.° LES GÉOBIES. —*Geobius.* DEJ. [2].

L'espèce qui sert de type à ce groupe se rapproche des Panagées d'Europe par l'ensemble de ses formes. Cependant on ne sait pas si les mâles ont les tarses antérieurs élargis, ou si, dans les deux sexes, leurs articles sont simples. Ce qui distingue particulièrement les Géobies, c'est que le dernier article des *palpes labiaux* est seul élargi et triangulaire, comme dans plusieurs Panagées, tandis que le même article des *palpes maxillaires* est alongé, et un peu ovalaire. La *lèvre supérieure* est étroite et presque carrée. Le *menton* présente au mi-

1. Encycl. méthodique, t. VIII, pag. 678 — Dej. Spec., t. II, pag. 19; et Icon., t. I, pl. 29, fig. 4. — Voyez, pour les autres espèces, le Magasin de Zool. de M. Guérin.

2. Etym. γῆ, terre; βίω, je vis.

lieu de son échancrure une dent simple et arrondie , qui est presque aussi grande que les lobes latéraux.

LE GÉOBIE VELU.

Geobius pubescens. Dej.[1]

Il est noir et velu : ses élytres sont ornées d'un reflet violet très obscur, et un peu métallique ; ses palpes sont fauves, et ses pattes d'un roux foncé. Son corselet est tout couvert de points enfoncés, et marqué en arrière de deux impressions assez alongées. Ses élytres sont un peu convexes, et présentent des stries ponctuées, dont les intervalles, très peu élevés, sont parsemés de petits points assez rapprochés.

Cet insecte se trouve à Buénos-Ayres. Il a trois lignes et demie de longueur, et une et demie de largeur.

7.° LES LORICÈRES. — *Loricera.* Lat. [2]

Ils s'éloignent de tous les autres sous-genres de cette famille, par la forme cylindroïde ou ovalaire du dernier article de leurs *palpes.* Leur *lèvre supérieure* est assez développée; cependant elle est moins longue que large, et arrondie. Leur *menton* présente une dent simple au milieu de son échancrure, et les trois premiers articles des *tarses antérieurs* sont élargis dans les mâles. Ce qui peut faire reconnaître ce sous-genre à la pre-

1. Spec., t. V, pag. 6.6; et Icon., t. II, pl. 89, fig. 1.
2. Etym. *Lorica*, cuirasse; ou peut-être *lorum*, courroie, cordage, et κέρας, corne; à cause des poils que présentent les antennes, et de la forme même de ces antennes. — Syn. *Carabus*, Paykull, Fabricius, Olivier.

mière vue, c'est que les premiers articles de leurs antennes sont très gros, et hérissés de poils raides
(*Pl.* 18. *fig.* 2. *a.*).

La seule espèce connue est,

LE LORICÈRE A ANTENNES VELUES. (Pl. 18. fig. 2.)

Loricera pilicornis. [1].

Il a le dessus du corps d'un bronzé assez obscur, et
le dessous d'un brun foncé. Ses cuisses sont noires,
ainsi que les premiers articles des antennes : les autres
sont bruns et velus, comme cela se voit dans tous les
Carabiques. Ses jambes et ses tarses sont fauves, ainsi
que les parties de la bouche. Ses élytres sont plates
et ornées de stries peu profondes et ponctuées : on
distingue en outre trois ou quatre enfoncemens profonds, disposés sur chaque élytre en une série longitudinale. Son corselet est rétréci en arrière, ponctué
sur le bord postérieur, et marqué aux angles d'un
enfoncement profond.

On rencontre cet insecte dans les endroits marécageux de la plus grande partie de l'Europe. Il a trois
ou quatre lignes de longueur, sur une et demie de
largeur.

Nous placerons, à la fin de cette famille, un genre
que l'ensemble de ses caractères semble y rapporter,
bien que le nombre des articles élargis de ses tarses
soit le même que dans les Harpalides, dont nous allons
nous occuper. En effet, les quatre premiers articles

---

1. *Carabus pilicornis*, Monogr. Carab., n.° 47, — Dej. Spec., t. II,
pag. 293; et Icon., t. II, pl. 89, fig. 2. — Une seconde espèce est décrite
dans le Zool. Atlas d'Eschscholtz.

des tarses antérieurs sont élargis comme dans ces derniers, mais les mêmes articles des tarses de la deuxième paire de pattes ne le sont que fort peu, ou peut-être point du tout. Ses *palpes*, qui sont terminés par un article en triangle, sa *lèvre supérieur* très courte, ses *mandibules* saillantes, et la grosseur enfin du dernier article de ses *antennes*, lui donnent les plus grands rapports avec les insectes de la famille des Panagéiens. C'est une nouvelle preuve de l'insuffisance de nos méthodes, qui ne nous permettent pas d'assigner à nos divisions des caractères certains.

GENRE PÉLÉCIE.

PELECIUM. KIRBY. [1]

Le nom que portent ces insectes indique la forme triangulaire du dernier article de leurs *palpes*. Leur *lèvre supérieure* est échancrée au milieu. Leurs *mandibules* sont avancées, courbées du haut en bas et sans dents. Leur *menton* est divisé en trois lobes peu saillans, et à peu près égaux. Les trois premiers articles de leurs tarses antérieurs (*pl.* 18. *fig.* 3. *a.*), sont larges et courts, et le quatrième est quelquefois divisé en deux parties ; on ignore si cette conformation est seulement celle du mâle, et si la femelle n'a pas les tarses

---

1. Etym. πέλεκυς, hache.

simples. Ceux des quatre jambes de derrière sont composés d'articles de forme triangulaire ; l'avant dernier est aussi quelquefois divisé en deux, et tous sont garnis en dessous de poils roux, comme ceux des tarses antérieurs.

Le type de ce sous-genre est,

LE PÉLÉCIE A PIEDS BLEUS. (Pl. 18. fig. 5.)

Pelecium cyanipes. KIRBY. [1]

Tout le corps de ce joli insecte est d'un beau bleu violet, plus obscur et presque noir en dessous. Ses pattes et la base de ses antennes sont aussi d'un bleu violet ; le reste de celles-ci est revêtu de poils roux. Ses mandibules sont noires et ses palpes d'un brun foncé. La forme de son corselet est un carré plus long que large ; sa surface est lisse et presque plane , et présente en arrière deux enfoncemens élargis. Ses élytres sont ovales, un peu convexes et ornées de stries dont le fond est lisse, et dont les intervalles forment des côtes un peu aiguës.

On le trouve au Brésil. Il a sept lignes de longueur, et environ trois de largeur. Il est rare dans les collections.

On a séparé des Pélécies le sous-genre des

ÉRIPES. — *Eripus.* DEJ. [2]

Nous ne connaissons ce sous-genre que par la description et la figure qu'en a publiées M. le Comte De-

1. Linn. Trans., t. XII, pag. 377, pl. 21, fig. 1. — Dej. Spec., t. IV, pag. 7; et Icon. t. III, pl. 172, fig. 1. — Voyez, de plus, le Magasin de Zoologie de M. Guérin.

2. Etym. *cripio*, arracher.

jean. Il a la *lèvre supérieure* très courte et presque dentelée ; les *mandibules* avancées et arquées ; le *menton* court et divisé en trois lobes, dont l'intermédiaire est presque aussi long que les latéraux ; les quatre premiers articles des *tarses de devant* courts et larges : nous trouvons dans ces caractères tous ceux des Pélécies. La seule différence que semblent présenter entre eux ces deux groupes, c'est que dans les Éripes, les palpes sont terminés par un article qui n'est pas en triangle, mais en ovale assez renflé et tronqué à l'extrémité ; et que les antennes sont composées d'articles en forme de grains de collier, tandis que dans les Pélécies, les antennes sont en forme de fil.

M. le Comte Dejean donne pour type à ce sous-genre :

L'ÉRIPE SCYDMÉNOÏDE.

Eripus Scydmœnoides. Dej. [1].

Il est lisse et brillant. Son corselet est alongé, un peu rétréci en arrière, et marqué de deux enfoncemens à cette même partie. Ses élytres sont en ovale alongé, lisses et un peu convexes : elles ont quelques points enfoncés sur le bord extérieur. Ses antennes, sa bouche et ses tarses sont bruns.

On le trouve au Mexique. Il a près de trois lignes de longueur, et une de largeur. C'est un insecte extrêmement rare.

[1]. Spec., t. IV, pag. 10 ; et Icon., t. III, pl. 172, fig. 2. — Voyez le Species du même auteur, pour une autre espèce qu'il rapporte à ce sous-genre.

QUATRIÈME RACE DES CARABIQUES.

LES HARPALIDES.

Nous avons indiqué plus haut, en parlant des Carabiques en général, les caractères qui font reconnaître les Harpalides. Nous avons vu qu'ils consistent dans le nombre des articles élargis aux tarses des mâles, et que cet élargissement a lieu aux quatre tarses antérieurs de ces mâles, tandis que, dans les Féronides et dans les Chlænides, on ne remarque cette organisation qu'aux deux tarses antérieurs. Les autres caractères des Harpalides pourraient se tirer de leur conformité, et de la ressemblance que présentent entre elles les espèces nombreuses qui composent cette race. Elles ont toutes le corps plat, en carré alongé et un peu ovalaire ; leur corselet est plus large que long, et leurs élytres sont sinueuses à l'extrémité ; leurs pattes sont toujours assez courtes, mais robustes et essentiellement propres à la marche. Tous ces insectes vivent à terre. On les rencontre au milieu des champs, sur les chemins, au pied des plantes, et surtout sous les pierres, où ils se tiennent à l'abri pendant la mauvaise saison. On voit que leurs habitudes sont peu différentes de celles de la plupart des Féronides. Ils sont, comme ces derniers, peu connus dans les premiers états de leur vie, et tout porte à croire que leurs transformations ont lieu sous terre. Le peu d'attrait qu'offrent leurs couleurs, la grande similitude de leurs formes, sont les causes les plus probables de notre ignorance à leur égard, et nous verrons bientôt combien les caractères à l'aide desquels on parvient à les reconnaître, sont souvent d'une observation difficile.

Nous avons dit, en parlant des Chlænides, que le dessous des tarses des Harpalides était garni, dans les mâles, d'une double rangée de petites écailles placées en travers et insérées sur un axe unique. Cette organisation, dont on verra la figure sous le n.° 6 *a* de la planche 18, est, en effet, propre au plus grand nombre de ces insectes : mais quelques-uns ont le dessous de leurs tarses garni d'une brosse de poils serrés, tout-à-fait semblable à celle des Chlænides; et d'autres présentent seulement quelques poils sur les côtés des articles de leurs tarses. Cette considération nous a été d'un grand secours pour la distribution méthodique des genres de Harpalides. Les autres caractères que nous avons employés, consistent dans la forme des tarses, qui diffère quelquefois entre les deux sexes, et dans celle de la lèvre supérieure et du dernier article des palpes. Nous n'avons pu faire usage de la présence et de l'absence d'une dent au milieu de l'échancrure du menton : ici, plus encore que dans les races précédentes, ce caractère est de nulle valeur, et son emploi n'a conduit souvent qu'à séparer les espèces qui ont entre elles la plus grande analogie, comme, par exemple, les *Harpalus caliginosus* et *bicolor*, qui ont été placés dans deux genres différens.

Les Harpalides se partagent assez naturellement en deux familles : les *Harpaliens* proprement dits, et les *Acinopiens*. La première famille a la tête de grosseur moyenne, et plus étroite en général que le corselet ; les tarses de devant dans les mâles, et souvent aussi ceux du milieu, sont plus larges que dans les femelles. La seconde famille, au contraire, se reconnaît au grand volume de sa tête, presque toujours aussi large au moins que le corselet : de plus, les tarses des mâles sont toujours presque aussi étroits que ceux des femelles, et l'on a quelquefois bien de la peine à constater les sexes. C'est dans cette seconde famille que les tarses sont simplement garnis de quelques poils, et nous verrons qu'elle forme le passage entre cette race et la suivante, où les tarses sont tout-à-fait semblables dans les mâles et dans les femelles.

PREMIÈRE FAMILLE.

LES HARPALIENS.

Nous comprenons dans cette famille un très grand nombre d'espèces qui se répartissent dans quelques genres et sous-genres, mais d'une manière fort inégale ; en sorte que le genre des Harpales, par exemple, en compte à lui seul près de trois cents, tandis que plusieurs sous-genres sont formés sur un seul insecte. On en conclut aisément combien il est difficile d'assigner les limites qui séparent les espèces entre elles.

et combien il doit aussi s'en trouver qu'un examen plus philosophique fera réformer tôt ou tard. Quoi qu'il en soit, les Harpaliens semblent plus répandus dans l'ancien continent que dans le nouveau, et leurs couleurs sont généralement très obscures. Cependant les espèces d'Amérique présentent des reflets très brillans, tandis que celles de la Nouvelle-Hollande, des Indes et du Cap de Bonne-Espérance, semblent rivaliser avec les nôtres, par le peu d'éclat de leur aspect. Le plus grand nombre a le corps nu et lisse; beaucoup d'autres sont revêtus de poils nombreux comme certains Chlænies, et plusieurs sont ornés d'un reflet irisé qui semble plus particulièrement propre au sous-genre des Sténolophes : toutes ces modifications sont de quelque secours lorsqu'on s'occupe de grouper les espèces. Nous avons dit plus haut quels étaient les caractères de cette famille d'insectes : on les reconnait facilement à leur tête peu volumineuse et rétrécie en arrière, ce qui permet d'y rapporter les femelles aussi bien que les mâles, le caractère tiré des tarses n'étant appréciable que dans ces derniers. Nous donnons, dans le tableau suivant, les principaux caractères que nous avons employés pour distinguer les genres et les sous-genres.

TABLEAU DE LA DIVISION DE LA FAMILLE DES HARPALIENS,

EN GENRES ET EN SOUS-GENRES.

TARSES des mâles garnis en dessous

- d'une brosse de poils ; élytres
  - soudées entre elles . . . . PROMECODERUS.
  - libres ; tarses antérieurs des mâles
    - à articles inégaux ; ceux des femelles
      - simples . . . . ANISODACTYLUS.
      - à 1.er article élargi. *GYNANDROMORPHUS*
    - à articles égaux entre eux . . . . *GEOBÆNUS.*
- d'un double rang d'écailles ; dernier article des palpes
  - tronqué à l'extrémité ; quatrième article des tarses
    - peu échancré ; tarses des femelles
      - simples ; lèvre supérieure
        - entière . . . . HARPALUS.
        - échancrée . . . . *GEODROMUS.*
      - à premier article élargi . . . . *GYNANDROPUS.*
    - profondément bilobé . . . . *STENOLOPHUS.*
  - terminé en pointe . . . . *ACUPALPUS.*

Genre **PROMÉCODÈRE.**

PROMECODERUS. Dejean [1].

Les insectes compris sous ce nom diffèrent, par l'ensemble de leur physionomie, de tous ceux du groupe des Harpalides; mais la dilatation des tarses dans les mâles étant semblable à celle de ces derniers, on les a placés avec eux, faute de pouvoir les classer d'une manière plus satisfaisante. Cependant la saillie de leurs mandibules, et la courbure de ces mêmes organes à l'extrémité, leur donnent quelques rapports avec les derniers genres de la famille des Panagéiens, que M. le Comte Dejean fait venir en tête de celle des Harpaliens. Néanmoins, la forme générale des Promécodères diffère assez de celle des Pélécies et des Eripes : elle est plus alongée, et l'étranglement qui sépare les élytres du corselet, outre la figure ovalaire de ces deux parties, leur donne un aspect tout-à-fait propre et que l'on pourrait comparer à celui des Brosques, ou de quelques Féronies de la division des Stéropes.

Les *antennes* des Promécodères sont composées d'articles un peu alongés, et plus gros au bout qu'à la base. Elles sont à peine aussi longues que la tête et le corselet réunis. Leur *lèvre supérieure* est plus large que longue, et très peu échancrée au bord antérieur.

---

1. Etym. προμήκης, oblong; δέρη, cou.

Leurs *palpes* sont terminés par un article en cylindre un peu ovale, tronqué à l'extrémité et qui est plus renflé aux *palpes labiaux* qu'aux maxillaires. Leur *menton* présente une échancrure profonde, au fond de laquelle on voit une dent peu saillante. Enfin, leurs élytres sont soudées entre elles et les tarses des mâles sont garnis en dessous de poils très serrés, qui forment une espèce de brosse. Nous empruntons ces dernières expressions au Species de M. le Comte Dejean, car nous ne connaissons que les femelles de ces insectes.

Les Promécodères sont propres à la Nouvelle-Hollande, et offrent cette particularité de ne pouvoir, ainsi que plusieurs espèces de cette contrée remarquable, entrer facilement dans les cadres de nos classifications. On n'en connaissait jusqu'ici qu'une espèce, à laquelle nous en ajouterons une seconde.

1. LE PROMÉCODÈRE A ANTENNES BRUNES.

Promecoderus brunnicornis. Dej. [1]

C'est un joli insecte dont la couleur est un brun luisant à reflets violets. Son corselet figure un carré plus long que large, dont les angles auraient été arrondis. Ses élytres sont assez plates et de forme ovalaire; cependant elles sont de largeur égale jusque près de l'extrémité : les stries légères qui les sillonnent, et qui sont faiblement ponctuées, brillent d'une légère teinte de violet rougeâtre. Les palpes et la base des antennes sont d'un brun un peu ferrugineux; les tarses sont aussi de cette même couleur.

1. Spec., t. IV, pag. 28; et Icon., t. III, pl. 173, fig. 1.

Il a sept lignes de longueur, sur deux et demie de largeur. Le seul individu que possède le Muséum a été rapporté de l'île des Kanguroos, par M. Péron, à qui cet établissement est redevable de beaucoup d'insectes des terres australes.

2. LE PROMÉCODÈRE DE LOTTIN. (Pl. 18, fig. 4.)

Promecoderus Lottini. BR.

Il est aussi joli que le précédent, et sa couleur est un cuivreux rougeâtre assez obscur, qui se change en brun sous le corps. Ses pattes offrent la même nuance que les parties supérieures. Ses palpes, sa lèvre et la base de ses antennes sont d'un brun un peu ferrugineux ; le reste de ces dernières est d'un jaune assez obscur. Son corselet et ses élytres ont une forme ovalaire plus alongée que dans l'autre Promécodère, et leur surface est tout-à-fait lisse.

Sa longueur est de près de cinq lignes, et sa largeur d'un peu plus d'une et demie. Il a été donné au Muséum, par M. Lottin, officier de la marine royale, qui l'a recueilli à la Nouvelle-Zélande.

GENRE **ANISODACTYLE.**

ANISODACTYLUS. DEJEAN[1].

Le nom que portent les insectes de ce genre indique les proportions inégales des articles de leurs tarses, et

---

1. Etym. ἄνισος, inégal ; δάκτυλος, doigt. — Syn. *Harpalus*, Gyllenhal, Sturm, Dufour, Say, etc.; *Carabus*, Fabricius.

c'est encore dans les mâles seulement que ce caractère peut être observé (*pl.* 18, *fig.* 5, *a.*). Les espèces qui le présentent avaient été confondues avec les Harpales jusqu'à l'époque où M. le Comte Dejean publia son Species. Ce savant remarqua la forme courte et élargie des articles qui composent les quatre tarses antérieurs des mâles, et surtout le peu de développement du premier de ces articles, tandis que dans les vrais Harpales, tous sont à peu près égaux. Il se crut dès-lors autorisé à séparer des autres ceux de ces insectes qui ont les tarses ainsi conformés, et il établit de cette manière un groupe fort naturel : ce groupe présente encore, dans les poils dont ses tarses sont garnis en dessous, un caractère qui vient donner plus de force au premier.

Le nombre des Anisodactyles connus ne s'élève pas à trente, et sept d'entre eux seulement se rencontrent sur notre territoire. Ce sont des insectes plats, revêtus en général de couleurs obscures, et qui semblent répandus dans les différentes parties du monde. Leurs élytres, en carré long et quelquefois plus étroites à l'extrémité, présentent des stries ordinairement profondes, mais qui sont très affaiblies dans les espèces propres à l'Amérique; ces dernières ont aussi le corselet un peu incliné sur les côtés et avancé aux angles postérieurs, tandis que, dans les autres Anisodactyles, cette même partie représente un carré, dont la surface est à peine convexe, et qui se rétrécit plus ou moins en arrière.

La *lèvre supérieure* des insectes de ce genre est un peu plus large que longue, et sans échancrure en avant. Leurs *palpes* sont terminés par un article cylindrique, un peu ovalaire et tronqué. Leurs *antennes* sont filiformes et à peu près aussi longues que la tête et le corselet réunis. Enfin, leur *menton* présente une échancrure profonde qui semble dépourvue de dent au milieu. Ces caractères sont, à peu de chose près, les mêmes que ceux des Harpales, comme nous le verrons un peu plus loin.

Les habitudes des Anisodactyles ne sont pas plus connues que celles des autres Harpaliens. On les rencontre courant à terre, ou cachés sous les pierres, à la manière de presque tous les autres genres de cette famille.

1. L'ANISODACTYLE HÉROS.

Anisodactylus heros. FAB. [1].

C'est un joli insecte mi-parti de noir et de fauve. Il a le corselet, les deux tiers postérieurs des élytres et la poitrine de la première couleur, tandis que sa tête, la base de ses élytres, son ventre et ses pattes sont fauves ; la dernière moitié des antennes est brune. Sa tête est marquée de deux enfoncemens profonds, et son corselet en présente aussi deux en arrière, outre de légères rides transversales qui couvrent sa surface. Ses élytres offrent des stries assez profondes et qui sont lisses, ainsi que les intervalles qui les séparent.

On trouve cet insecte en Espagne et en Barbarie. Il a cinq lignes de longueur et deux environ de largeur.

1. *Carabus heros.* Syst. Eleuth., t. I, pag. 204. — Dej. Spec. t. IV, pag. 134.

2. L'ANISODACTYLE VERDOYANT. (Pl. 18, fig. 5.)

Anisodactylus virens. DEJ. [1]

Il est en dessus d'un vert assez brillant et orné de quelques reflets bronzés ; en dessous, sa couleur est un noir orné de quelques nuances vertes : les cuisses en particulier sont de cette dernière couleur. La base des antennes et le bout des palpes sont ferrugineux. On distingue de chaque côté du bord postérieur du corselet un enfoncement large, peu profond, et qui est tout rempli de points enfoncés, plus grands au milieu et moindres sur les bords. Ses élytres sont marquées de stries lisses, dont les intervalles sont peu élevés.

Cet insecte semble répandu dans le midi de la France, et se rencontre aussi en Barbarie. Il a cinq lignes de longueur sur deux environ de largeur.

Deux sous-genres partagent avec les Anisodactyles le caractère d'avoir les tarses des mâles garnis en dessous d'une brosse de poils serrés. Ce sont :

1.° LES GYNANDROMORPHES. —*Gynandromorphus.* DEJ. [2]

Qui ressemblent beaucoup aux Anisodactyles par la forme du corps, et qui ont même les *tarses de devant*

---

1. Spec. t. IV, p. 135. — Voyez, pour les autres espèces, ce même ouvrage ; — le tom. II des Trans. de la Soc. philos. de Philadelphie ; — les dernières publications de M. Say, réunies sous le titre de Descriptions of new Species of north American Insects, etc. (Nous ne connaissons jusqu'ici que des fragmens sans titres de cet ouvrage, ainsi que nous l'avons dit à la page 33 de ce volume) ; — et enfin le Bulletin de la Société impériale des Naturalistes de Moscou, t. V.

2. Etym. γυνή, femelle ; ἀνδρός, mâle ; μορφή, forme. — Syn. *Harpalus* Sturm ; *Carabus*, Rossi, Schœnherr.

conformés dans les mâles, comme ceux de ce même genre ; mais leurs tarses intermédiaires sont plus étroits et composés d'articles égaux. Les femelles, au contraire, se font remarquer par le développement du premier article de leurs tarses antérieurs qui est fort large : les suivans diminuent insensiblement.

On ne connaît qu'une seule espèce de ce sous-genre.

LE GYNANDROMORPHE D'ÉTRURIE.

Gynandromorphus Etruscus. SCHÖNH.[1]

Il ressemble à l'Anisodactyle héros par la disposition de ses couleurs. Il a en effet la première moitié des élytres et les pattes rougeâtres, mais sa tête est noire, ainsi que son corselet et le dessous de son corps. La dernière moitié de ses élytres est d'un vert un peu bleu, avec les bords rougeâtres ; ses antennes sont brunes et ont la base ferrugineuse : cette couleur est aussi celle des palpes. Tout son corps est couvert de points enfoncés qui sont très nombreux sur les élytres, et ces dernières présentent, en outre, des stries assez profondes.

On trouve cet insecte dans le midi de la France, en Espagne, en Italie et jusqu'en Morée. Il a cinq lignes de longueur, sur deux environ de largeur.

---

1. *Carabus Etruscus,* Synon. Insect. t. I, pag. 212.— Dej. Spec., t. IV, pag. 488. — Le *Harpalus hylacis,* décrit par M. Say dans le t. II des Transactions de la Société Américaine de Philadelphie, pag. 31, appartient très probablement à ce sous-genre.

2.º LES GÉOBÈNES. — *Geobænus.* Dej. [1].

Ce sous-genre a pour caractère la forme des articles
de ses tarses, qui sont tous égaux dans les mâles,
et tout-à-fait simples dans les femelles. Dans le premier cas, on ne pourra le confondre avec les Anisodactyles, et le second l'éloigne des Gynandromorphes.
Son aspect n'est plus celui de ces deux groupes d'insectes. Son corps est plat, ovalaire ; ses élytres sont
à peine striées ; ses palpes sont presque terminés en
pointe, et les bords de son corselet sont inclinés. De
plus, les articles dilatés aux tarses antérieurs des mâles
sont plus étroits, en triangle, et le premier est long
et à peine élargi ; les tarses intermédiaires ne le sont
même point du tout. On ne connaît qu'une espèce
de ce sous-genre, qui se trouve dans les environs du
Cap de Bonne-Espérance.

LE GÉOBÈNE LATÉRAL.

Geobænus lateralis. Dej. [2].

Sa couleur est un brun foncé sur le milieu du corselet et des élytres, et tout-à-fait noire sur la tête et
le dessous du corps : les deux premières parties sont
ornées d'une large bordure jaune. Cette couleur est
aussi celle des pattes, de la base des antennes et des
palpes ; le reste des antennes est plus obscur. La tête
brille quelquefois d'un reflet bronzé. La surface du
corselet paraît lisse, et présente, en arrière, deux im-

1. Etym. γῆ, terre ; βαίνω, je marche.
2. Spec., t. IV, pag. 403.

pressions vers le bord. La troisième strie des élytres, à partir de la suture, présente trois points enfoncés, et le bord extérieur offre une rangée de points beaucoup plus gros.

La longueur de cet insecte est de trois lignes environ, et sa largeur d'un peu moins d'une et demie.

GENRE HARPALE.

HARPALUS. Latreille [1].

Ce groupe d'insectes, qui renferme un très grand nombre d'espèces, ne se composait pas seulement, lorsque Latreille le forma dans son *Genera Crustaceorum*, de tous les Carabiques qui ont les quatre premiers articles des quatre tarses de devant élargis; il contenait, de plus, tous les genres que nous avons passés en revue dans les deux races précédentes, les Chlænides et les Féronides, si l'on en excepte toutefois celui des Licines; il comprenait même quelques espèces que nous mentionnerons dans la race suivante, ou celle des Scaritides. Dans la première édition du règne animal de Cuvier, les Harpales furent restreints aux seules espèces dont les tarses ont quatre articles dilatés, et ils comprenaient alors la famille que nous désignerons bientôt sous le nom *d'Acinopiens*. Le genre Féronie, établi à cette époque, reçut tous les autres Harpales de l'ouvrage précédent, qui

1. Etym. ἁϱπάζω, saisir. — Syn. — *Carabus* des auteurs; *Selenophorus, Bradybænus, Hypolithus,* Dejean.

furent répartis dans un grand nombre de genres, ainsi que nous l'avons indiqué à l'article des Féronies.

Ce fut quelques années après que parut le Species de M. le Comte Dejean. Le genre Harpale, tel qu'il était présenté dans le règne animal, devint pour lui la grande famille des Harpaliens, qu'il divisa en une trentaine de genres environ, et les Harpales, comme nous les entendons aujourd'hui, étaient compris sous les quatre noms collectifs de *Sélénophore*, *Bradybène*, *Hypolithe* et *Harpale*. Ces divisions reposent sur des caractères de trop peu de valeur pour être conservées; nous nous en servirons comme de sections pour mieux grouper les espèces, et nous indiquerons seulement ce que chacune de ces sections semble offrir de particulier.

1.° Nous commencerons par les Harpales proprement dits, qui ont les articles des tarses antérieurs des mâles plus larges que longs, et le corselet plus ou moins carré et quelquefois arrondi. Leur corps est lisse en général.

2.° Les Bradybènes diffèrent des précédens en ce que les mêmes articles des tarses sont très peu dilatés, et que le premier l'est encore moins que les autres. Leur corselet est en carré plus large que long, avec les angles aigus et saillans : la forme de leur corps est plus bombée.

3.° Les Hypolithes ont les articles des tarses des mâles aussi longs que larges, le corselet en carré plus large que long, et le corps entièrement couvert de points rapprochés et orné de reflets irisés.

4.° Les Ophones, que M. le Comte Dejean ne regarde avec raison que comme une section des Harpales, ont, comme les précédens, le corps entièrement ponctué ; leurs tarses sont conformés comme ceux des vrais Harpales, et leur corselet est plus étroit en arrière.

5.° Enfin, les Sélénophores ne sont que des Harpales de moindre taille, semblables quelquefois aux Amares par leur forme et leur éclat métallique : leurs élytres présentent ordinairement trois séries de gros points enfoncés, et leur menton paraît dépourvu de dent.

Quant au groupe mentionné par M. le Comte Dejean, sous le nom de *Pangus*, il se répartit très bien dans les Harpales proprement dits. L'absence de dent au menton n'est point un caractère qui lui soit propre, puisque cette dent ne se retrouve pas dans beaucoup de vrais Harpales, et que la considération de ce caractère force à éloigner des espèces qui ont entr'elles les plus grands rapports [1].

M. Stephens, dans les Illustrations of British Entomology, signale quelques différences entre les Ophones et les Harpales ; ces différences, qui reposent sur la grosseur relative des articles des palpes et sur la profondeur de l'échancrure du menton, ne nous semblent réellement pas assez grandes ni surtout assez faciles à constater : elles introduisent alors de plus grandes difficultés dans l'étude des espèces.

La manière de vivre des Harpales est assez uniforme; nous n'avons même à ajouter à ce que nous avons dit

[1]. Par exemple, le *H. caliginosus*, qui se trouve placé avec les Pangus, tandis que les *H. bicolor, faunus* et plusieurs autres de l'Amérique du Nord sont classés avec les Harpales. Cependant ces insectes forment une série bien naturelle, à laquelle se rattache notre *H. ruficornis*.

sur ce sujet à l'article des Harpaliens, qu'une observation de M. Stephens, insérée dans l'ouvrage cité plus
haut ; c'est que les Ophones sont plus répandus pendant l'été que les vrais Harpales, et semblent affec-
tionner davantage les terrains sablonneux.

Il reste donc à résumer, en peu de mots, les caractères des insectes que nous comprenons sous le nom
de Harpales.

Ils ont tous le dessous des articles des *tarses*, de ceux
du moins qui sont élargis dans les mâles, garni d'une
double rangée de petites écailles placées en travers
(*pl.* 18, *fig.* 6, *a.*) Quant aux espèces dont M. le Comte
Dejean a dit que « leurs tarses étaient garnis en dessous,
dans les mâles, de poils nombreux et serrés formant une
brosse continue », elles se rapportent au genre qu'il
a établi sous le nom d'Anisodactyle, mais elles sont
peu nombreuses. Un autre caractère des Harpales,
c'est d'avoir la *lèvre supérieure* plus large que longue
et entière, ou très légèrement échancrée. Leur *menton*
est quelquefois sans dent ; quelquefois il présente une
saillie très légère : souvent aussi il offre une véritable
dent ; mais plus encore que dans les deux races précédentes, ce caractère semble sans valeur réelle.

α. LES HARPALES VRAIS.

1. LE HARPALE OBSCUR.

Harpalus caliginosus. FAB. [1]

C'est le géant des insectes de ce genre : il a dix
lignes de longueur sur quatre de largeur. Sa couleur

---

[1] *Carabus caliginosus*, Ent. Syst. Suppl. pag. 57. — Dej. Spec. t. IV,
pag. 115.

est un brun très foncé, presque noir en dessus, et ferrugineux en dessous ; ses antennes et ses pattes sont plus obscures. Sa tête présente, un peu en avant des yeux, deux impressions profondes. Son corselet est tout couvert de petits points enfoncés qui le font paraître rugueux en arrière, et qui disparaissent sur le milieu ; ses angles postérieurs sont très saillans. Ses élytres sont marquées de stries peu profondes qui paraissent très faiblement ponctuées. L'échancrure de son menton est dépourvue de dent.

On trouve cet insecte dans l'Amérique du Nord où il est très répandu, ainsi qu'à la Martinique.

2. LE HARPALE A ANTENNES ROUSSES. (Pl. 18, fig. 6.)

Harpalus ruficornis. FAB. [1].

Cette espèce est la plus grande et peut être la plus répandue de toutes celles que l'on trouve en Europe. Elle est d'un brun foncé en dessus et un peu rougeâtre en dessous ; ses pattes, ses antennes et ses palpes sont de cette dernière couleur. Son corselet et ses élytres sont couverts de points très petits et très nombreux, d'où il sort une grande quantité de petits poils soyeux qui forment un duvet ras sur le corps de cet insecte : il a le corselet plus large que long, un peu rétréci en arrière et aigu aux angles postérieurs ; le milieu de sa surface est presque lisse ainsi que la tête.

On le trouve dans toute l'Europe, sous les pierres et courant à terre, principalement au printemps et à

1. *Carabus ruficornis*, Ent. Syst, t I, pag. 134. — Dej. Spec., t. IV, page 249. — Oliv. Ent., t. III, n.º 35, pl. 8, fig. 91.

l'automne. Sa longueur est de six lignes, et sa largeur de deux et demie.

Une variété de cet insecte a été regardée comme une espèce par quelques auteurs [1]. Sa forme et sa couleur sont absolument les mêmes, seulement sa taille est moindre d'un tiers. Elle est aussi répandue que le type de l'espèce.

3. LE HARPALE PROTÉE.

Harpalus Proteus. PAYK. [2]

Aussi commun que le précédent, cet insecte s'en distingue aisément par sa couleur, qui est un vert très brillant dans les mâles, et rougeâtre dans les femelles. Il a les palpes, la base des antennes et les pattes d'un jaune un peu ferrugineux; le reste des antennes est quelquefois brun, et le dessous du corps est d'un brun plus ou moins ferrugineux. Son corselet est plus large que long, un peu plus étroit en arrière qu'en avant, et ses angles postérieurs sont un peu obtus. Un des caractères de cette espèce consiste dans la ponctuation que l'on remarque quelquefois sur les côtés des élytres.

On la trouve dans la plus grande partie de l'Europe et en Orient : elle est fort répandue pendant le milieu de l'été. Sa longueur est de quatre à cinq lignes, et sa largeur d'une et demie à deux environ.

Il existe plusieurs variétés de ce Harpale, dont on a fait à tort des espèces. La première [3] se reconnaît à

1. *Carabus griseus*, Panz. Faun. Germ. fasc. 38, n.º 1. — Dej. Spec., t. IV, pag. 251.

2. *Carabus Proteus*, Monogr. Car. n.º 72. — *Carabus æneus*, Fab. Ent. Syst., t. I, pag. 156.—Dej. Spec., t. IV, pag. 269).

3. *Harpalus confusus*, Dej. Spec., t. IV, pag. 271.

la couleur de ses cuisses, qui est noire, et quelquefois tout le dessus de son corps est d'un bleu violet. La deuxième [1] en tout semblable à la précédente, a pour caractère de se rencontrer dans l'Amérique du Nord. Une troisième variété [2] diffère des deux précédentes par ses antennes, qui sont brunes, excepté à la base, et parce qu'elle n'a pas de points sur les côtés du corps : ses cuisses sont noires comme dans la précédente, et sa couleur est quelquefois aussi un bleu violet. Quelques individus ont cependant les cuisses jaunes, comme le type de l'espèce.

β. LES BRADYBÈNES.

4. LE HARPALE ÉCHELON.

Harpalus scalaris. OLIV. [3].

Tout son corps est d'un fauve clair, avec le dessous un peu plus obscur. Son corselet présente, au milieu, deux petites taches alongées et d'un vert bronzé, et ses élytres sont ornées d'une bande de la même couleur, placée le long de la suture, et qui s'élargit d'une manière irrégulière, près de la base et avant l'extrémité : cette bande, à sa partie la plus large, n'atteint guère que la cinquième ou sixième strie. Le corselet est court, un peu rétréci avant le bord postérieur, et

---

1. *Harpalus assimilis*, Dej. Spec., t. IV, pag. 272.

2. *Carabus distinguendus*, Duft. Faun. Austr., t. II, pag. 76. — Dej. Spec., t. IV, pag. 274.

3. *Carabus scalaris*, Ent., t. III, n.º 35, pag. 79, pl. 10, fig. 114. — Dej. Spec., t. IV, pag. 161 — Rapportez à cette division, outre les deux autres espèces de *Bradybænus* de M. le Comte Dejean, son *Harpalus ephippium*, t. IV, pag. 389, et celui décrit sous le nom de *Cayennensis*, par M. de Laporte, dans le tom. I.er des Annales de la Soc. Entom. de France.

ses angles sont aigus et saillans. Les stries des élytres sont lisses et assez profondes.

On trouve cet insecte au Sénégal. Il a de quatre à cinq lignes de longueur, et deux environ de largeur.

γ. LES HYPOLITHES.

5. LE HARPALE SAVONNIER.

Harpalus saponarius. OLIV. [1].

C'est un joli insecte, dont le corselet et les élytres sont d'un bleu violet mélangé de petites taches rousses, et ornés d'une large bordure de cette dernière couleur. Sa tête est noire, et le dessous de son corps d'un brun foncé, avec un très beau reflet bleu. Ses palpes, ses antennes et les bords de sa lèvre sont roux; la couleur de ses pattes est plus claire. Son corselet est court, arrondi sur les côtés, avec les angles postérieurs obtus. Les stries de ses élytres sont peu profondes.

On le trouve au Sénégal, où il est si abondant que les nègres s'en servent pour fabriquer une espèce de savon; aussi lui a-t-on donné le nom de *savonnier*. On sait d'ailleurs que cet insecte n'est pas le seul qui serve à cet usage.

δ. LES OPHONES.

6. LE HARPALE DES SABLES.

Harpalus sabulicola. PANZ. [2].

Cet insecte est un des plus jolis de tout le genre des Harpales. La couleur de ses élytres est un beau

---

1. *Carabus saponarius*, Ent., t. III, n.º 35, pag. 69, pl. 3, fig. 26. — Dej. Spec., t. IV, pag. 169.

2. *Carabus sabulicola*, Faun. Germ. fasc. 30, n.º 4. — Dej. Spec., t. IV.

bleu violet qui orne également leur bord inférieur et le dessous de son corselet : ce dernier est noir ainsi que la tête. Le ventre est d'un brun un peu ferrugineux. Les pattes, les antennes et les palpes sont d'un brun rougeâtre. Le corselet est presque aussi long que large et plus étroit en arrière qu'en avant : ses angles postérieurs sont obtus, mais assez saillans.

On le trouve dans la plus grande partie de l'Europe. Il a six lignes de longueur, et un peu plus de deux de largeur.

f. LES SÉLÉNOPHORES.

7. LE HARPALE A MANTEAU.

Harpalus palliatus. Fab. [1]

Il est d'un vert bronzé un peu cuivreux, plus obscur en dessous, où il devient d'un brun noirâtre. Ses palpes, la base de ses antennes et ses pattes sont d'un fauve assez clair ; le reste des antennes est brun. Son corselet est plus large que long, un peu plus étroit en arrière qu'en avant, et ses angles postérieurs sont un

pag. 195. — Il faut retirer de cette division les *Harpalus oblongiusculus*, Dej. et *Germanus*, Linn., qui sont des Anisodactyles.

1. *Carabus palliatus*, Ent. Syst., pag. 58. — *Harpalus stigmosus*, Germar, Ins. Spec. nov. pag. 25. — *Selenophorus impressus*, Dej. Spec., t. IV, pag. 82. — Voyez, pour les autres espèces de Harpales en général, le Species de M. le Comte Dejean ; — les Insecta Suecica de M. Gyllenhal ; — les Illustr. of British Entom. de M. Stephens ; — les Transactions de la Soc. Américaine de Philadelphie, où se trouve la description d'un grand nombre de Carabiques ; — la Faune Allemande de Duftschmidt ; — le Delectus anim. de M. Perty ; — le Bulletin de la Soc. des Natur. de Moscou, t. V ; — le Catalogue de M. Ménétriés ; — les Annales de la Société Entom. de France, t. II ; — et, enfin, les Descriptions of new Species of North American Insects de M. Say, et les Insectes de Madagascar, de M. Klug.

peu obtus. Les élytres, dont les stries sont peu profondes, présentent en outre trois séries de gros points enfoncés qui sont disposés sur la deuxième, la cinquième et la septième stries, à partir de la suture. Le corselet et les élytres sont entourés d'une bordure jaune très étroite, qui s'élargit cependant vers le bout de ces dernières, et remonte un peu le long de leur suture.

Cet insecte est originaire de l'Amérique du Nord; sa longueur est de quatre lignes et sa largeur d'un peu plus de deux.

Quatre sous-genres se placent auprès des Harpales. Ce sont :

1.° LES GÉODROMES. — *Geodromus*. DEJ. [1]

Ils ne diffèrent des Harpales que par l'échancrure de leur *lèvre supérieure*, qui est beaucoup plus large que longue. Leur *menton* est muni d'une dent simple. Ils ont le corps plus court et plus large que celui des Harpales, et le corselet semblable à celui de la division des Sélénophores.

La seule espèce connue est,

LE GÉODROME DE DUMOLIN.

Geodromus Dumolini. DEJ. [2]

Il est, en dessus, d'un noir luisant, et en dessous d'un brun un peu rougeâtre : ses palpes, ses antennes et ses pattes sont d'un jaune d'ocre, et ses mandibules

1. Étym. γῆ, terre; δρομάς, coureur.
2. Spec., t. IV, pag. 165.

ferrugineuses avec l'extrémité noire. Son corselet est plus large que long, élargi un peu avant le milieu, et ses angles postérieurs sont presque droits et saillans : sa surface est lisse, et marquée en arrière de deux impressions profondes. Les élytres présentent des stries assez profondes, dont les intervalles sont lisses et presque plats.

On le trouve au Sénégal. Il a près de cinq lignes de longueur, et deux environ de largeur.

2.° LES GYNANDROPES. — *Gynandropus*. DEJ. [1].

Les caractères de ce sous-genre rappellent ceux des Gynandromorphes. En effet, comme dans ces derniers, les femelles ont le premier article des tarses de devant beaucoup plus grand que les autres, et semblables, sous ce rapport, au même article des tarses antérieurs des mâles. Dans ceux-ci, les trois articles suivans sont aussi élargis ; mais ils sont moindres toutefois que le premier. La *lèvre supérieure* est petite et sans échancrure, et le *menton* sans dent.

On n'en connaît qu'une seule espèce.

LE GYNANDROPE D'AMÉRIQUE.

Gynandropus Americanus. DEJ. [2].

C'est un insecte de forme alongée et assez étroite, dont la couleur est noire et luisante, avec le ventre brun. Ses palpes, ses antennes et ses pattes sont d'un jaune rougeâtre. Sa tête et son corselet sont lisses : ce

---

1. Etym. γυνή, femelle, ἀνδρὸς, du mâle ; πούς, pied.
2. Spec., t. V, pag. 818 ; et Icon., pl. 175, fig. 4.

dernier est aussi long que large, arrondi sur les côtés et ses angles postérieurs sont à peine saillans. Ses élytres sont alongées, arrondies au bout, et présentent des stries finement ponctuées, dont les intervalles sont un peu élevés et tout-à-fait lisses.

Il se rencontre dans l'Amérique du Nord; sa longueur est de trois lignes, et sa largeur d'une seule.

3.° LES STÉNOLOPHES. — *Stenolophus* DEJ. [1]

Ils ont un caractère tout particulier dans la forme du quatrième article de leurs *tarses* de devant et de ceux du milieu : cet article est échancré de manière à paraître divisé en deux lobes alongés et étroits. Dans les femelles, il est aussi échancré, mais beaucoup moins que dans les mâles. Le *corselet* est en carré, presque aussi long que large, et ses angles sont arrondis. Le *menton* paraît dépourvu de dent à son échancrure.

LE STÉNOLOPHE DES BAINS.

Stenolophus vaporariorum. LIN. [2]

C'est un joli insecte, dont les élytres sont mi-parties de rouge et de noir à reflets irisés : la première couleur en occupe la base et les bords jusque près de

1. Etym. στενός, étroit; λόφος, aigrette de poils.— Syn. *Harpalus*, Gyllenhal; *Carabus*, Linnée, Fabricius, Olivier, etc.

2. *Carabus vaporariorum*, Faun. Suec., n.° 796.— Dej. Spec., t. IV, pag. 407. — Voyez, pour les autres espèces, ce dernier ouvrage, et, de plus, le Catal. de M. Ménétriés; — la Description des Insectes de Madagascar, par M. Klug; — le dernier ouvrage de M. Say, intitulé Descript. of new North Americ. Insects, etc., et le Bulletin de la Soc. Imp. des Naturalistes de Moscou, t. V.

l'extrémité, la seconde couvre le reste de leur surface, et se prolonge un peu le long de la suture vers la base. Sa tête, sa poitrine et son ventre sont noirs; son corselet, la base de ses antennes, ses palpes et ses pattes sont d'un jaune rougeâtre : le reste de ses antennes est brun. Le bord postérieur de son corselet offre deux impressions assez profondes, et ses élytres des stries tout-à-fait lisses.

On trouve cette espèce en grand nombre dans la plus grande partie de l'Europe, et en Barbarie. Elle a près de trois lignes de longueur, et un peu plus d'une de largeur.

4.º LES ACUPALPES. — *Acupalpus*. LAT. [1].

Ce sous-genre se compose de très petits insectes qui s'éloignent de tous ceux de cette famille par la forme du dernier article de leurs *palpes* : cet article est alongé, un peu ovalaire, et terminé en pointe. Leur *menton* semble pourvu d'une petite dent. Leurs *tarses* sont conformés à peu près comme ceux des Harpales. Leur corselet, semblable d'ailleurs à celui des Sténolophes, est un peu plus étroit en arrière. Le nombre de leurs espèces s'élève à près de cinquante.

L'ACUPALPE MÉRIDIEN.

Acupalpus meridianus. LIN. [2].

Tout son corps est d'un noir brillant, à l'exception de ses élytres, dont la base, le bord extérieur quel-

1. Etym. *acutus*, pointu; *palpus*, palpe. — Syn. *Harpalus*, Gyllenhal; *Trechus*, Sturm; *Carabus*, Linnée, Fabricius, Olivier, etc.
2. *Carabus meridianus*, Syst. nat., t. II, pag. 673. — Dej. Spec., t. IV.

quefois, et une tache alongée vers le bout de la suture, sont d'un jaune un peu roux. Ses palpes, ses antennes et ses pattes sont de la même couleur. Son corselet présente de chaque côté, en arrière, une impression profonde, où l'on remarque quelques points. Ses élytres ont des stries lisses, dont les intervalles sont peu élevés.

On trouve ce petit insecte sous les pierres, dans la plus grande partie de l'Europe. Il n'a qu'une ligne et demie de longueur, sur une demi-ligne de largeur.

Observation. Le genre *Colpode,* établi par M. Mac-Leay, dans les *Annulosa Javanica,* appartient à cette famille; mais il faudrait avoir pu l'examiner en nature, pour le rapporter à sa véritable place, d'après la conformation du dessous de ses tarses. Sa forme lui donne beaucoup de rapports avec le sous-genre des Géobènes, et la conformation de l'avant dernier article de ses tarses semble d'un autre côté le rapprocher des Sténolophes. Il a la *lèvre supérieure* sans échancrure, et plus large que longue. L'échancrure de son *menton* paraît sans dent. Son corselet est arrondi sur les côtés, à la manière de celui des Géobènes. On en connaît aujourd'hui trois espèces, toutes les trois originaires des Indes orientales [1].

pag. 451. — Voyez, pour les autres espèces, ce dernier ouvrage, et celui de M. Say, que nous avons cité au sous-genre précédent.

1. Voyez, pour la description de ces espèces, les Annulosa Javanica (Ed. Lequien) pag. 115, pl. 4, fig. 3; et le Zoological Miscellany de M. Gray t. I, pag. 21.

APPENDICE.

La publication presque simultanée d'un ouvrage de M. Klug, sous le titre de *Annales d'Entomologie*, nous force d'apporter quelques changemens à la disposition de ce volume. Nous en profitons pour ajouter en même temps quelques observations sur le sous-genre des Amares.

FAMILLE DES MANTICORIENS, pag. 28.

Il faut ajouter, au genre *Mégacéphale*, pages 38 et suivantes, trois espèces nouvelles décrites par M. Klug, dans l'ouvrage que nous venons de citer.

FAMILLE DES CICINDÉLIENS, pag. 46.

Le même ouvrage renferme d'autres espèces appartenant aux genres et sous-genres suivans : *Cicindèle, Irésie* et *Dromique*.

FAMILLE DES COLLYRIENS, pag. 96.

Le genre *Collyre* et le sous-genre *Cténostome*, sont encore augmentés de quelques espèces.

Nous substituons au nom de *Sténocère* (*voy.* pag. 109 et 110), celui de PSILOCÈRE[1]. Le premier a été employé récemment par M. Schönherr pour désigner un genre de Curculionides, et il est antérieur au nôtre.

FAMILLE DES TRIGONODACTYLIENS, pag. 127.

Le sous-genre des *Leptodactyles,* que nous avons formé sur un insecte de Java (*voy.* pag. 130), est décrit et figuré, dans les Annales de M. Klug, sous le

[1]. Etym. ψιλὸς, grêle; κέρας, corne.

nom de *Miscelus Javanus*. C'est donc ce nom qu'il faudra désormais adopter.

Selon le même Entomologiste, les *Pachytèles* (pag. 131), seraient de véritables Ozènes. Cette opinion, que l'auteur n'a sans doute émise que sur la vue des objets en nature, a lieu de nous surprendre, parce que les espèces de ce dernier genre ont les jambes de devant échancrées; dans les Pachytèles, au contraire, les jambes n'ont pas d'échancrure.

FAMILLE DES ODACANTHIENS, pag. 132.

Les Annales de M. Klug renferment la description de plusieurs espèces nouvelles des genres et sous-genres *Colliure* (sous le nom de Casnonie), *Cténodactyle* et *Agra*.

On trouve, dans ce même ouvrage, l'établissement d'un nouveau sous-genre, sous le nom de SCHIDONY-CHUS, qui doit être placé à la suite de celui des *Cténodactyles* (pag. 152). Il diffère de ces derniers, parce que les crochets de ses tarses, au lieu d'être dentelés en dessous, sont divisés en deux dans la moitié de leur longueur. L'espèce unique qui le compose porte le nom de *S. Brasiliensis*. Elle est d'un jaune testacé, avec la tête et le corselet de couleur marron; ses élytres sont entourées d'une bande brune, qui se prolonge sur la suture, jusqu'aux deux tiers, où elle va rejoindre le bord extérieur. Les stries des élytres sont formées de points. Elle se trouve au Brésil.

FAMILLE DES ZUPHIENS, pag. 161.

Les genres *Drypte, Galérite,* et les sous-genres *Zuphie* et *Polistique* sont augmentés de quelques espèces dans le Catalogue de M. Klug. Nous avons quelques observations à présenter sur leur synonymie.

1.°La Galérite que Linnée a désignée sous le nom de *Carabus Americanus*, a été regardée par M. de Laporte (Etudes Entom., pag. 44), et par M. Klug (Annales, pag. 65), comme la même que celle décrite par de Géer (tom. IV, pag. 107), et par suite de cette manière de voir, ils ont rapporté à cette espèce le *Galerita geniculata*, Dej. Mais quand on lit attentivement la description donnée par de Géer, il est impossible de ne pas s'apercevoir qu'il a décrit une autre espèce que Linnée. Ce dernier aurait certainement parlé de la tache noire des cuisses, si elle eût existé dans l'espèce de l'Amérique du Nord, au lieu qu'il n'en dit rien. De plus, l'insecte de de Géer venait de Surinam, celui de Linnée ne s'y trouve pas; le premier est « d'un noir mat sur les élytres, qui sont garnies d'un très grand nombre de stries fines. » Trouve-t-on rien de semblable dans les Galérites de l'Amérique du Nord?

Nous regardons donc, ainsi que nous l'avons dit dans la Revue Entomologique de M. Silbermann (t. II, pag. 103), le *Carabus Americanus* de Linnée, comme le même que celui de Fabricius, et que le *Galerita Americana*, Dej. Celui de de Géer est au contraire le *geniculata*, Dej.; et rien ne prouve, comme le dit M. Klug (Annales déjà citées), que le *Carabus janus* de Fabricius (Ent. Syst.) soit le *Galerita cyanipennis* de Dejean. Comment admettre, en effet, que Fabricius ait distingué deux espèces que nous avons bien de la peine à séparer, dans un temps où les plus légères différences suffisent pour le faire?

2.° M. Klug regarde le *Carabus fasciolatus* de Rossi comme le même que celui décrit par M. Dejean, sous le nom de *Polistichus fasciolatus*, et cependant il rapporte la figure de l'auteur italien au *Polistichus discoideus*. Il y a nécessairement là inexactitude ou erreur. La vue seule de la figure prouve assez que l'espèce de Rossi n'est pas celle des auteurs français, quand même on n'aurait pas recours à sa description.

FAMILLE DES BRACHINIENS, pag. 258.

Le genre *Ozène* se trouve augmenté de plusieurs espèces, dans le même ouvrage de M. Klug. Il a décrit, sous le nom d'*Orientalis*, celle que M. de Laporte a fait connaître sous celui de *Megacephala* (*voy.* pag. 256 de ce volume).

Nous avons placé, à la pag. 258, sous le nom *Trachélize*, un sous-genre dont M. Solier nous avait confié la description et la figure. Ce même sous-genre est figuré et décrit par M. Klug, sous le nom d'*Ozæna testudinea*. De plus, comme le nom de Trachélize est établi dans l'ouvrage de M. Schönherr, sur les Curculionides, nous proposons de le remplacer par celui de PHYSÉE, *Physea* [1].

FAMILLE DES GRAPHIPTÉRIENS, pag. 260.

Voyez encore l'ouvrage de M. Klug, pour la description de plusieurs espèces du genre des *Helluos*.

FAMILLE DES FÉRONIENS, pag. 540.

Nous avons présenté, à la page 590, la division du sous-genre des *Amares*, en quatre sections. Nous n'avions pas connaissance alors d'une Monographie publiée sur ce sujet par M. Zimmermann. Ce naturaliste regarde les Amares comme une petite famille à laquelle il donne le nom d'*Amaroïdes*, et qu'il divise en huit genre différens. Mais les caractères de ces genres et

---

1. Etym. φυσάω, enfler.

ceux de la famille elle-même sont de très peu d'importance. On peut en juger par l'exposé suivant, dans lequel nous ne ferons pas entrer ceux de la famille, parce qu'ils consistent dans la description complète des parties extérieures du corps.

L'auteur partage les Amares en deux divisions, selon que le menton a une dent bifide ou une dent simple à son échancrure. Dans la première division, rentrent les genres *Percosia*, *Celia*, *Amara* proprement dit, *Bradytus*, *Leirus*[1] et *Leiocnemis*. Les Percosies ont le corselet plus large en arrière qu'en avant, les jambes postérieures du mâle lisses en dedans, ou seulement un peu velues, et les trois articles des tarses dilatés dans les mâles sont larges; les Célies, au contraire, ont les mêmes articles des tarses alongés, et les Amares se reconnaissent aux jambes de derrière, qui sont très velues intérieurement dans les mâles. D'autres espèces ont le corselet plus étroit en arrière, et élargi avant le milieu : telles sont les Bradytes, dont les jambes de derrière sont velues intérieurement dans les mâles, et les Léires qui ont les mêmes jambes lisses : les Léiocnèmes se distinguent de ces derniers, parce que les jambes intermédiaires sont sans dent, tandis que les Léires ont les jambes du milieu dans les mâles bidentées intérieurement. La seconde division, ou celle à dent du menton simple, ne renferme que les genres *Amathitis* et *Acrodon*. Le premier a le corselet très rétréci en arrière, et cette même partie est très élargie postérieurement dans le dernier.

1. Ce genre était publié auparavant par M. Stephens, sous le nom de *Curtonotus*.

FIN DU TOME QUATRIÈME.

TABLE

DES ARTICLES

CONTENUS

DANS LE QUATRIÈME VOLUME.

1. Voyez aussi à la page 470.

1. Voyez page 470.
2. *Idem*, page 471.
3. Voyez à l'Appendice, page 471, le sous-genre *Schidonique*, qui doit se placer ici

1. Voyez, de plus, à la page 173.

FIN DE LA TABLE.

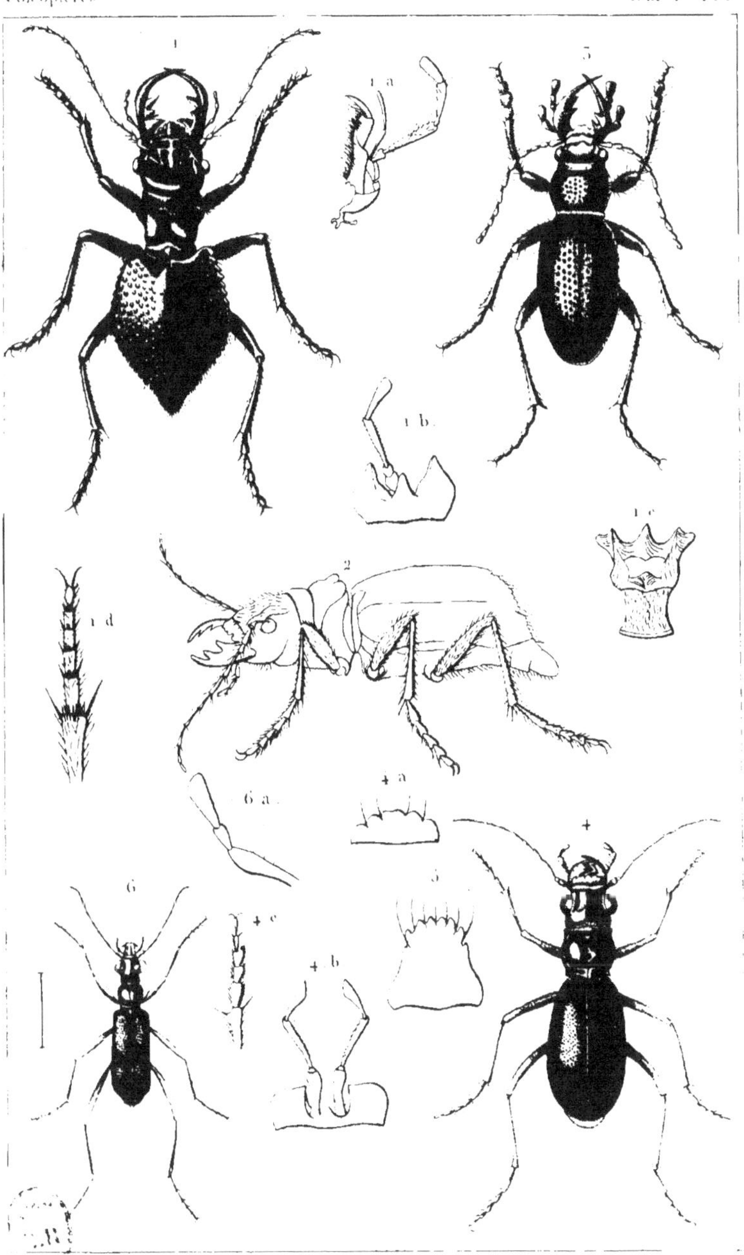

1. Manticore à Cutiscutes.   4. Megacephale du Sénégal.
2. Id. vu de côté.   5. Larve de la Meg.le Syriaca.
3. Id. ... de Cayenne.   6. Larve de Cicindèle.

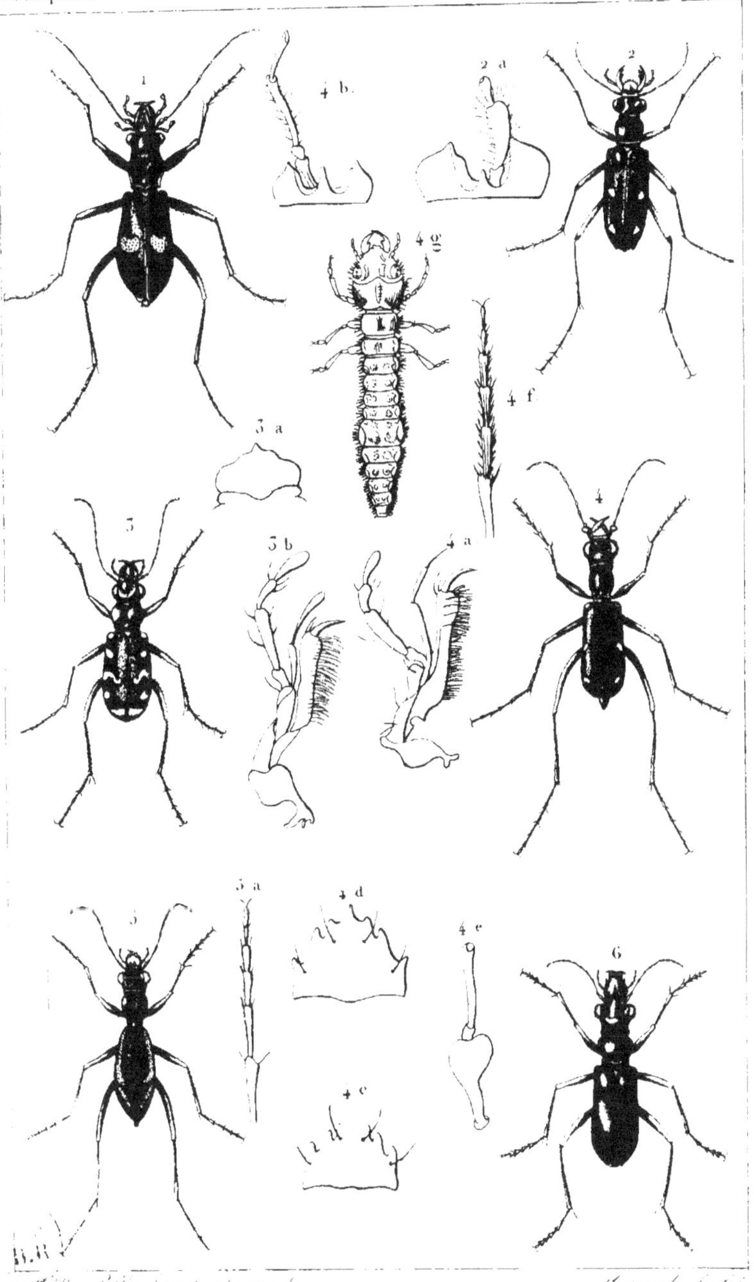
1
2
2 a
4 b.
4 g
4 f.
3 a
3
3 b
4 a
4
5 a
4 d
5
4 e
4 c
6
G.R.

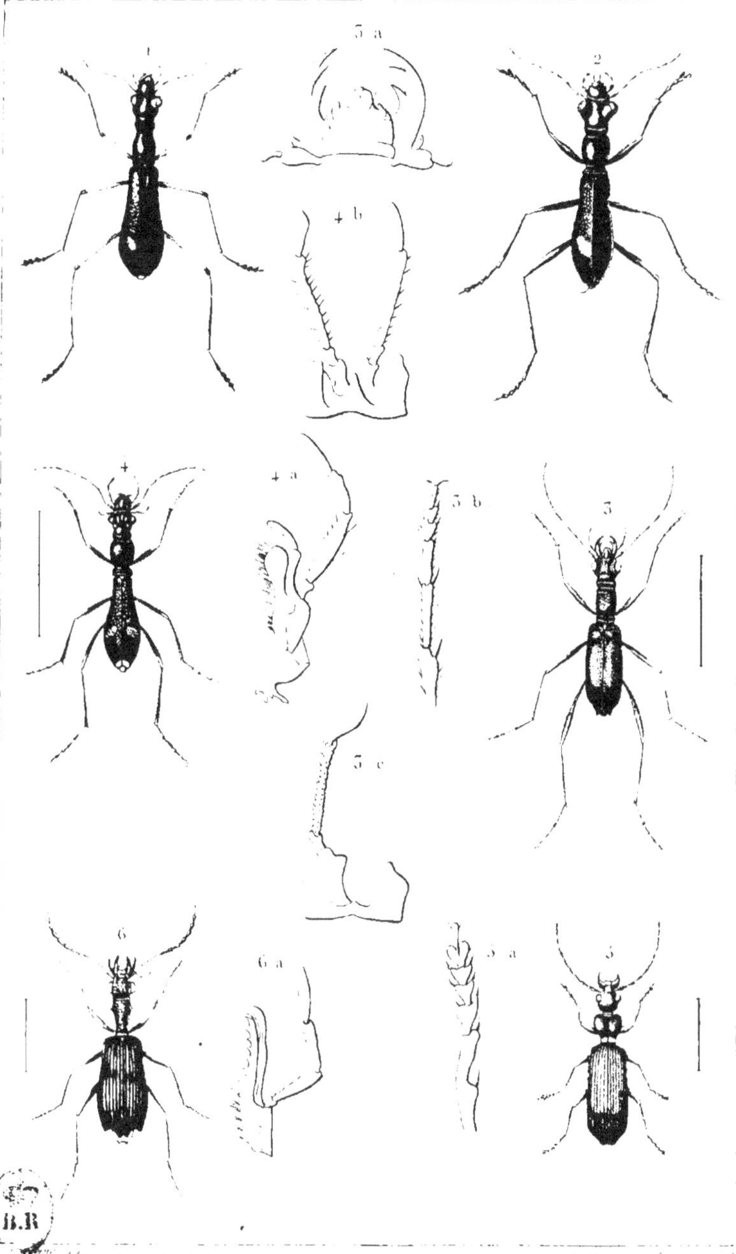

B.R

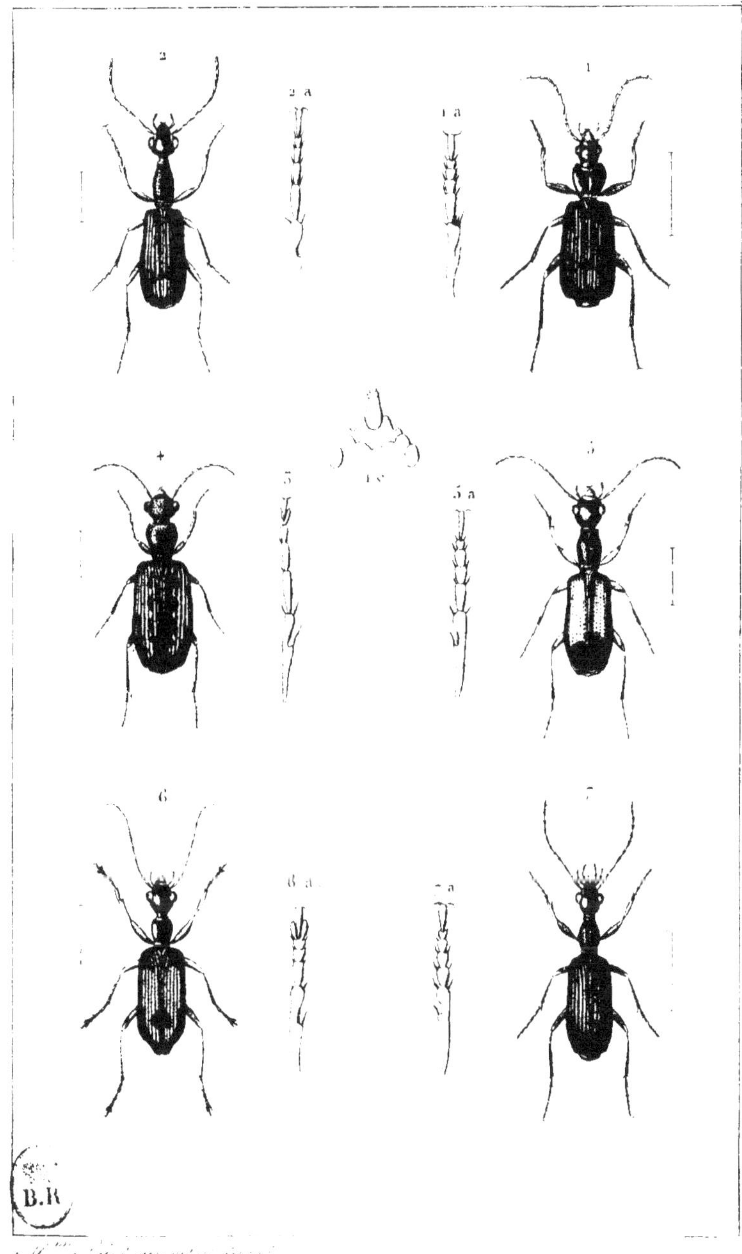

B.R

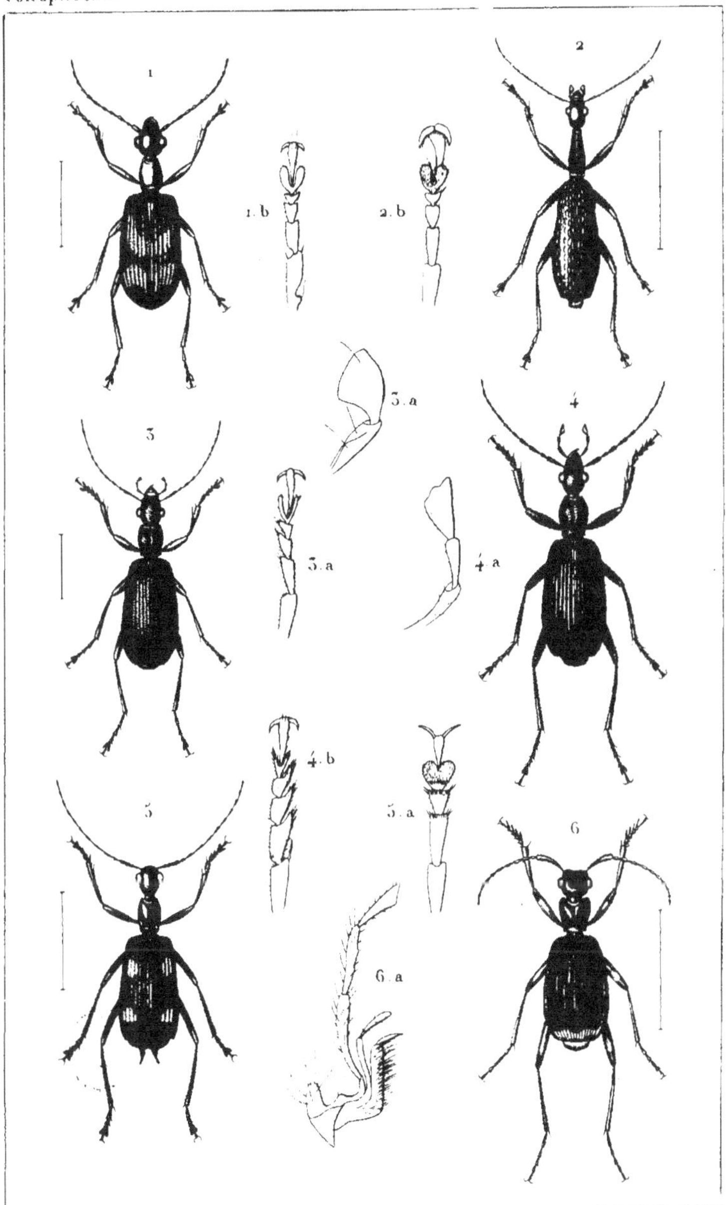

M.me Tillet pinx.t et direx.t François sculp.t

1 Cténodactyle taché 4 Galérite africaine
2 Agra à fossettes 5 Cordiste à pointes
3 Drypte échancré 6 Trichognathe à ailes bordées

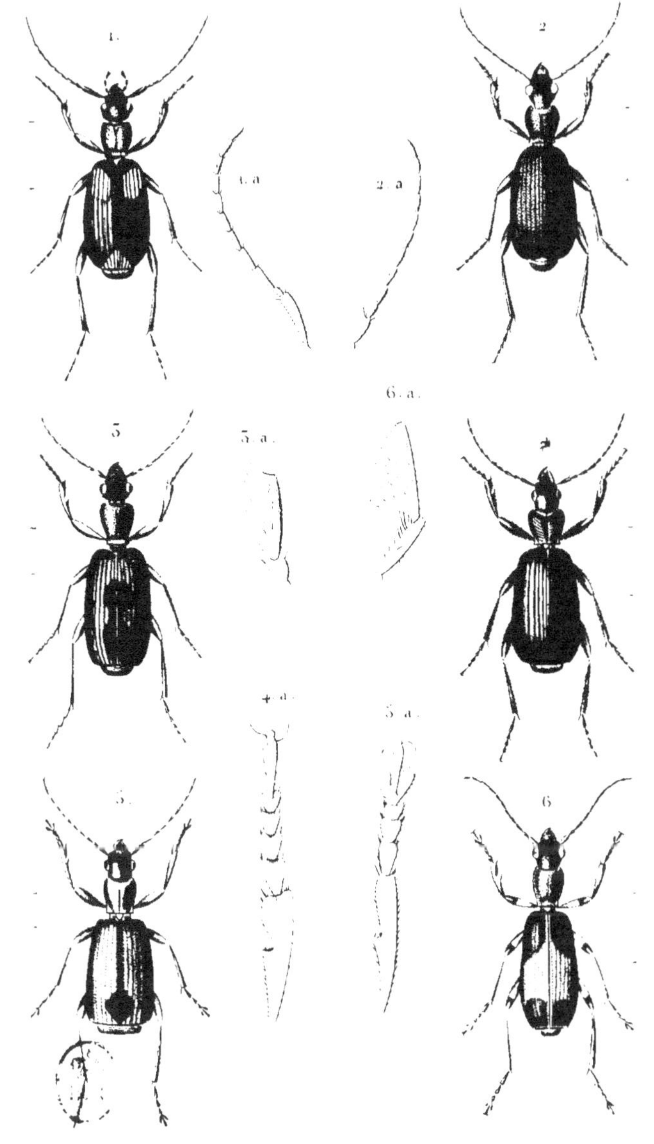

1. [illegible]
2. [illegible]
3. [illegible]
4. [illegible]
5. [illegible]
6. [illegible]

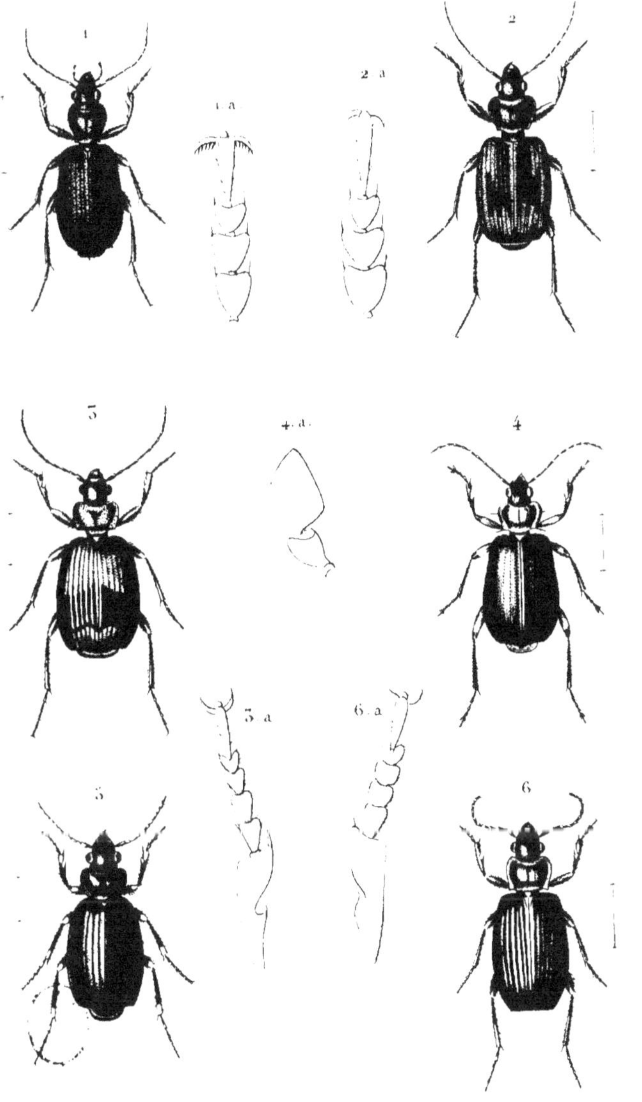

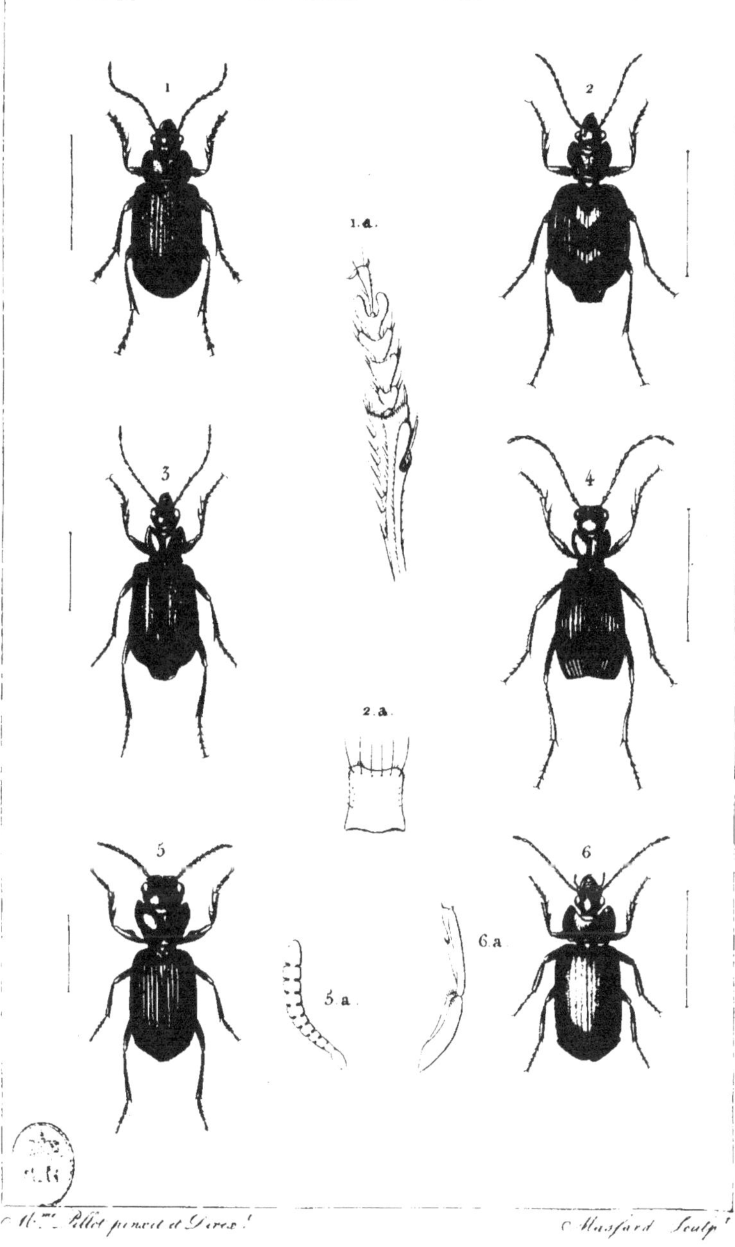

Mme Pillot pinxit et direxit.

Masfard Sculp.t

1. Orthogenus alternant.
2. Thyreoptere armé.
3. Cavascope latéral.

4. Brachine oblique.
5. Ozene Latomoula.
6. Trachelize roux.

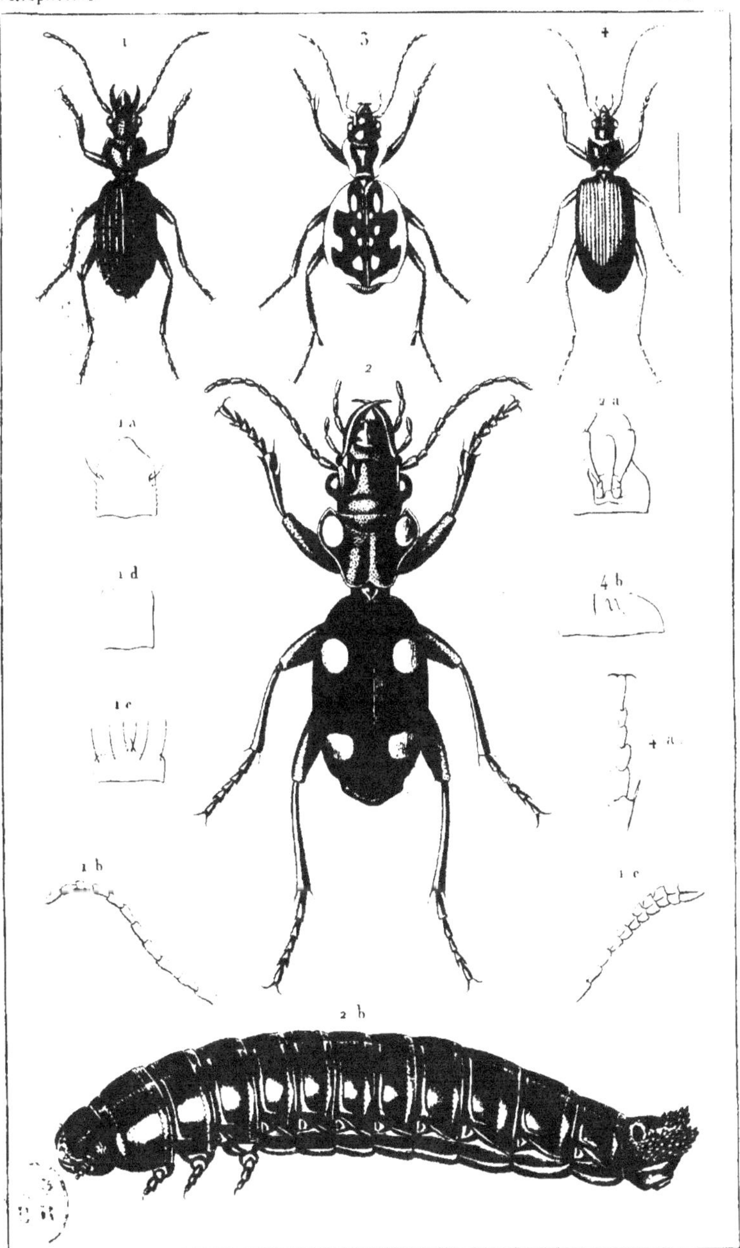

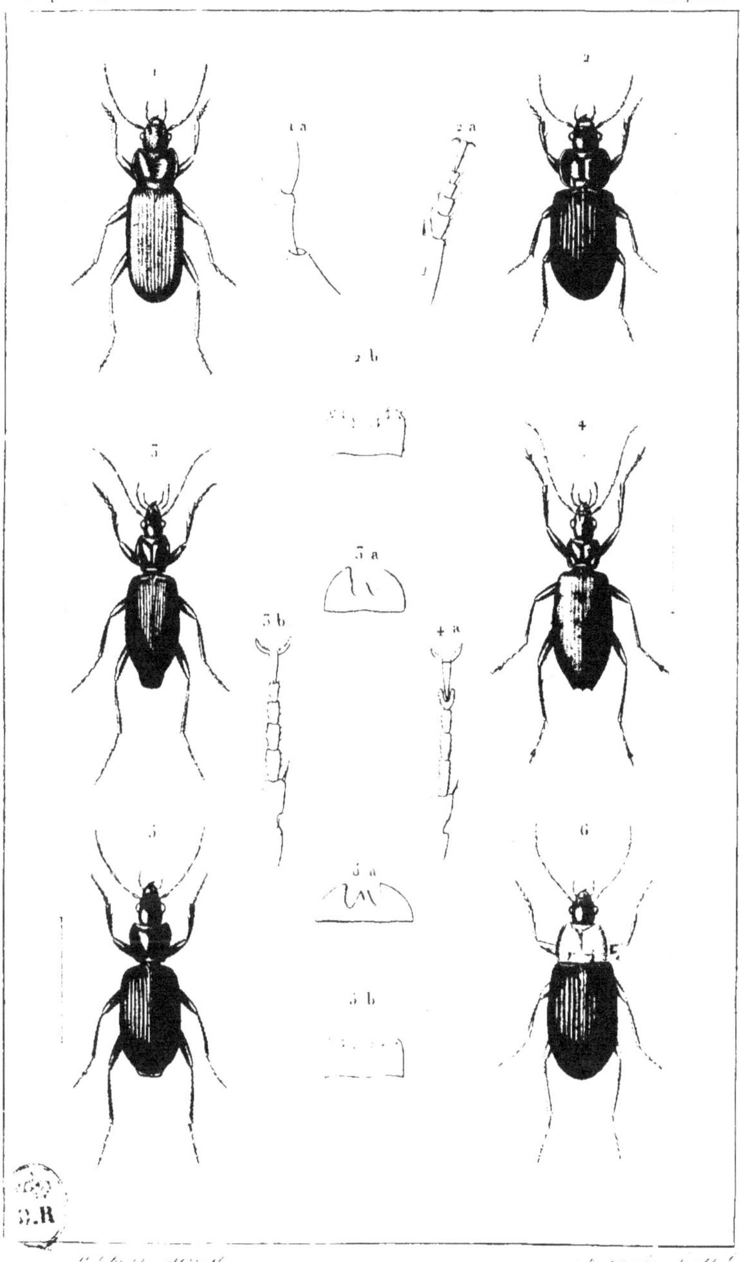

S.R

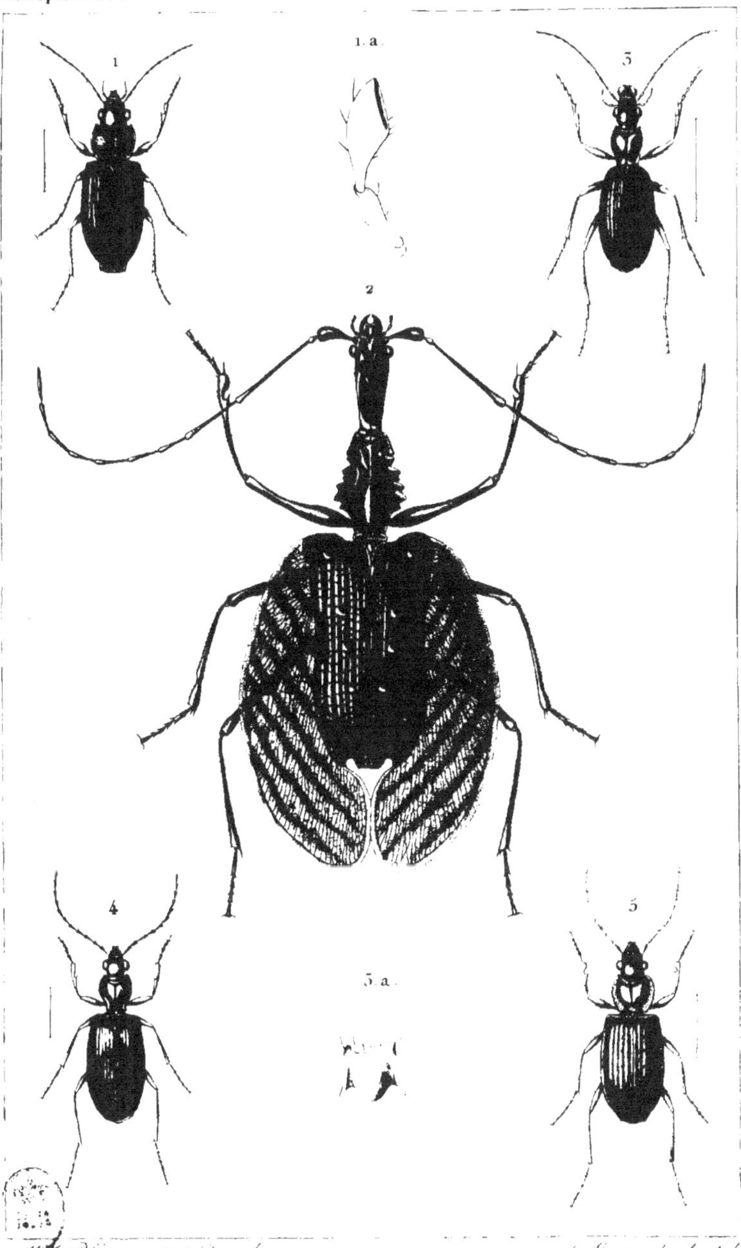

M.me Pillet pinxit et direxit   Rousard sculp.t

1. Synuque des neiges   3. Platyne à pattes rouges
2. Mormolyce feuille   4. Platyne vert
                 5. Platyne à six points

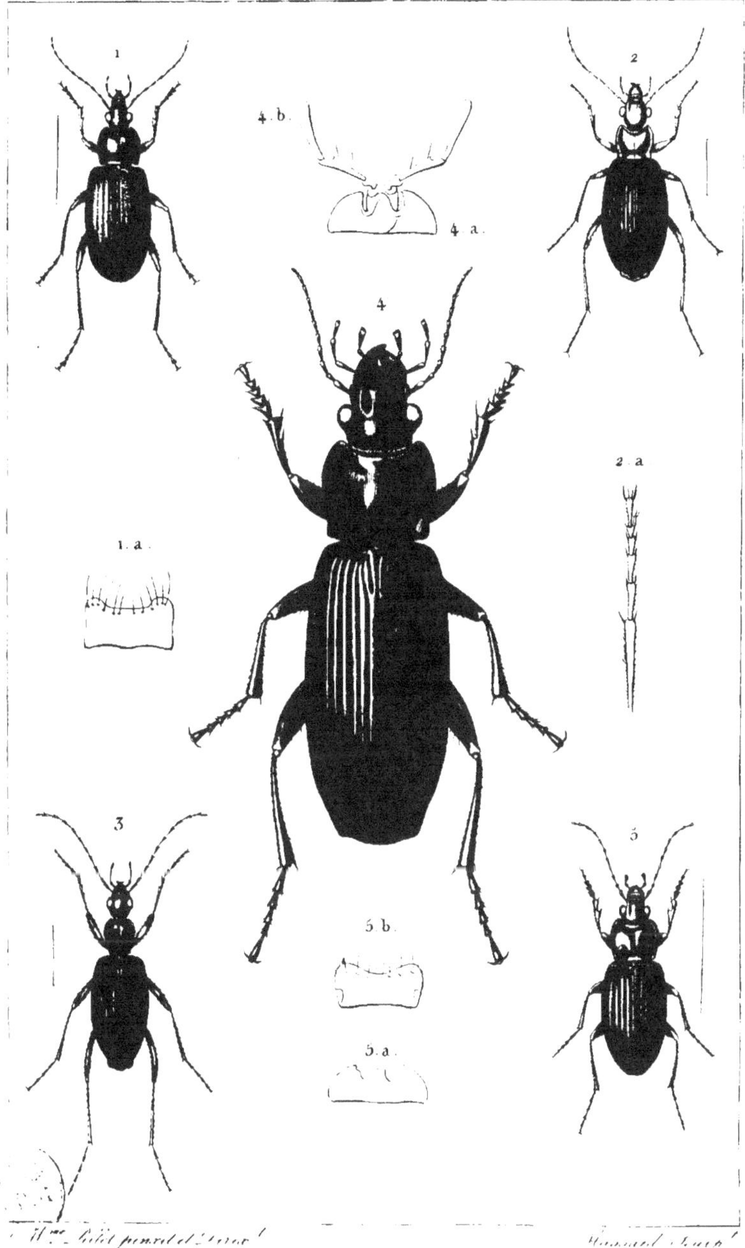

1. Dyscol à cou bleu   3. Eutopie à genoux noirs
2. Lissocrepis à tête rousse   4. Camaroma ténébroïde
                5. Trigonotome à cou vert

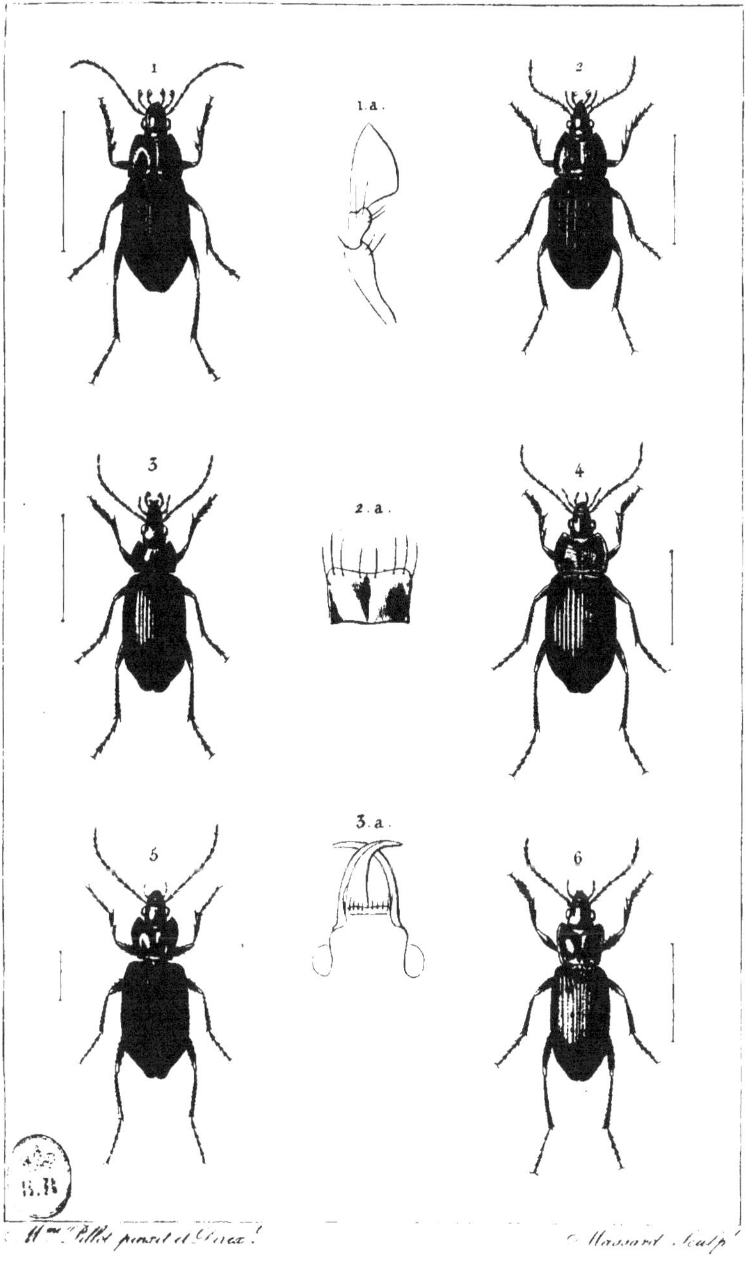

1. Microcéphale à cou déprimé
2. Euchroa à cou brillant
3. Microchile brun
4. Féronie cuivreuse
5. Féronie à pieds rouges
6. Féronie très noire

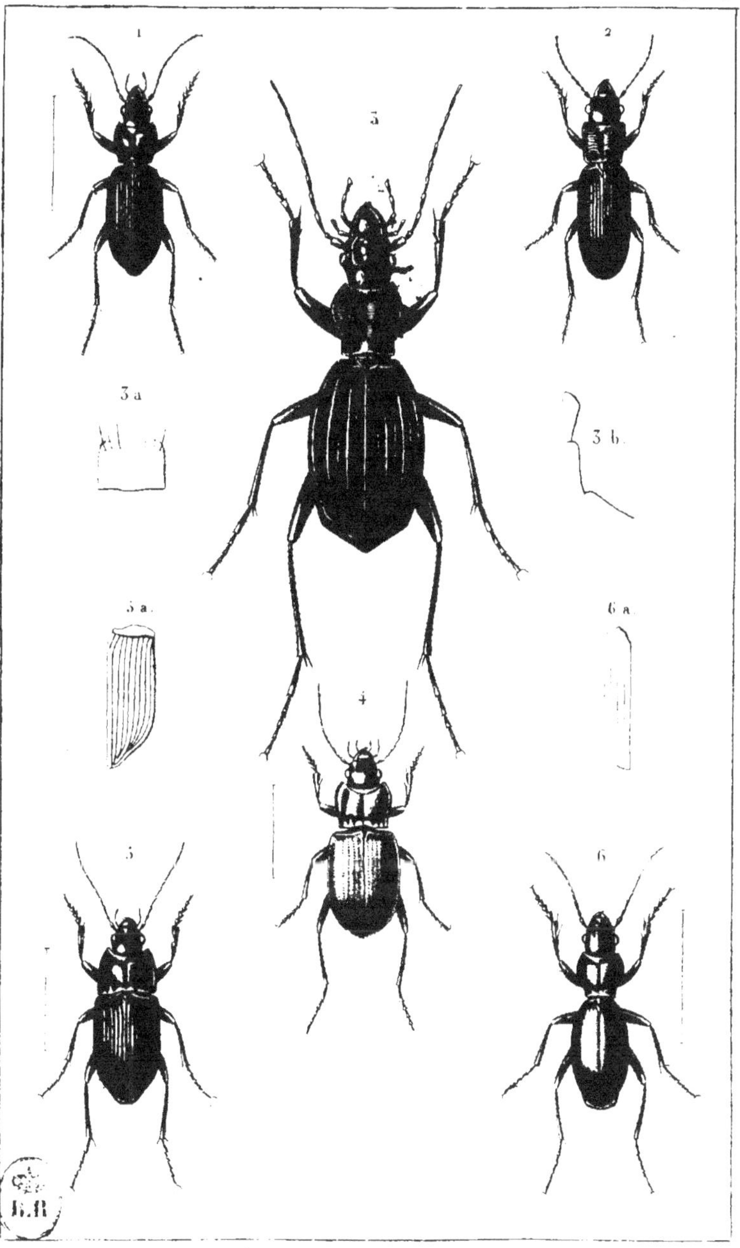

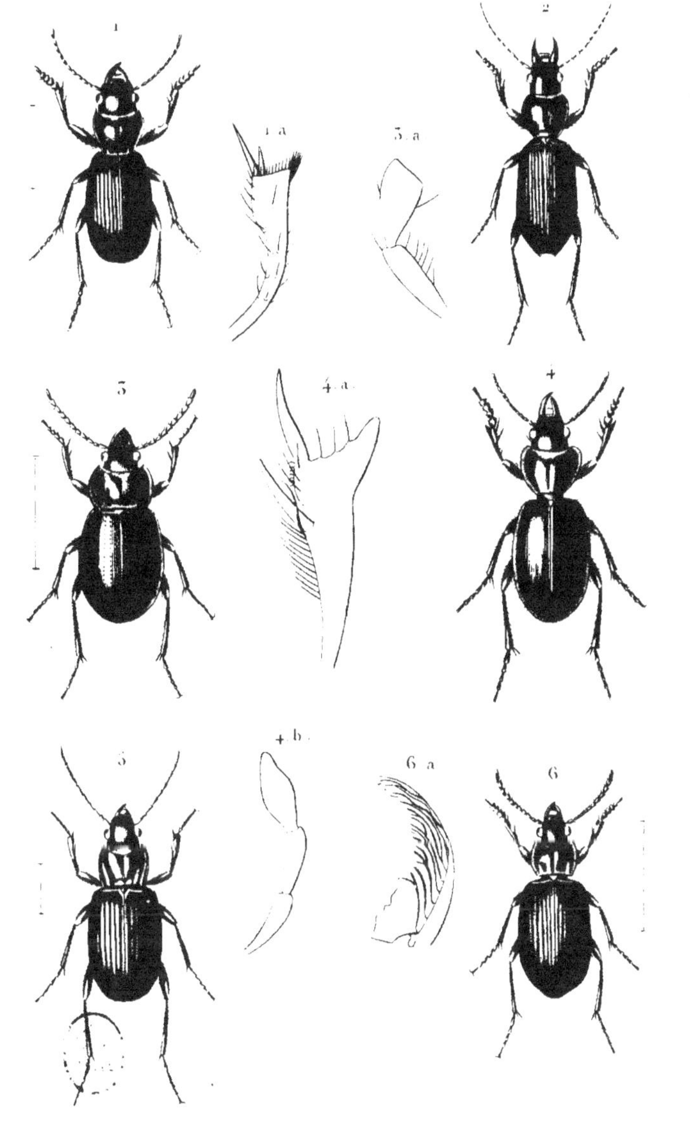

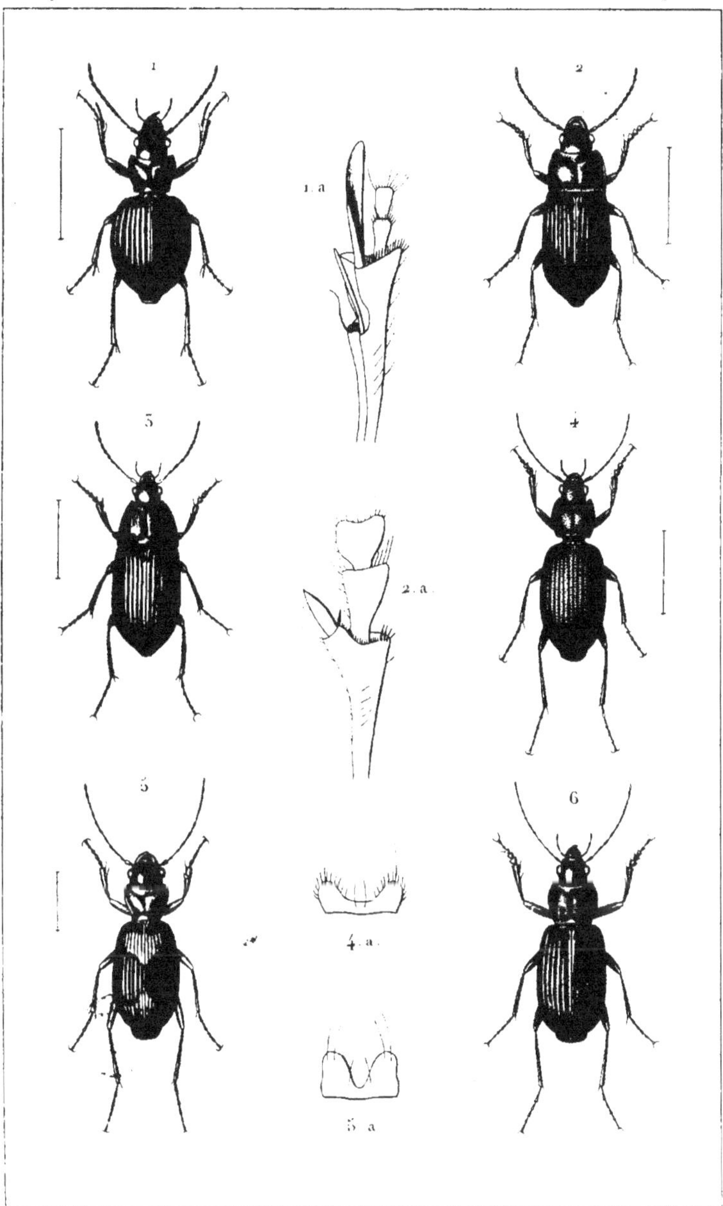

Mme Fillieux pinx.t et direx.t   François sculp.t

1 Hétéracanthe déprimé
2 Labre bossu
3 Amare à dos large

4 Picène déprimé
5 Badister à grosse tête
6 Diplochile poli

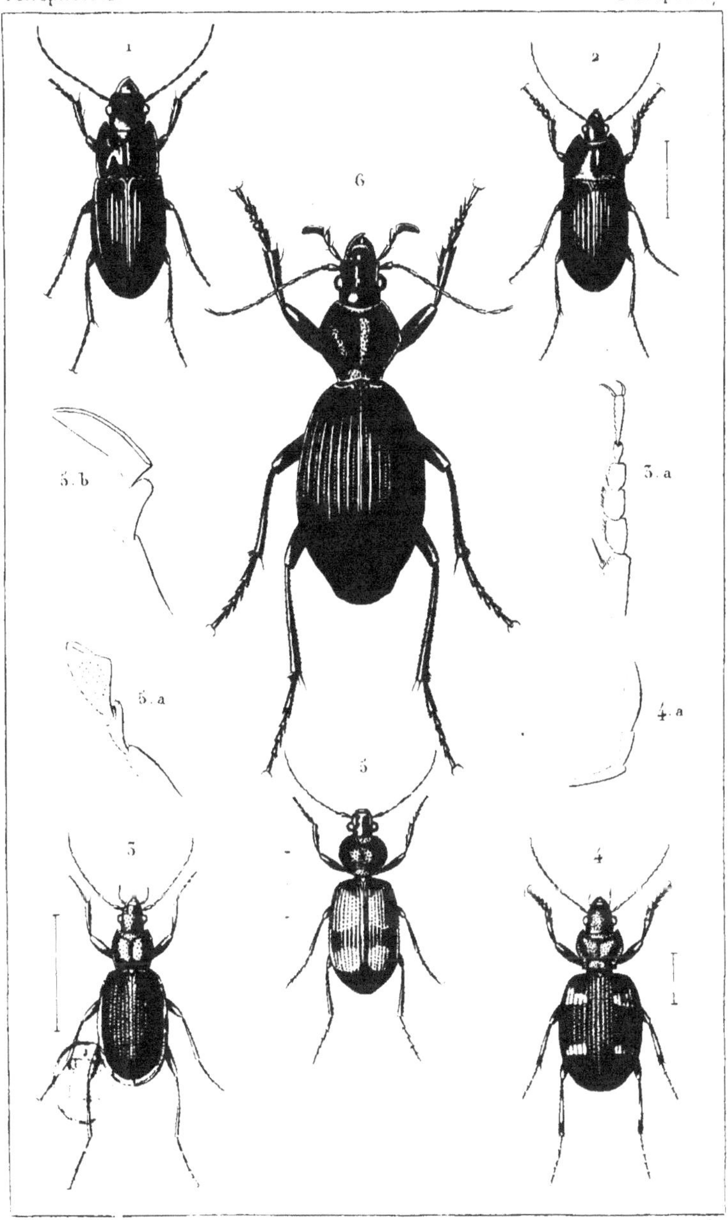

Mme Pillot pinx.t et dess.t   Francou sculp.t

1. Dicèle violet   4. Calliste à 4 pustules
2. Codes hétéromède   5. Panagée grand'croix
3. Chlœnie rebouté   6. Tefflus de Mégerlé

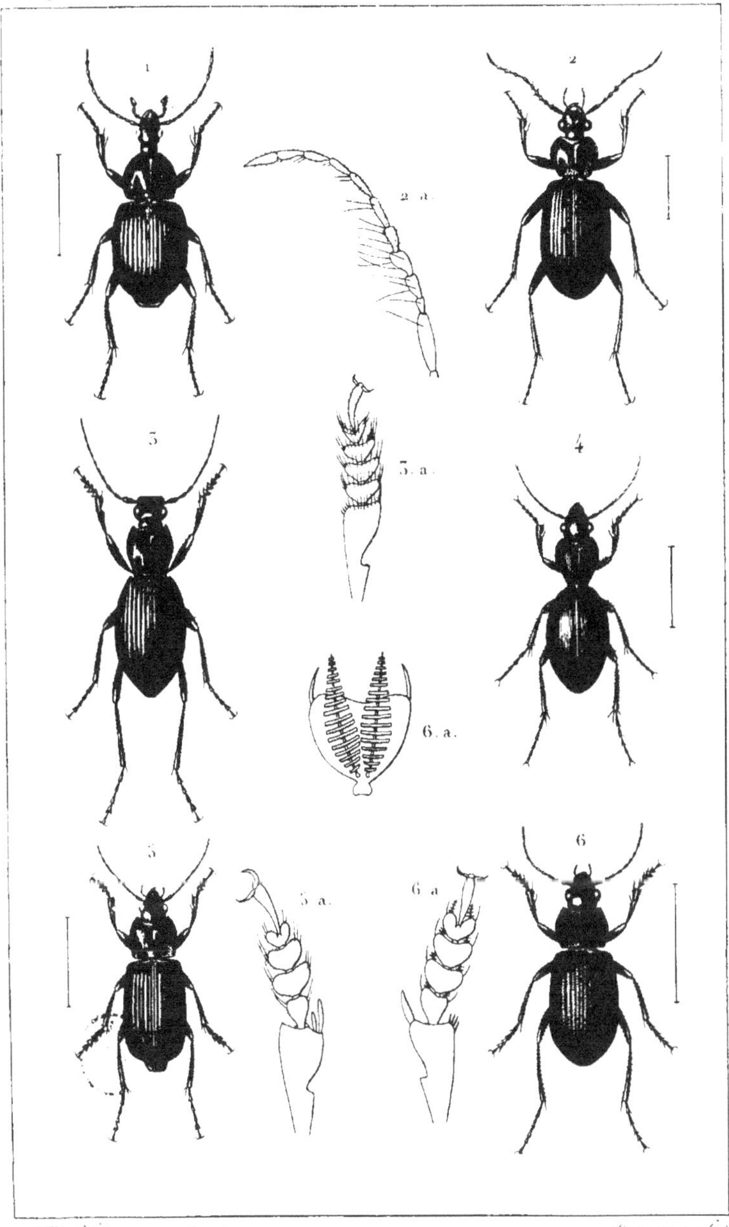

Mme Pillet pinx.t et direx.t   François sculp.t

1. Brachygnathe brillant.   4. Promécodère de Pellion.
2. Féronie à antennes velues.   5. Anisodactyle verdoyant.
3. Pélécie à pieds bleus.   6. Harpale à antennes roussies.

www.ingramcontent.com/pod-product-compliance
Lightning Source LLC
LaVergne TN
LVHW011211170726
843501LV00002B/197